网络安全等级保护与关键信息基础设施安全保护系列丛书

重要信息系统

安全保护能力建设与实践

郭启全 王继业 蔡阳 周民 俞克群 靖小伟 王少杰 著

電子工業出版社
Publishing House of Electronics Industry
北京·BEIJING

内 容 简 介

本书基于我国信息系统安全保护方面的法律法规、政策、标准，全面梳理了安全保护相关要求，针对网络安全威胁与挑战，对重要信息系统安全保护能力进行了系统分析，提出了重要信息系统安全保护体系框架，以及构建关键信息基础设施安全保护六大能力、数据安全保护能力、供应链安全保护能力的方式和方法。本书还针对重要信息系统安全保护实践，给出了专网类、大系统类、大平台类、大数据类、工控类、新技术应用类的实践案例。

本书供网络安全从业者、网络运营者、网络安全研究人员阅读参考。

图书在版编目（CIP）数据

重要信息系统安全保护能力建设与实践 / 郭启全等著. -- 北京 : 电子工业出版社, 2025. 4. --（网络安全等级保护与关键信息基础设施安全保护系列丛书）.
ISBN 978-7-121-28844-9

Ⅰ. TP393.08

中国国家版本馆 CIP 数据核字第 2025XS0642 号

责任编辑：潘　昕
印　　刷：北京天宇星印刷厂
装　　订：北京天宇星印刷厂
出版发行：电子工业出版社
　　　　　北京市海淀区万寿路 173 信箱　　邮编：100036
开　　本：787×980　1/16　印张：18.25　字数：338.13 千字
版　　次：2025 年 4 月第 1 版
印　　次：2025 年 4 月第 1 次印刷
定　　价：110.00 元

凡所购买电子工业出版社图书有缺损问题，请向购买书店调换。若书店售缺，请与本社发行部联系，联系及邮购电话：（010）88254888，88258888。

质量投诉请发邮件至 zlts@phei.com.cn，盗版侵权举报请发邮件至 dbqq@phei.com.cn。

本书咨询联系方式：faq@phei.com.cn。

前　言

近年来，国际国内网络安全态势的发展变化，给了我们极其重要的警示和启示。国家网络安全提档升级跨进新时代，走进深水区，新时代网络安全最显著的特征是技术对抗。为此，我们应大力加强网络安全保护、保障和保卫工作，大力提升重要信息系统综合防御能力和技术对抗能力。《网络安全法》明确规定“国家实行网络安全等级保护制度，关键信息基础设施在网络安全等级保护的基础上实行重点保护”。近年来，国家相继出台《关键信息基础设施安全保护条例》和有关政策文件，以及《关键信息基础设施安全保护要求》等国家标准，为开展关键信息基础设施安全保护提供了重要保障。关键信息基础设施是网络安全保护的重中之重，而重要信息系统涵盖关键信息基础设施，同时包括网络安全等级保护第三级、第四级信息系统，保护范围更广，重点更突出。因此，本书以重要信息系统为对象，阐述有关内容。

为了使读者更好地理解和掌握有关重要信息系统，特别是关键信息基础设施安全保护方面的法律法规、政策、标准，并与网络安全等级保护制度、数据安全保护制度有机协调落实，郭启全和有关专家共同撰写了本书。本书基于我国重要信息系统和关键信息基础设施安全保护的法律法规、政策、标准，全面梳理了相关安全保护要求，针对网络安全威胁挑战，对我国重要信息系统安全保护能力进行了系统性的分析，提出了我国关键信息基础设施安全保护体系框架及构建关键信息基础设施安全保护八大能力的方式方法，提供了重要信息系统的安全保护实践，给出了专网类、大系统类、大平台类、大数据类、工控类及新技术应用类的安全保护实践案例，供网络安全从业者、网络运营者、网络安全研究人员阅读和参考。

本书纳入网络安全等级保护与关键信息基础设施安全保护系列丛书。丛书包括：

- 《〈关键信息基础设施安全保护条例〉〈数据安全法〉和网络安全等级保护制度解读与实施》
- 《网络安全保护平台建设应用与挂图作战》

- 《重要信息系统安全保护能力建设与实践》（本书）
- 《网络空间地理学关键技术与应用》
- 《网络安全等级保护基本要求（通用要求部分）应用指南》
- 《网络安全等级保护基本要求（扩展要求部分）应用指南》
- 《网络安全等级保护测评要求（通用要求部分）应用指南》
- 《网络安全等级保护测评要求（扩展要求部分）应用指南》
- 《网络安全等级保护安全设计技术要求（通用要求部分）应用指南》
- 《网络安全等级保护安全设计技术要求（扩展要求部分）应用指南》

本书主要作者为郭启全、王继业、蔡阳、周民、俞克群、靖小伟、王少杰。特别感谢黄一玲、梅文明、王梓莹、陈剑飞、姜帆、付静、詹全忠、张潮、沈智镔、邹希、徐春学、罗海宁、王鹏彪、李婷、杨韬、陈琳、苏力、李海玲、刘顺春、于普漪、孙军军、姚海旭、张吉州、范佳雪、牛芳芳（排名不分先后）为本书写作提供的帮助。

由于水平有限，书中难免有不足之处，敬请读者指正。

作　者

目　　录

第1章　需求与挑战

近年来，我国网络安全相关法律法规、政策和标准密集出台。《网络安全法》《数据安全法》《密码法》《个人信息保护法》《关键信息基础设施安全保护条例》《国民经济和社会发展第十四个五年规划和2035年远景目标纲要》《网络安全审查办法》等法律法规和政策，对关键信息基础设施和重要信息系统保护提出了新要求，我国关键信息基础设施和重要信息系统安全保护工作进入全新阶段。

我国网络安全工作需要聚焦“一个基础+两个重点”。其中，“一个基础”是指网络安全等级保护工作，“两个重点”是指关键信息基础设施安全保护和数据安全保护。关键信息基础设施安全保护工作是一个复杂庞大的系统工程，需要不断通过研究探索和实战验证强化提升综合保护能力，需要体系化、实战化、精准化的迭代与设计，需要构建监管/主管部门、关键信息基础设施运营者、网络安全厂商/机构等多方共同参与的深度合作平台，创建合作共赢与联防联控长效机制，促进网络安全产业高效、有序、良性发展，全面提升我国关键信息基础设施和重要信息系统的安全保护能力和水平。实现关键信息基础设施和重要信息系统重点保护，要求高、难度大。我国关键信息基础设施和重要信息系统安全保护工作任重道远。

1.1　我国网络安全面临的威胁挑战与对策措施

近年来，国际和国内网络安全重大事件表明，网络安全形势日趋严峻，网络安全直接影响经济发展、社会稳定、国计民生和国家安全，世界主要国家已将保护关键信息基础设施作为国家安全战略的核心内容，围绕网络空间的权利之争及针对关键信息基础设施的摧毁打击、军事威慑，已经成为国家之间博弈的重要方面。当前，关键信息基础设施面临的网络安全形势异常严峻复杂，网络攻击威慑上升，高级持续性攻击、网络勒索、数据窃取等案（事）件频发，危害社会稳定与经济运行，使我国的重要信息系统面临重大风险挑战。

1. 深刻审视当前国际网络安全态势，准确把握我国面临的严峻形势和威胁挑战

国家级有组织的网络攻击活动日益猖獗，来自外部的网络安全威胁挑战显著增大。网络空间是大国战略竞争的重要领域和必争之地，有组织的网络攻击活动日益猖獗，来自网络空间的威胁给国家安全带来严重挑战。一是来自国际情报机构、黑客组织的网络攻击猖獗。“白象”“蔓灵花”“海莲花”“黑暗旅店”“拉撒路”“毒云藤”“蓝宝菇”等黑客组织，长期对重要行业部门实施网络攻击，窃取情报和重要数据，对国家安全危害极大。二是来自犯罪团伙和不法分子的网络攻击加剧。犯罪团伙和不法分子实施网络攻击，窃取重要数据，控制重要信息系统，地下黑产和暗网非法交易活动猖獗。

国家加快发展数字经济，网络安全面临新挑战。一是国家加快信息基础设施、融合基础设施、创新基础设施建设。包括5G网络和基站、特高压、大数据中心、人工智能、工业互联网等在内的新型基础设施成为敌对国家、敌对分子攻击的重点目标。二是国家加快推进数字经济发展，持续推进“东数西算”工程，加快建设数字政府、数字中国，打造数字化生态，构建一个数字化、网络化、智能化的全新社会。而数字化建设面临的最大威胁是网络攻击，国家经济安全的脆弱性及风险显著上升。三是国家网络安全提档升级跨进新时代，对网络安全提出了新要求。《网络安全法》《数据安全法》《个人信息保护法》《关键信息基础设施安全保护条例》密集出台，为解决我国网络安全突出问题提供了法律保障。国家网络安全进入新时代，走进深水区。新时代网络安全最显著的特征是技术对抗，这要求我们树立新理念、采取新举措，加强战略谋划和战术设计，大力提升防御能力和技术对抗能力，在技术对抗和斗争中赢得胜利。

我国网络安全问题隐患突出，整体保护能力不强，难以有效应对网络战等极端情况。一是我国的网络安全工作仍存在突出问题，具体包括：敌情意识、危机意识差，实体经济部门对来自网络的威胁和风险认识不足；行业和地区组织领导及督促指导力度不足，地方问题突出；重点单位保护措施落实不到位，难以应对大规模网络攻击；网络安全责任制不落实，缺乏责任追究；大量采用国外产品和服务，重大风险隐患依然存在。二是网络安全防护存在薄弱环节和重大隐患，具体包括：互联网暴露点过多，非法外联问题突出；老旧漏洞未及时修补、弱口令等低级问题仍然存在；内网缺乏分区分域隔离，纵深防御措施不到位；神经中枢系统防护薄弱，系统和网络访问控制不健全；数据安全是最大短板，全生命周期防护不到位，重要数据遭窃取、非法交易及出境等频发，地下黑产和暗网出售猖獗；供应链是最大风险点，已成为黑客攻击的跳板和桥梁；防范社会工程学攻击的意识和措

施不强；重要信息、敏感信息在互联网上泄露问题严重，变相成为网络攻击的帮凶；基层单位网络防守薄弱，人防、物防、技防措施不足，可导致“一点突破，全网沦陷”的严重后果；网络广泛互连、数据共享，难以抵御跨行业、跨网络的攻击。

我国数据安全风险隐患突出，是当前急需解决的重大问题。一是数据大集中、大流动、大应用，客观上造成重要数据保护困难、网络攻击容易。二是总体安全意识差，行业主管监管部门重业务、轻数据安全，主管责任、监管责任落实不到位，数据处理者主体责任不落实。三是政务领域问题突出，业务系统存在业务逻辑缺陷，身份验证措施不落实，数据跨地、跨部门应用，地方部门不按照上级要求开展网络系统建设，导致数据安全案（事）件多发。四是违规违法采集问题严重，超范围采集、过渡采集、能采尽采、非法采集等问题突出，甚至委托第三方采集，采集后将数据存储在第三方或互联网平台上。五是一批重点单位和大型企业的网络系统被勒索病毒攻击，大批机器和数据被锁死，需要巨额赎金解锁，但隐瞒、不报案。六是存储方面，数据托管或存储于公有云上，保护措施不到位；传输方面，重要数据不加密就在互联网上传输；共享方面，对共享数据缺乏保护措施，安全责任不清；技术外包方面，安全责任外包，实质不落实。七是技术服务方面，在服务过程中植入后门，打通了窃取通道，特别是境外远程服务和运行维护，问题严重。八是云服务方面，采用云服务，导致数据安全风险扩大；无论公有云还是私有云，数据保护能力不强，问题普遍存在。九是安全服务商承诺得很好，但实际上未落实责任和措施，技术服务投入不足，服务能力不强，欺骗和坑害重要单位。十是人员管理方面，人员管理不到位，内外勾结，表现为内贼作案、第三方服务人员作案。

2. 加强网络安全综合防御体系建设

坚持原则，加强战略谋划和顶层设计。一要坚持依法保护，落实责任。深入贯彻落实网络安全法律法规和各项制度要求，依法落实行业主管部门主管责任和运营者主体责任，全面加强网络安全保护和保障工作。二要坚持问题导向、实战引领、体系化作战。树立新理念，聚焦网络安全突出问题和薄弱环节，加强战略谋划和战术设计，提档升级各项措施，构建制度、管理和技术有机衔接的网络安全综合防护体系，增强战略定力。三要坚持强化落实网络安全“实战化、体系化、常态化”和“动态防御、主动防御、纵深防御、精准防护、整体防控、联防联控”的“三化六防”措施，提升综合防御能力。四要坚持底线思维和极限思维，树立“一盘棋”思想。实时审视国际国内大局，立足有效应对大规模网络攻击，加强技术攻关和自主可控，采取超常规举措，大力提升技术对抗能力和应对突发事件能力，守住关键，保住要害。五要坚持综合保障，形成合力。从机构、人员、经费、装备、工程、科研、教育训练等方面加大投入，促进网络安全产业发展，打造世界一流的网络安全企业，全力构建综合保障体系。

掌握网络安全基本情况，开展本领域网络与数据摸底调查。调查对象：一是支撑履行职能、开展生产业务的网络系统，包括互联网、业务专网、业务系统、管理系统、云平台、物联网等；二是支撑跨地域、跨系统、跨部门、跨业务的大型网络系统；三是支撑业务运转的大数据监测分析系统、利企便民的数字化服务系统、一体化协同办公系统等；四是各网络系统的边界、使用单位、安全责任部门、责任人等；五是对于核心网络和业务系统为关键信息基础设施的，掌握关键信息基础设施的构成，以及使用单位、安全责任部门、责任人等情况；六是对于产生和利用的各类数据，按照《数据安全法》要求，掌握所有数据的分类分级情况，编制数据目录清单；七是网络资产，包括各类硬件设备、软件，产品提供商、产品型号，以及国外产品使用情况等；八是供应链情况，包括网络系统建设、运维、托管、外包、安全服务的机构、人员、网络系统、工具装备等方面。

统筹协调落实国家网络安全各项保护制度。国家确立了网络安全等级保护制度、关键信息基础设施安全保护制度、数据安全保护制度、个人信息保护制度。在网络安全保护工作中，可以将个人信息保护纳入数据安全保护。国家网络安全保护制度主要是指三个制度，网络安全等级保护制度是基础，关键信息基础设施安全保护制度和数据安全保护制度是两个重点——一个基础、两个重点，要统筹协调落实。一是重要工作有机结合。在安全规划和实施方案中，应以网络安全等级保护为基础，以加强关键信息基础设施安全保护、数据安全保护（含个人信息保护）为重点，三项工作有机结合，密不可分。二是保护措施有机结合。在落实网络安全等级保护基本要求、安全设计技术要求的基础上，按照关键信息基础设施安全保护要求、数据安全保护要求等标准，采取加强型、特殊型保护措施。三是保护要求有机结合。将等级保护第三级（含）以上信息系统、关键信息基础设施和重要数据统筹起来采取保护措施，重要数据不低于等级保护第三级要求，核心数据不低于等级保护第四级要求和关键信息基础设施安全保护要求。四是重点措施有机结合。从威胁情报、保护措施和保障三个方面，按照“网上网下结合、人防技防结合、打防管控结合”的“三结合”原则，落实安全管理和技术措施。五是风险管控有机结合。开展安全检测和风险评估，将隐患识别、威胁分析、等级测评、风险评估、风险管理等业务统筹安排，确保对风险威胁的有效管控。

3. 加强网络安全保护、保卫和保障

按照“问题导向、实战引领、体系化作战”要求：

一是建立领导体系和工作体系。按照《党委（党组）网络安全责任制实施办法》要求，设立领导机构、管理机构、专职人员；通过决策机制，保障人力、财力、物力投入。

二是开展顶层设计和规划。制定管理办法、标准规范、安全保护规划，组织专家评审；制定年度计划及实施方案。

三是落实行业主管责任。加强对网络安全工作的组织领导、监督检查、督办整改；横向到边、纵向到底。

四是落实运营者主体责任。按照法律法规和制度要求，落实安全责任和各项任务要求，守土有责、守土尽责。

五是落实网络安全等级保护制度。按照《网络安全法》要求和相关国家标准，加强网络安全保护，筑牢网络安全基石。

六是落实关键信息基础设施安全保护制度。按照《关键信息基础设施安全保护条例》要求，制定规则，识别认定，加强安全保卫、保护和保障。

七是落实数据安全保护制度。按照《数据安全法》要求，建立数据分类分级制度、安全保护制度，加强数据安全保护。

八是落实密码安全防护要求。落实《密码法》和密码应用相关标准规范，使用符合规定的密码技术、密码产品和服务。

九是开展安全检测和风险评估。将隐患识别、威胁分析、等级测评、风险评估等统筹安排，有效管控风险威胁。

十是制定网络安全建设整改方案并实施。根据安全检测评估、风险分析、事件分析、实战检验等发现的问题隐患，以应对大规模网络攻击为目标，制定安全建设整改方案并实施。

十一是采取多种方式检验保护措施的有效性。开展网络攻防演习、沙盘推演，聘请专门安全检测机构，远程渗透测试与现场检测相结合，对关键信息基础设施进行全流程、全方位检测评估。

十二是落实实时监测预警措施。利用网络安全保护平台和技术措施，开展实时监测预

警，大力提高监测发现网络攻击的能力。

十三是开展联合作战。与公安机关密切配合，建立网络安全联合作战机制，立足网络备战，打整体仗、合成仗。

十四是落实供应链安全措施。在网络的规划设计、建设、运维、产品、服务等环节中，加强对服务商和产品供应商的安全管理，防范供应链安全风险。加强互联网远程运维安全评估论证，并采取相应的管控措施。利用国资云、政务云、金融云、电信云等，提升供应链保障能力。

十五是落实物理设施保护和电力电信保障措施。保护机房、大数据中心、云平台等物理设施安全，严防地震、洪水等灾害，保障网络运行正常、数据免遭破坏。

十六是落实"三化六防"措施。认真落实"实战化、体系化、常态化"和"动态防御、主动防御、纵深防御、精准防护、整体防控、联防联控"措施，提升整体防控能力。

十七是落实威胁情报措施。大力加强威胁情报工作，建立完善情报信息共享机制，情报引领网络安全"打防管控"。

十八是实施"挂图作战"。建设网络安全保护平台和态势感知系统，建设平台智慧大脑，绘制网络地图，实现挂图作战。

十九是开展比武竞赛。建设网络靶场，设立红、蓝军，组织开展攻防演练、比武竞赛和对抗，大力提升对抗反制能力。

二十是落实技术对抗措施。在网络关键节点架设监测设备、第二代蜜罐、沙箱等，诱捕和溯源网络攻击。构建以密码、可信计算、人工智能、大数据分析技术为核心的网络安全技术保护体系。

二十一是落实指挥调度措施。重点行业、网络运营者要建设网络安全监控指挥中心，落实 7×24 小时值班值守制度。

二十二是落实信息通报措施。依托国家网络与信息安全信息通报机制，加强本行业、本领域网络安全信息通报预警机制和力量建设，开展信息通报预警。

二十三是落实责任追究制度。制定责任制管理办法和问责规范，健全完善网络安全考核评价和责任追究制度，确定问责范围，明确约谈、罚款、行政警告、记过、降级、开除等处罚措施。

二十四是落实事件处置机制。制定网络安全事件应急预案，加强应急力量建设和应急资源储备，与公安机关密切配合，建立事件报告制度和应急处置机制。

二十五是开展技术攻关。开展理论研究和技术攻关，研究网络空间智能认知、资产测绘、画像与定位、可视化表达、地理图谱构建、行为认知和智能挖掘等核心技术，用技术支撑实战。

二十六是实施自主可控和技术创新工程。梳理排查网络系统中使用的国外产品和服务；加强算法的审核、运用和监督；制定国产化替代方案，在有关部门的支持下，从基础软硬件、业务系统及网络安全产品等方面，逐步实现国产化。

二十七是落实协同联动措施。建立协同联动、信息共享与会商决策机制，在机构的业务应用、系统建设、技术实施、运营运维、综合管理等部门之间建立内部机制，与保护工作部门、行业内上下级单位、直属机构建立纵向机制，与公安机关、横向合作单位、技术支撑机构建立横向机制，形成一体化机制。

二十八是落实各项保障。加强统筹领导和保障，研究解决网络安全机构的编制、人员、经费、科研、工程建设等各项保障，特别是设备设施改造升级经费保障。

二十九是落实网络安全审查要求。落实国家网信办、公安部等 13 个部门联合印发的《网络安全审查办法》。

三十是加强网络安全保卫工作，提升综合保卫能力。开展监督检查和行政执法，公安机关依法对网络运营者每年开展监督检查和指导，发现问题并督促限期整改，对违法行为依法进行行政处罚；严厉打击危害网络安全的违法犯罪活动，及时搜集发现危害网络安全的违法犯罪活动线索，开展调查取证和追踪溯源。

三十一是培养攻防兼备的专门队伍。建立教育训练和实战型人才的发现、培养、选拔、使用机制，培养攻防兼备的人才队伍。

三十二是开展扫雷专项行动。全面排查并清理网络系统中的木马等恶意程序，封堵网络攻击入侵通道。

三十三是开展网络安全保险工作。加强顶层设计，支持保险公司构建“保险+风险管控+服务”模式。

三十四是实施“一带一路”网络安全战略。支持国有企业与网络安全企业走出去，共享中国经验，保护中国企业在海外的利益。

1.2 法律法规和政策

本节介绍与网络和数据安全保护有关的法律法规和政策。

1.2.1 我国网络与数据安全保护要求

我国的《国家安全法》《网络安全法》《数据安全法》《密码法》《个人信息保护法》《关键信息基础设施安全保护条例》《网络安全审查办法》《国民经济和社会发展第十四个五年规划和 2035 年远景目标纲要》等法律法规和政策，对关键信息基础设施安全保护提出了明确要求，推动重要信息系统和关键信息基础设施安全保护进入全新阶段。

1.《国家安全法》提出关键信息基础设施安全保护要求

国家建设网络与信息安全保障体系，提升网络与信息安全保护能力，加强网络和信息技术的创新研究和开发应用，实现网络和信息核心技术、关键基础设施和重要领域信息系统及数据的安全可控；加强网络管理，防范、制止和依法惩治网络攻击、网络入侵、网络窃密、散布违法有害信息等网络违法犯罪行为，维护国家网络空间主权、安全和发展利益。

2.《网络安全法》提出关键信息基础设施安全保护要求

关键信息基础设施在网络安全等级保护制度的基础上，实行重点保护。关键信息基础设施的具体范围和安全保护办法由国务院制定。国家鼓励关键信息基础设施以外的网络运营者自愿参与关键信息基础设施安全保护工作。按照国务院规定的职责分工，负责关键信息基础设施安全保护工作的部门分别编制并组织实施本行业、本领域的关键信息基础设施安全规划，指导和监督关键信息基础设施运行安全保护工作。在建设关键信息基础设施的过程中，应确保其具有支持业务稳定、持续运行的能力，保证安全技术措施同步规划、同步建设、同步使用，并设置专门的安全管理机构和安全管理负责人。关键信息基础设施的运营者采购网络产品和服务，应通过国家安全审查等。

3.《数据安全法》提出关键信息基础设施安全保护要求

利用互联网等信息网络开展数据处理活动，应在网络安全等级保护制度的基础上，履行上述数据安全保护义务。关键信息基础设施的运营者在中华人民共和国境内运营中收集和产生的重要数据的出境安全管理，适用《网络安全法》的相关规定。国家建立数据分类分级保护制度，对数据实行分类分级保护。各地区、各部门对本地区、本部门工作中收集和产生的数据及数据安全负责。工业、电信、交通、金融、自然资源、卫生健康、教育、科技等主管部门承担本行业、本领域的数据安全监管职责。国家数据安全工作协调机制统筹协调有关部门制定重要数据目录，加强对重要数据的保护。关系国家安全、国民经济命脉、重要民生、重大公共利益等的数据属于国家核心数据，应对其实行更加严格的管理。各地区、各部门应按照数据分类分级保护制度，确定本地区、本部门及相关行业、领域的重要数据具体目录，对列入目录的数据进行重点保护。国家建立集中统一、高效权威的数据安全风险评估、报告、信息共享、监测预警机制。国家数据安全工作协调机制统筹协调有关部门加强数据安全风险信息的获取、分析、研判、预警工作。国家建立数据安全应急处置机制。国家建立数据安全审查制度，对影响或者可能影响国家安全的数据处理活动进行国家安全审查等。

4.《关键信息基础设施安全保护条例》提出关键信息基础设施安全保护要求

在国家网信部门的统筹协调下，国务院公安部门负责指导监督关键信息基础设施安全保护工作。关键信息基础设施安全保护坚持综合协调、分工负责、依法保护。国家对关键信息基础设施实行重点保护，在网络安全等级保护的基础上，采取技术保护措施和其他必要措施，应对网络安全事件，防范网络攻击和违法犯罪活动，保障关键信息基础设施安全稳定运行，维护数据的完整性、保密性和可用性。对于关键信息基础设施的认定，保护工作部门应结合本行业、本领域的实际情况，制定关键信息基础设施认定规则，并报国务院公安部门备案。保护工作部门应根据认定规则组织认定本行业、本领域的关键信息基础设施，及时将认定结果通知运营者，并通报国务院公安部门。保护工作部门应制定本行业、本领域关键信息基础设施安全规划，明确保护目标、基本要求、工作任务、具体措施。国家网信部门统筹协调有关部门建立网络安全信息共享机制，及时汇总、研判、共享、发布网络安全威胁、漏洞、事件等信息，促进有关部门、保护工作部门、运营者及网络安全服务机构等的网络安全信息共享。保护工作部门应建立健全本行业、本领域的关键信息基础设施网络安全监测预警制度，及时掌握本行业、本领域关键信息基础设施的运行状况、安全态势，预警通报网络安全威胁和隐患，指导做好安全防范工作。国家制定和完善关键信息基础设施安全标准，指导、规范关键信息基础设施安全保护工作。国家加强网络安全军民融合，军地协同保护关键信息基础设施安全。

5.《网络安全审查办法》提出关键信息基础设施安全保护要求

《网络安全审查办法》是为了确保关键信息基础设施供应链安全，维护国家安全，依据《国家安全法》《网络安全法》《数据安全法》制定的。网络安全审查坚持防范网络安全风险与促进先进技术应用相结合、过程公正透明与知识产权保护相结合、事前审查与持续监管相结合、企业承诺与社会监督相结合，从产品和服务的安全性、可能带来的国家安全风险等方面进行审查。运营者采购网络产品和服务的，应预判该产品和服务投入使用后可能带来的国家安全风险；影响或可能影响国家安全的，应向网络安全审查办公室申报网络安全审查。关键信息基础设施保护工作部门可制定本行业、本领域的预判指南。网络安全审查重点评估产品和服务的采购活动、数据处理活动及在国外上市可能带来的国家安全风险，主要考虑以下因素：一是产品和服务使用后带来的关键信息基础设施被非法控制、遭受干扰或被破坏的风险；二是产品和服务供应中断对关键信息基础设施业务连续性的危害；三是产品和服务的安全性、开放性、透明性、来源的多样性、供应渠道的可靠性，以及政治、外交、贸易等因素导致供应中断的风险；四是产品和服务的提供者遵守中国法律、行政法规、部门规章的情况；五是核心数据、重要数据或大量个人信息被窃取、泄露、毁损及非法利用或出境的风险；六是在国外上市后，关键信息基础设施、核心数据、重要数据或大量个人信息被外国政府影响、控制、恶意利用的风险；七是其他可能危害关键信息基础设施安全和国家数据安全的因素。

6.《国民经济和社会发展第十四个五年规划和 2035 年远景目标纲要》提出关键信息基础设施安全保护要求

《国民经济和社会发展第十四个五年规划和 2035 年远景目标纲要》提出的关键信息基础设施安全保护要求，不仅包括《关键信息基础设施安全保护条例》中的相关要求（同前），还包括一些具体要求：围绕强化数字转型、智能升级、融合创新支撑，布局建设信息基础设施、融合基础设施、创新基础设施等新型基础设施；健全国家网络安全法律法规和制度标准，加强重要领域数据资源、重要网络和信息系统安全保障；建立健全关键信息基础设施安全保护体系，提升安全防护和维护政治安全能力；加强网络安全风险评估和审查；加强网络安全基础设施建设，强化跨领域网络安全信息共享和工作协同，提升网络安全威胁发现、监测预警、应急指挥、攻击溯源能力；加强网络安全关键技术研发，加快人工智能安全技术创新，提升网络安全产业的综合竞争力；加强网络安全宣传教育和人才培养。

1.2.2　我国网络安全标准制定情况

为了有效保护我国网络与信息系统的安全，国家陆续出台了多项网络安全标准。

1. 网络安全等级保护标准的制定与实施为关键信息基础设施安全保护标准的制定奠定了良好基础

2008 至 2012 年，我国陆续发布了 GB/T 25058—2008《信息系统安全等级保护实施指南》、GB/T 22239—2008《信息系统安全等级保护基本要求》、GB/T 28448—2012《信息系统安全等级保护测评要求》等标准。2017 至 2020 年，我国陆续发布了 GB/T 25058—2019《网络安全等级保护实施指南》、GB/T 22240—2020《网络安全等级保护定级指南》、GB/T 22239—2019《网络安全等级保护基本要求》、GB/T 25070—2019《网络安全等级保护安全设计技术要求》、GB/T 28448—2019《网络安全等级保护测评要求》等标准，形成了网络安全等级保护 2.0 标准体系。网络安全等级保护 2.0 标准体系将保护对象由原来的信息系统调整为信息系统、基础信息网络、云计算平台/系统、大数据应用/平台/资源、物联网系统、工业控制系统和含采用移动互联技术的网络等，将原来各级别的安全要求分为安全通用要求和安全扩展要求，其中安全扩展要求包括云计算安全扩展要求、移动互联安全扩展要求、物联网安全扩展要求、工业控制系统安全扩展要求，强化了安全管理中心和安全物理环境、安全通信网络、安全区域边界、安全计算环境。

2. 国家高度重视关键信息基础设施安全保护标准制定工作

2016 年，中央网信办、国家标准委等部门联合印发《关于加强国家网络安全标准化工作的若干意见》，明确提出开展关键信息基础设施安全保护急需重点标准研制。全国信息安全标准化技术委员会组织开展了关键信息基础设施安全标准体系研究，提出了关键信息基础设施安全标准体系框架和标准明细表，同时按照“急用先行”的原则开展了重点标准的研制。

公安部高度重视关键信息基础设施安全保护标准制定工作，组织有关企业、研究机构和专家，将关键信息基础设施安全保护标准制定与网络安全等级保护标准制定紧密结合，形成有机衔接，研究建立关键信息基础设施安全保护标准体系，组织起草重点标准，并对重要标准严格把关，确保了关键信息基础设施安全保护制度与网络安全等级保护制度在法律、政策、标准方面的协调一致，确保了关键信息基础设施安全保护制度在网络安全等级保护制度的基础上实施。

全国信息安全标准化技术委员会通过对《关键信息基础设施安全保护条例》进行标准化需求分析，围绕关键信息基础设施安全保障体系建设各维度，在已有国家网络安全标准的基础上，从关键信息基础设施的保护要求、控制措施、边界识别、保障指标、应急体系、检查评估，以及供应链安全、数据安全、信息共享、监测预警等方面，系统化地推进标准研制工作，共同构建科学性、系统性、实用性的标准体系框架，用标准筑牢关键信息基础设施安全保障体系建设的基础。

3.《关键信息基础设施安全保护要求》的制定与发布情况

2022 年 10 月 12 日，国家市场监管总局、国家标准委发布 2022 年第 14 号公告，批准 GB/T 39204—2022《关键信息基础设施安全保护要求》于 2023 年 5 月 1 日起实施。

《关键信息基础设施安全保护要求》由 13 家单位、34 人起草，历经几年时间、几次重大修改完善，最终打磨成较好的标准，特别对原名称“关键信息基础设施网络安全保护基本要求”进行了修改，对内容进行了重大调整，增加了“主动防御”关键一章。该标准是我国关键信息基础设施安全保护的总纲性标准，在网络安全等级保护制度的基础上，借鉴我国相关部门在重要行业和领域开展网络安全保护工作的成熟经验，吸纳国内外在关键信息基础设施安全保护方面的举措，结合我国现有网络安全保障体系等成果，从分析识别、安全防护、检测评估、监测预警、主动防御、事件处置等方面，提出了关键信息基础设施安全保护要求：采取必要措施保护关键信息基础设施业务连续运行及其重要数据不受破坏，切实加强关键信息基础设施安全保护。

《关键信息基础设施安全保护要求》的主要特点：一是该标准是关键信息基础设施安全保护的第一个国家标准，也是核心标准；二是该标准与关键信息基础设施安全保护法律法规、政策有机衔接，形成了良好的关键信息基础设施安全保护支撑体系；三是该标准与等级保护标准有机衔接，避免了交叉重复，有利于使用者落实；四是该标准充分体现了公安部提出的“三化六防”重大举措。该标准提出，关键信息基础设施安全保护应在网络安全等级保护制度的基础上实行重点保护，基本原则包括：一是以关键业务为核心的整体防控，关键信息基础设施安全保护以保护关键业务为目标，对业务涉及的一个或多个网络和信息系统进行体系化安全设计，构建整体安全防控体系；二是以风险管理为导向的动态防护，根据关键信息基础设施面临的安全威胁态势进行持续监测和安全控制措施的动态调整，形成动态的安全防护机制，及时有效地防范和应对安全风险；三是以信息共享为基础的协同联防，积极构建相关方广泛参与的信息共享、协同联动的共同防护机制，提升关键信息基础设施应对大规模网络攻击的能力。该标准还提出了关键信息基础设施分析识别、安全防护、检测评估、监测预警、主动防御、事件处置等方面的安全控制措施，可指导运营者对关键信息基础设施进行全生命周期安全保护，也可供关键信息基础设施安全保护的其他相关方参考使用。

《关键信息基础设施安全保护要求》的应用：一是以该标准为核心，建立完善关键信息基础设施安全保护标准体系；二是该标准与等级保护标准结合，指导关键信息基础设施运营者在落实网络安全等级保护基本要求、安全设计技术要求的基础上，开展特殊型、加强型安全保护；三是依据该标准，制定关键信息基础设施安全检测评估要求，指导检测评估机构开展安全检测评估。

1.2.3　主要国家网络安全保护法律法规和政策

了解主要国家的网络安全保护法律法规和政策，分析并借鉴其主要经验和做法，有助于我们提升国家网络安全防护能力和水平。

1. 美国关键基础设施保护

1996 年至 2000 年（克林顿政府时期）是美国对关键基础设施保护研究的探索阶段。美国意识到，强大的军队和强盛的国家经济都依赖关键基础设施及其相关信息系统，未来的敌人可能通过打击美国本土要害点迫使美国屈服，而这个要害点就是关键基础设施。因此，克林顿政府成立了关键基础设施保护机构，专门研究解决美国关键基础设施脆弱性问题的方法。在此阶段，美国通过颁布一系列政策法规，初步界定了关键基础设施的行业范围，明确了保护工作的目标和方向，为后续 20 多年的关键基础设施保护奠定了基础，具体如下。

1996 年 7 月，克林顿政府颁布行政令，初步划定了关键基础设施的行业范围，要求成立关键基础设施保护机构，研究关键基础设施面临的威胁和脆弱性，从而开启了美国关键基础设施保护新时代。

1997 年 10 月，总统关键基础设施保护委员会向克林顿总统提交了《保护美国基础设施》报告，详细阐述了美国关键基础设施的重要性及面临的威胁和脆弱性，并以不同方式思考了美国关键基础设施保护的未来，美国开始认识到网络威胁将与物理威胁并列成为严重影响关键基础设施安全的重要因素。

1998 年至 2000 年，克林顿政府先后出台总统令《关键基础设施保护》和《信息系统国家保护计划》，把保护国家关键基础设施安全作为明确的目标，要求联邦政府开展信息共享、应急响应和风险评估等工作。

2001 年至 2017 年（布什和奥巴马政府时期），美国政府对关键基础设施保护政策进行了持续性的调整、迭代和演进。布什政府关注关键基础设施的信息系统保护，组建了国土安全部（DHS）并实施了多个国家级保护计划和相关项目，提出要防范关键基础设施信息系统停运，确保任何停运都要达到持续时间最短、可控且造成损害最小的目标。奥巴马政府注重提高关键基础设施的安全韧性（弹性），提出主动协调一切资源确保关键基础设施能够承受所有危险并能从中迅速恢复。在此阶段，美国不断调整关键基础设施的行业范围，调整政府部门组织架构，设计实施公私合作伙伴关系机制，迭代更新国家级基础设施保护计划。经过 10 多年的调整和优化，美国在关键基础设施保护方面基本实现了政府部门机构的体系化、公私合作的协同化及能力建设的现代化，具体如下。

2001 年 10 月，布什政府颁布行政令，强调关键基础设施的信息系统安全保护：成立了总统关键基础设施保护委员会，强化国家级协调组织模式，优化跨部门管理协调能力；成立了国家基础设施咨询委员会，促进公私部门合作，强化关键基础设施保护措施。

2002 年 11 月，美国《国土安全法案》获得通过，美国组建国土安全部，对关键基础设施保护的组织机构、具体职能和目标任务做出了具体规定。

2003 年 2 月，布什政府发布《网络空间国家安全战略》和《关键基础设施和重要资产物理保护的国家战略》，前者确立了打击恐怖分子或敌对国家发起的网络攻击的初步框架，后者提出了“重要资产”的概念，明确了政府和私营部门在关键基础设施保护方面的职责。

2003 年 12 月，美国政府颁布国土安全总统令《关键基础设施标识、优先级和保护》，明确了包括国土安全部在内的各联邦机构在关键基础设施保护工作中的责任和义务，扩大了关键基础设施的行业范围，并重新划分了关键基础设施的行业主管部门。

2006 年至 2013 年，美国国土安全部发布了《国家基础设施保护计划》系列文件，概述了国家基础设施保护工作的任务和职责、风险评估策略、教育培训等，为各级政府机构和私营部门管理国家关键基础设施和重要资源提供了实施框架。该保护计划进行了多次修订和更新，最终形成了风险管理框架模型，提出了 12 项行动呼吁，成为美国重要的国家关键基础设施保护计划。

2013年2月，奥巴马政府发布行政令《增强关键基础设施网络安全》，重申了关键基础设施保护范畴，授权相关部门制定关键基础设施网络空间安全框架，要求国土安全部采取措施推进网络空间安全信息共享。在同一时期，美国政府颁布《关键基础设施安全和弹性》文件，重新确定了16类关键基础设施的行业范围，强调了关键基础设施的安全性和恢复能力，明确了联邦政府在关键基础设施中的角色和职能，以及信息共享和责任共担机制。

2014年2月，美国国家标准与技术研究院（NIST）发布《提升关键基础设施网络安全框架》（CSF）1.0版。基于全生命周期和流程化的框架方法，美国关键基础设施网络安全保护体系框架分为识别、保护、监测、响应和恢复五个层面，包括一系列应对网络风险的标准、方法和流程，提供适用于关键基础设施的跨部门的安全标准和行为准则。

2015年12月，奥巴马签署了《2015年网络安全法案》。该法案是美国重要的联邦网络相关法案，建立了私营部门和联邦政府之间的网络安全信息共享机制，授权联邦政府以外的相关机构对信息系统进行监测并以保护网络安全为目的实施防御措施。该法案还包含加强联邦机构网络安全保护的条款，旨在对联邦政府的网络安全工作人员进行评估，并实施一系列改善关键信息系统网络安全的措施。

2017年以来（特朗普和拜登政府时期），美国政府加强了关键基础设施保护的落地执行。特朗普政府提出前沿防御战略，强调关键基础设施的网络安全防护，以增强美国的网络威慑能力。拜登政府强调提升信息共享能力，关注改善软件供应链安全问题和改进网络安全事件检测。在此阶段，美国重组成立网络安全和基础设施安全局（CISA），专门负责保护美国关键基础设施免受网络威胁，通过常态化进行大规模网络攻击实战演习及大幅增加对各州和地方的网络安全资金支持，提高国家网络安全防御能力。同时，美国更加关注5G、物联网、人工智能等新兴技术领域对关键基础设施保护的影响。

2017年5月，特朗普政府发布行政令《增强联邦政府网络与关键性基础设施网络安全》，开始在整个美国政府机构范围内管理网络风险，让联邦机构负责保护自己的网络，并将实现联邦IT现代化作为加强网络安全的核心。

2018年4月，美国国家标准与技术研究院发布了CSF的更新版。新框架由框架核心、框架实施层和框架轮廓三个基本要素组成，提供了一套关键基础设施行业通用的网络安全活动、预期结果和适用参考。

2018 年 11 月，特朗普签署《2018 年网络安全和基础设施安全局法案》，批准将国土安全部下的国家保护和计划局（NPPD）重组为 CISA，并将其升级到与国土安全部下的其他部门相同的地位。该法案致力于建立一个捍卫基础设施网络安全的机构，进一步巩固国土安全部的网络安全职能，更好地保护联邦网络和关键基础设施免受网络威胁。

2019 年 8 月，美国政府发布《改善州、地方网络安全法案》，加强州和地方政府的网络安全保障能力。该法案在《国土安全法》的基础上增加了三项举措，以帮助州和地方政府获得更充分的网络安全资源：一是制定网络安全资源指南；二是识别高价值资产；三是提供网络培训和演习资金。

2019 年至 2020 年，美国先后发布《网络安全成熟度模型认证框架》《保障 5G 安全法案》《物联网网络安全改进法案》等多个新技术领域的政策文件，旨在加强美国国防工业基地的网络安全态势评估，确保 5G 和未来几代信息通信技术及服务的部署不会危及美国的利益和国家安全，要求 NIST 制定物联网设备的标准和指南并要求联邦机构仅使用符合标准规定的设备。

2021 年 5 月，拜登政府发布行政令《改善国家网络安全》，要求保护联邦网络，改善美国政府与私营部门在信息共享上的问题，增强美国在事件发生时的响应能力，提高国家网络安全防御能力。在同一时期，美国还颁布了《美国网络安全和基础设施安全局网络演习法案》，希望提高组织机构对网络攻击的准备和响应能力。2021 年 7 月，美国先后颁布《州和地方网络安全改善法案》和《国土安全关键领域法案》，增加了州和地方政府的网络安全资金支持，授权国土安全部识别对经济安全至关重要的关键领域供应链风险。

综上所述，经过 20 余年的研究、探索、修正和执行，美国形成了一套关键基础设施保护体系框架，在保护认知、管理协调、能力建设和技术标准等方面开展了一系列工作。一是在保护认知层面，不断深化关键基础设施保护的安全理念。美国将关键基础设施安全与国家安全紧密关联，保护重心也从物理资产保护调整为网络和物理资产保护并重，甚至将网络技术对抗提升到战争层面。二是在管理协调层面，构建国家主导与行业互动格局。美国关键基础设施保护机构通过体系化的协作模式，逐步建立了以国土安全部为主导，各部门职能明确、公私合作、相互协调的保护组织体系。三是在能力建设层面，实现国家和军队能力的结合。美国大力加强新型网络平台（中心）建设，保持对网络威胁的态势感知，检测网络威胁，加强预警响应和应急恢复能力，同时组建国家网络部队，并不断开展实战演习，以确保关键基础设施安全。四是在技术标准层面，构建风险管控的网络安全框架。美国构建了包括识别、保护、监测、响应和恢复在内的网络安全框架，通过基于风险管理的方法，利用相关标准和最佳实践帮助关键基础设施运营者应对网络空间的威胁风险。近期，美国更关注和警惕新技术、新业务给关键基础设施带来的新的安全威胁，如物联网、工业互联网、人工智能、供应链等。

2. 欧洲关键信息基础设施保护

2007 年 4 月，欧盟委员会通过《欧洲关键基础设施保护计划》（EPCIP）提案。EPCIP 框架的内容：一是识别和认定欧洲关键基础设施（ECI）；二是通过相关举措促进 EPCIP 的实施，包括构建关键基础设施预警信息网络（CIWIN）、组建欧盟关键基础设施保护专家组、建立关键基础设施保护信息共享流程、分析识别关键基础设施的相互依存关系等；三是就国家关键基础设施（NCI）向成员国提供支持；四是制定应急响应计划；五是外部合作保护；六是财政支持措施。EPCIP 是一个持续的过程，并将以行动计划的形式定期审查，包括制定连续的 EPCIP 政策，明确战略方向并制定合适的关键基础设施保护措施，保护欧洲关键基础设施，在主要部门层面实施降低基础设施脆弱性的举措，支持成员国在国家关键基础设施方面的行动。

2008 年 12 月，欧盟正式发布《识别、认定欧洲关键基础设施及评估提高其保护的必要性》。该指令明确了关键基础设施的定义，要求设立安全联络官，并建立关键基础设施风险评估报告制度。每个成员应根据跨领域标准和欧洲关键基础设施的定义，识别欧洲关键基础设施；欧盟委员会可以应成员国要求，协助其识别关键基础设施。在认定欧洲关键基础设施时，每个成员国应向其他成员国说明认定原因，并告知其可能受到的严重影响。被认定的欧洲关键基础设施所在的成员国，应每年向欧盟委员会通报各行业认定关键基础设施的数量，以及依赖这些关键基础设施的成员国数量，并对相关信息进行分类和分级。欧盟委员会也将与各成员国合作制定风险管理的方法指南，用于进一步开展欧洲关键基础设施风险分析。

2014 年 12 月，欧洲网络与信息安全局（ENISA）发布了《识别关键信息基础设施服务和资产的方法》，提出了识别关键信息基础设施中的服务和资产的步骤与方法。欧盟委员会提供了 11 个关键基础设施行业，在各成员国认可关键基础设施保护重要性的基础上，定义了识别活动的成熟度级别，并建议：一是各成员国应明确定义和识别关键信息基础设施，并应确保其安全性和弹性；二是各成员国应与关键信息基础设施利益相关者合作；三是各成员国应采用相关方法识别关键网络资产和服务，在必要时，各成员国可根据自身情况及需求选择相关方法；四是对已经确定的关键信息基础设施服务进行评估，以明确其内部和外部的依赖性；五是各成员国应制定关键服务的通信网络基线安全标准，确保关键网络的恢复能力；六是各成员国应发展自动化识别关键信息基础设施的程序，加强自动优先处理关键信息基础设施事件的能力。

2016 年 7 月 6 日，欧盟正式通过《网络与信息系统安全指令》（NIS 指令）。NIS 指令属于欧盟网络安全法案的第一部分，旨在提升国家层面的网络安全能力，加强基础服务运营者和数字服务提供者的网络与信息系统安全，要求其履行网络风险管理、网络安全事件应对和通告义务。此外，NIS 指令要求欧盟成员国制定网络安全国家战略，加强成员国之间的合作，在网络安全技术研发方面加大资金投入，并要求成员国必须于 2018 年 5 月 9 日之前将该指令纳入本国法律。

2022 年 5 月 13 日，欧洲议会和欧盟成员国就《关于在欧盟范围内实施高水平网络安全措施的指令》（NIS 2 指令）达成政治协议。NIS 2 指令将取代 2016 年欧盟制定的网络安全法案。2016 年生效的 NIS 指令为欧盟成员国构建网络安全思维方式、制度和监管方法奠定了基础。2020 年，欧盟委员会在对 NIS 指令的实施效果进行审查后，提出了 NIS 2 指令提案，以扩大适用范围、强化网络安全要求和供应链安全、强调监管权和相应的法律责任、改善成员国之间的合作。

3. 俄罗斯关键信息基础设施保护

2000 年 6 月 23 日，俄罗斯总统普京主持联邦安全会议，讨论并通过了《国家信息安全学说》，其内容包括信息安全的基本内涵、保障国家信息安全的基本思路、信息安全的威胁种类、保障信息安全的主要任务四个方面。

2016 年 12 月 5 日，俄罗斯总统普京颁布总统令，批准通过了新版《信息安全学说》，旧版本随即失效。新版《信息安全学说》包括总则、信息领域的国家利益、信息安全的主要威胁和信息安全态势、保障信息安全的战略目标和行动方向、信息安全的组织基础五个方面，其中信息领域的国家利益、信息安全的主要威胁和信息安全态势、保障信息安全的战略目标和行动方向是其主体内容。

2017 年 7 月 19 日，俄罗斯联邦委员会颁布《俄罗斯联邦关键信息基础设施安全法》，旨在保障关键信息基础设施在遭受网络攻击时的稳定运行。该法案包括关键信息基础设施安全保障原则、国家机关权利职责、关键信息基础设施分级、关键信息基础设施安全保障要求等主要内容，将关键信息基础设施的重要性划分为社会重要性、政治重要性、经济重要性、生态重要性、国防安全重要性五个维度，每个维度分为三个等级。该法案要求联邦行政机关根据关键信息基础设施的重要性等级，制定有差别的安全保障要求，包括规划、编制、完善和实施安全保障措施，采取相关技术措施确保关键信息基础设施安全，以及保障软硬件设备的参数和性能等。同时，相关领域的国家机关可以与联邦行政机关协商，制定相关领域关键信息基础设施安全保障补充要求。

2022 年 3 月 30 日，俄罗斯总统普京签署《关于确保俄罗斯联邦关键信息基础设施的技术独立性和安全性的措施》总统令，旨在保障基础设施的信息安全，规定：自 2022 年 3 月 31 日起，未经授权执行机构同意，禁止为关键信息基础设施采购外国软件，也不能购买相应国外软件所必需的服务；自 2025 年 1 月 1 日起，禁止国家机关在关键信息基础设施上使用外国软件。

1.3　国际网络安全面临的严峻形势

近年来，关键信息基础设施成为各国威慑打击的主要目标，国际上针对关键信息基础设施的攻击层出不穷，高级持续性威胁、网络勒索、关键服务运行中断、通信基础设施瘫痪、大规模停电、能源管道中断、数据窃取等事件频发，针对关键信息基础设施的网络攻击呈现精准度高、破坏性大、摧毁性强、威慑性高的趋势。我国关键信息基础设施复杂庞大，核心信息技术和产品受制于人，其安全性直接涉及“数字经济”“网络强国”等战略和“一带一路”倡议的落地实施，并且直接影响国家安全、经济发展、国计民生和公共利益。我国关键信息基础设施安全保护面临重大威胁挑战，针对有组织、高强度、大规模、隐蔽性的攻击，整体安全保护能力亟待提升。

1.3.1　国际重大网络安全事件

网络空间已经成为继陆、海、空、天之后全球第五大竞争博弈空间，更逐渐成为国家疆域的重要组成部分。国际上针对关键信息基础设施的攻击层出不穷，攻击的精准程度越来越高，呈现破坏性大、摧毁性强、威慑性高的趋势，给各国网络安全带来严峻挑战。

1. 威胁国家安全和政权安全的网络攻击事件

2010 年 7 月，伊朗核设施遭“震网”病毒攻击事件爆发。针对西门子工控系统的“震网”病毒攻击伊朗核设施，导致伊朗浓缩铀工厂内五分之一的离心机报废，大幅延迟了伊朗的核进程。“震网”是由美国和以色列黑客组织联合研发的一种计算机蠕虫病毒，其目的在于破坏伊朗的核武器计划，专门用于攻击伊朗在其核燃料浓缩过程中使用的数据采集与监视控制（SCADA）设备。

2013 年，“棱镜门”事件爆发。该事件揭露了“五眼联盟”在 9·11 事件后建立的全球网络监视网。斯诺登曝光了美国的棱镜计划（PRISM）。PRISM 是由美国国家安全局（NSA）自 2007 年起实施的绝密电子监听计划，能够对即时通信和既存资料进行深度监听，监听对象包括任何在美国以外地区使用参与该计划的公司提供的服务的客户，以及任何与国外人士通信的美国公民。美国国家安全局在 PRISM 计划中可以获得电子邮件、视频和语音交谈内容、视频、照片、VoIP 交谈内容、传输的文件、登录通知、社交网络细节，从而接触到大量个人聊天日志、存储的数据、通信内容、社交网络数据。

2015 年 3 月，希拉里“邮件门”事件爆发。2013 年年初，一名黑客入侵了与克林顿家族关系密切的记者的邮箱，发现了机密文件，并溯源定位至希拉里家地下室的个人邮件服务器。2016 年 10 月 28 日，美国联邦调查局重启对希拉里“邮件门”事件的调查，破坏了希拉里竞选美国总统的进程。

2015 年 12 月 23 日，乌克兰西部地区国家电力系统遭网络攻击，7 座 110kV 变电站和 23 座 35kV 变电站发生故障，造成伊万诺-弗兰科夫斯克地区发生大面积、大规模的停电事件，停电时间长达 6 小时，影响约 140 万人。攻击者在邮件中嵌入带有“黑色能量”（Black Energy）木马病毒的微软 Office 文件，再将邮件的发送地址伪装成乌克兰议会（Rada）的邮件地址，向目标用户发送邮件；用户打开带有该木马病毒的邮件，办公系统就会感染木马病毒，攻击者欺骗目标用户成功。

2017 年 3 月，维基解密（Wikileaks）网站公布了数千份文档并公开了美国中央情报局（CIA）关于黑客入侵技术的最高机密。泄密文档的内容表明，该组织不仅能入侵 iPhone、Android 手机和智能电视，还能入侵 Windows、MacOS 和 Linux 等操作系统。外界将此次事件称为“Vault 7”。Vault 7 公布的文档记录表明，美国中央情报局进行了全球性的黑客攻击活动。

2019 年 3 月 7 日，委内瑞拉提供全国 80% 电力的古里水电站受到网络攻击，导致机组停机，包括首都加拉加斯在内的全国 23 个州中的 18 个州停电，影响波及近 3000 万人。次日，委内瑞拉 70% 的地方恢复了供电。但是，没过多久，古里水电站再次遭到电磁攻击，导致又一次大范围停电。这次攻击的目的是让委内瑞拉的民众日常生活受到威胁，瓦解民心，以支持反对派上台。

2021 年 5 月 7 日，美国最大的油气管道运营商 Colonial Pipeline 公司遭到“黑暗面”黑客组织勒索软件的攻击，致使燃油供应中断，美国宣布部分地区进入国家紧急状态。攻击者窃取了该公司的重要数据文件，劫持了该公司的燃油管道运输管理系统，直接导致美国东部沿海多个州的关键供油管道关闭。这起攻击事件给美国东海岸 17 个州造成了极大的燃油供应压力，亚特兰大、北卡罗来纳等地的汽油供应出现短缺。

自 2022 年 2 月 24 日俄乌冲突正式爆发以来，俄乌双方发动了由国家主导的大规模的以攻击致瘫对方关键信息基础设施为首要目标的网络战，采取 DDoS（分布式拒绝服务）攻击、APT（高级持续性威胁）攻击、漏洞利用、钓鱼攻击、供应链攻击、数据擦除攻击等方式，形成了多层次的攻击杀伤链，造成电信基础设施服务中断，以及政府网站、金融网络系统瘫痪等。

2. 针对基础网络的网络攻击事件

2014 年 3 月，乌克兰国家电信系统受到网络攻击，攻击设备安装在克里米亚地区，被用来干扰乌克兰国会议员的移动电话，攻击切断了乌克兰国内的移动通信网络。一周后，乌克兰国家最高安全机构和国防委员会的通信频道再次遭到大规模 DDoS 攻击。

2016 年 10 月 21 日，美国主要的域名服务商“动态网络服务”（Dynamic Network Services，简称 Dyn，“迪恩”）公司遭到大规模 DDoS 攻击，攻击目标是为大型网站提供域名解析服务的 4 个 IP 地址。由于攻击流量大，迅速蔓延到同网段的其他 IP 地址，超过 1000 台域名服务器受到影响，一场始于美国东部的大规模互联网瘫痪席卷美国，Twitter、Spotify、Netflix、Airbnb、GitHub、Reddit 及《纽约时报》等网站受到黑客攻击。在此次事件中，大量 IoT 设备参与攻击，商业损失难以估量。

2019 年 3 月，黑客利用思科防火墙中的已知漏洞对美国犹他州的可再生能源电力公司发起 DoS（拒绝服务）攻击，影响范围包括加利福尼亚州、犹他州和怀俄明州。北美电力可靠性公司在 2019 年 9 月表示，该漏洞影响了受害者使用的防火墙的 Web 界面，攻击者在这些设备上触发了 DoS 攻击，导致防火墙不断重启超过 10 小时。

2020 年 12 月，SolarWinds 供应链攻击在美国渗透了包括五角大楼、财政部、白宫、国家核安全局在内的几乎所有关键部门，电力、石油、制造等多个行业的关键基础设施“中招”，思科、微软、英特尔、VMware、英伟达等科技巨头及超过 9 成的财富 500 强企业“躺枪”，被 CISA 定义为“美国关键基础设施迄今面临的最严峻的网络安全危机”。SolarWinds 供应链攻击是对全球各国关键基础设施安全防御体系的一次冲击性事件，大量传统网络安全工具、措施和策略等在该事件中失效。

3. 针对重要业务系统的网络攻击事件

2020 年 8 月 25 日，新西兰证券交易所遭受 DDoS 攻击，导致该交易所暂停现金交易 1 小时，扰乱了债务交易市场。2020 年 8 月 31 日，新西兰证券交易所网站在开盘不久后再次崩溃，新西兰证券交易所连续多日遭受 DDoS 攻击。

2022 年 3 月，意大利首都罗马的特米尼火车站铁路系统受到黑客攻击，许多旅客因信息不明而出现混乱。2022 年 3 月 23 日，意大利米兰的多处火车站售票机也因黑客攻击而出现故障，无法售票。次日凌晨，意大利威尼斯圣卢西亚和梅斯特雷车站的信息系统发生故障，出现显示屏信息与列车实际运行不符的情况。

2022 年 4 月 17 日，加拿大航空公司 Sunwing 因遭黑客攻击，官网出现技术故障，整个系统突然崩溃。当天几乎所有航班均被延误，至少 188 个航班受到影响，数千名乘客被迫滞留机场。

2022 年 5 月 9 日，俄罗斯总统普京在“胜利日”阅兵式上发表讲话期间，电台系统遭受攻击。黑客组织破坏了俄罗斯在线电视时间表页面，以显示反战信息。俄罗斯主要电视频道、最大搜索网站 Yandex、最大视频网站 RuTube 均受到网络攻击的影响。

4. 针对重要数据的网络攻击事件

2011 年，伊朗黑客入侵荷兰 CA 供应商 DigiNotar，并使用其设备发行包括 Google 和 Gmail 在内的流行网站的 SSL 伪造证书。伊朗黑客利用证书拦截了加密的 HTTPS 流量，揭露了这家荷兰公司令人震惊的安全事件和商业行为。这次黑客攻击引起 Google、浏览器制造商和其他科技巨头的警惕，对颁发/验证 SSL/TLS 证书的过程进行了修改。

2014 年年底，韩国核电和水电公司 KHNP 遭到黑客攻击，黑客窃取并在线发布了两个核反应堆的计划和手册及 10000 名员工的数据。随后，KHNP 的内部文件相继遭泄露。

2018 年，法国 Ingerop 公司遭网络攻击，导致费森海姆核电站敏感数据泄露。当年 6 月，该黑客就已窃取文件逾 65GB，文件的内容涉及核电站计划、监狱及有轨电车网络的蓝图等，包含法国一座戒备森严的监狱内摄像机的位置、计划置于法国东北部的核废料倾倒场等核电站细节信息。此外，黑客窃取了千余名 Ingerop 公司工作人员的个人信息。

2019 年 7 月，南非最大的城市约翰内斯堡发生了一起针对 City Power 电力公司的勒索软件攻击事件，导致若干居民区的电力中断。该勒索软件加密了 City Power 电力公司的所有数据库、应用程序、Web 应用及其官方网站，使预付费用户无法购电、充值、办理发票、访问 City Power 电力公司的官方网站。

2019 年 9 月，印度核电公司 NPCIL 证实，印度泰米尔纳德邦 Kudankulam 核电站的内网感染了病毒软件。该病毒软件的功能包括窃取设备的键盘记录、检索浏览器历史记录、列出正在运行的进程等。据了解，开发该病毒软件的 Lazarus 黑客集团并没有恶意破坏基础设施的前科，该集团的主要攻击目标为金融机构和加密货币交易所，入侵能源或工业目标的目的是窃取相关技术资料。

2020 年 4 月，欧洲能源巨头、葡萄牙跨国能源公司 EDP（Energias de Portugal）遭到勒索软件攻击，被勒索近 1000 万欧元。攻击者声称，已获取 EDP 公司 10TB 的敏感数据文件，并索要 1580 枚比特币（当时折合约 1090 万美元/990 万欧元）作为赎金。EDP 是欧洲能源行业（天然气和电力）最大的运营商之一，也是世界第四大风能生产商，在全球四个大洲的 19 个国家/地区开展业务。

2022 年 1 月，美国的 Broward Health 公共卫生系统公布了一起大规模数据泄露事件，超 130 万人受到该事件影响。Broward Health 是一个位于佛罗里达州的医疗系统，在 30 多个地点提供广泛的医疗服务，每年接收超过 60000 名住院病人。调查显示，黑客获取了病人的个人信息，包括病人的出生日期、家庭住址、电话号码及银行账户信息等。

2022 年 1 月，白俄罗斯铁路网络系统被攻击。据 Ars Technica 报道，白俄罗斯的黑客表示，他们用勒索软件攻击了该国国营铁路系统的网络，并提出只有在白俄罗斯总统停止援助俄罗斯军队的情况下，才会提供解密密钥。

2022 年 8 月 21 日，法国首都巴黎的一家医院遭勒索软件攻击，急诊被迫停业，攻击者索要赎金 1000 万美元。该医院距巴黎市中心 28 公里，拥有 1000 张床位，本次攻击迫使其将病人转至其他机构，并推迟了手术预约。由于该医院为当地 60 万名居民提供诊疗服务，所以，任何运营中断都有可能给处在危急关头的病人造成健康甚至生命威胁。

2022 年 9 月，美国国税局于当地时间 2 日承认，该机构日前在其官网上泄露了一份涉及约 12 万名纳税人的机密文件。机密文件涉及的数据来自企业纳税申报表（990-T 表），这是包括拥有个人退休账户的群体在内的免税实体使用的营业税申报文件，用于报告和支付某些投资的收入或者与其免税目的无关的收入的所得税，泄露的数据包括纳税人姓名、联系方式和拥有个人退休账户的群体的相关收入信息。

2022 年 9 月，葡萄牙武装力量总参谋部称遭受网络攻击，数百份北约机密文件泄露。据葡萄牙媒体报道，该国武装力量总参谋部遭到了前所未有的长时间网络攻击，导致大量北约机密文件泄露，葡萄牙当局已将这一事件定义为“极其严重的”网络攻击。葡萄牙武装力量总参谋部对其内部系统进行了全面检查，锁定了导致文件泄露的计算机，并发现机密文件的安全传输规则已被破坏。据美国《新闻日报》报道，美方已于 2022 年 8 月向葡萄牙总理科斯塔通报了相关信息，而在接到美方的通报之前，葡萄牙政府甚至不知道网络攻击的存在。

5. 针对工控系统的网络攻击事件

Shamoon（也称为 DistTrack）源自伊朗，是一种恶意软件——伊朗掌握了“震网”病毒攻击的第一手资料后，创建了自己的“网络武器”。Shamoon 于 2012 年首次部署，主要用于清除数据，曾摧毁沙特阿拉伯国家石油公司沙特阿美网络上的 35000 多个工作站，使该公司的网络瘫痪了数周。有报道称，在网络瘫痪后一段时间内，沙特阿美公司在全球市场上购买了大量硬盘，用来恢复被感染的 PC 机群。

2014 年，欧洲的 SCADA 系统遭到 Havex 病毒的恶意袭击。Havex 是一种新的类似“震网”病毒的恶意软件，用于感染 SCADA 和工控系统中使用的工业控制软件，有能力禁用水电站大坝、使核电站过载、甚至按一下按键就能关闭一个国家的电网。

2018 年 11 月，伊朗基础设施和战略网络受到网络病毒的攻击。伊朗军方人士证实，这次攻击比 2010 年的“震网”病毒攻击更猛烈、更先进、更复杂。

2020 年 4 月，以色列供水部门的工控设施遭网络攻击，以色列国家网络局发布公告称，近期收到多起针对废水处理厂、水泵站和污水管的入侵报告，因此，各能源行业企业需要紧急更改所有联网系统的密码，以应对网络攻击。以色列计算机紧急响应团队（CERT）和以色列政府水利局也发布了类似的安全警告，要求相关企业重点更改运营系统和液氯控制设备的密码。

2020 年 5 月 5 日，委内瑞拉国家电网干线遭到攻击，导致全国大面积停电。委内瑞拉副总统罗德里格斯表示，国家电网的 765 干线遭到攻击，这也是在委内瑞拉挫败雇佣兵入侵数小时后发生的，除首都加拉加斯外，全国 11 个州府均出现了停电现象。

2020 年 7 月 5 日，伊朗官方通讯社报道称，位于纳坦兹的一处浓缩铀核设施于 7 月 2 日突然失火并发生爆炸。这次事故也被外界普遍认为是他国对伊朗发动的网络攻击导致的。

2021 年 4 月 10 日，伊朗总统鲁哈尼在伊朗核技术日线上纪念活动中，下令启动纳坦兹核设施内的近 200 台 IR-6 型离心机，开始生产浓缩铀。2021 年 4 月 11 日，在开始生产浓缩铀的第二天，纳坦兹核设施的配电系统就发生了故障。当日，美国和以色列情报机构的消息来源表示，以色列摩萨德是对伊朗纳坦兹核设施进行网络攻击的幕后执行者，其行动导致了该核设施断电。

2022 年 3 月，德国遭到网络攻击，近 6000 台风力发电机组失去远程控制服务。德国风电整机制造商 Enercon 表示，欧洲卫星通信中断致使风力发电机组失去远程控制服务，后被证实受到了网络攻击。此次欧洲卫星通信大规模中断，直接影响了中欧和东欧近 6000 台装机容量总计 11GW 的风力发电机组的监控和控制。

1.3.2　我国网络安全面临的严峻形势

我国重要信息系统和关键信息基础设施安全面临的威胁挑战显著增大：一是面对敌对国家和大批黑客组织的网络攻击威胁，在极端情况下，我国的关键信息基础设施能否抵御网络战打击；二是网络安全重大案（事）件高发、频发，犯罪团伙和不法分子实施网络攻击、窃取重要数据等违法犯罪活动日益升级；三是国家加快推进数字经济发展，加快建设数字政府、数字中国，而数字化建设面临的最大威胁是网络攻击。

1. 关键信息基础设施成为网络战威慑打击的主要对象

网络攻击的政治化、军事化、致命化、精准化趋势明显，关键信息基础设施成为威慑打击的主要目标。近年来，西方大国围绕全球网络信息、能源、军事等资源展开争夺，实行“攻击威慑”“先发制人”“资源垄断”“技术引领”“预留后门”“前沿防御”“持续交战”等战略和策略，高度组织化的网络犯罪集团及由国家组建的网络部队对他国关键信息基础设施的安全威胁呈现高发态势，靶向攻击、勒索攻击、供应链攻击等高级网络攻击愈演愈烈，关键信息基础设施已经成为网络战威慑打击的重点对象。

敌对势力持续开展 APT 攻击、窃密、破坏等网络活动，对我国关键信息基础设施安全构成严重威胁。近年来，我国有关电信运营商、航空公司等单位内网和信息系统遭受网络攻击，导致数据泄露至境外；美国国家安全局的“特定入侵行动办公室”对我国西北工业大学发起了上千次网络攻击，采取半自动化攻击手段窃取西北工业大学的敏感信息，单点突破、逐步渗透、长期窃密，针对性极强；美国中央情报局持续多年攻击我国网络，我国的科研机构、重要行业、大型互联网公司、政府机构等多个单位遭到了不同程度的攻击；境外黑客利用勒索病毒攻击我国政府、医院、高校、大型企业的内网；等等。这些安全事件告诫我们，必须大力加强关键信息基础设施安全保护，全面开展网络安全监测和通报预警，加强网络攻防备战，全力做好平时和特殊时期网络安全应急处突准备。

2. 关键信息基础设施庞大、复杂，加大了安全保护难度

我国关键信息基础设施系统复杂且庞大，威胁风险动态变化，实现关键信息基础设施重点保护面临很大挑战。一是近十余年来，我国信息化建设迅猛发展，网络资产数量急剧增加，网络结构错综复杂且承载的信息系统越来越多，许多行业之间业务关联性强；同时，在数字化转型的大背景下，关键信息基础设施呈现大网络、大平台、大系统、大数据融合发展的特征，这些大平台、大系统导致网络无限扩张、暴露面扩大、业务逻辑复杂程度和业务依赖程度加大，并由此产生了新的安全需求，所以，简单的安全功能叠加、碎片化的安全建设方式已无法满足关键信息基础设施安全保护需求。二是海量的运维任务催生了越来越复杂的基础架构和系统，在这种海量任务、高度复杂系统的压力下，安全运维要承受不断增加的攻击防护任务，人工安全服务压力很大。三是我国关键信息技术/产品受制于人的状况尚未完全改变，核心重要部件依赖国外进口的情况依然存在，漏洞后门风险难以消除。四是5G等新技术、新应用大量涌现，引发智能制造、车联网、智慧能源等新技术、新应用、新业态不断涌现，这也带来了新的威胁风险和安全挑战。

我国关键信息基础设施安全保护体系化、实战化、常态化保护能力尚待全面提升。我国关键信息基础设施安全保护的顶层设计已基本完成，需要集全社会力量去落实。目前，部分关键信息基础设施的安全保护尚存在体系化缺失、碎片化和同质化严重等问题，简单的安全功能叠加、碎片化的安全建设方式难以满足关键信息基础设施安全保护需求；部分关键信息基础设施的安全保护没有整体安全布局，各部门各自为战，资金分散，人力资源不足，同时存在大量低水平重复建设问题，造成了浪费；海量的运维任务，使传统的人工安全服务早已力不从心；由于零日（0day）漏洞及数据泄露层出不穷，所以，亟须将安全能力覆盖设计、开发、测试、上线、运维的闭环流程，提升全流程安全保护能力。

3. 关键信息基础设施重点保护的意识和认知尚存差距

我国关键信息基础设施安全保护工作起步相对较晚，相关法规标准、理念、技术措施等尚待完善。关键信息基础设施已成为国家间威慑打击的主要目标，有效防范化解安全风险的难度很大。尽管我国出台了《网络安全法》《关键信息基础设施安全保护条例》《关键信息基础设施安全保护要求》，但如何落实这些法律法规和标准要求，还需要不断探索、创新与实践，以及体系化、实战化、精准化的迭代与设计。随着国家标准《关键信息基础设施安全保护要求》的发布，与之配套的关键信息基础设施安全控制措施、安全防护能力评价方法、检查评估指南、边界确定方法、应急体系框架、供应链安全要求等也将陆续发布，我国关键信息基础设施安全保护的实施进入全新阶段。

借鉴我国重要行业和领域开展网络安全保护工作的成熟经验，吸纳国内外在关键信息基础设施安全保护方面的举措，结合我国现有网络安全保障体系等成果，采取必要措施，保护关键信息基础设施的业务连续运行及其重要数据不受破坏，切实加强关键信息基础设施安全保护。我国关键信息基础设施安全保护在网络安全等级保护制度的基础上，实行重点保护。等级保护制度已广为人知、深入人心，但关键信息基础设施安全保护的理念、内涵和实战方法，尚待广泛宣传并贯彻落实。我国的关键信息基础设施安全保护，应按照“以关键业务为核心的整体防控、风险管理为导向的动态防护、信息共享为基础的协同联防”的原则，以实现安全风险动态控制、有效防范化解安全风险隐患、保障业务应用的安全持续运行为目标，构建风险管控智能化、技术措施自动化、安全业务流程化、综合运营一体化等能力，实现智能聚合、实战弈升的保护效能。

4. 实战化高端人才引进培养和激励选拔机制尚不完善

人才是第一资源，网络空间的竞争，归根结底是人才竞争。目前，我国网络安全人才培养规模为每年 3 万人左右。据专业机构测算：2020 年我国网络安全从业人员需求数量为 150 万人，2027 年为 300 万人。《网络安全人才实战能力白皮书》对金融、能源、电力、通信、交通、医疗卫生等关键信息基础设施相关行业的网络安全人才需求进行了分析：能源行业的需求量位列第一，网络安全人才需求占比为 21%；通信、政法、金融、交通行业，网络安全人才需求量占比分别为 16%、14%、9%、7%。由此可见，当前培养的网络安全人才远远不能满足需求。大多数用人单位的人才培养体系尚不完善，实训条件无法满足从业人员的能力提升需要，大部分网络安全从业人员仍然感到受重视程度偏低。如何加速推进关键信息基础设施安全保护专门人才培训体系，吸引和留住优秀的网络安全人才，成为大多数关键信息基础设施运营者亟须且必须解决的问题。

目前，亟须健全完善我国关键信息基础设施特需人才引进培养和激励选拔机制，引进并聚集从事关键共性技术、现代工程技术、颠覆性技术研发的科技领军人才，加强网络安全前沿防御、追踪溯源、定位反制等技术突破，构建并形成非对称制衡能力；改革创新网络安全人才培养模式，推动高校与企业联合培养人才，形成网络安全人才实战化培养、技术创新、产业发展的良好生态；加强对各类网络安全技能实战化竞赛的指导和规范，多渠道发现和选拔实战型网络安全人才；加大对网络安全专业团队和智库的支持力度，加强对网络安全专业机构的统筹管理，激励重点行业、企业和地区组建网络安全专业队伍，加强实战化网络安全攻防交流与合作。

1.4 关键信息基础设施安全保护能力需求分析

关键信息基础设施安全保护是一项复杂的系统工程，需要不断探索、创新与实战，需要体系化、实战化、精准化的迭代与设计，需要聚集全国“产、学、研、用、管”各方优势力量，构建监管部门、保护工作部门、关键信息基础设施运营者、网络安全厂商、科研机构等多方共同参与的深度合作平台，创建密切合作与联防联控长效机制，促进网络安全产业高效、有序、良性发展，全面提升我国关键信息基础设施安全保护能力和水平。

1.4.1 规划关键信息基础设施安全保护体系框架

《网络安全法》《关键信息基础设施安全保护条例》要求设置专门安全管理机构，具体负责本单位的关键信息基础设施安全保护工作，其职责主要包括：建立健全网络安全管理、评价考核制度，拟订关键信息基础设施安全保护计划；组织推动网络安全防护能力建设，定期开展应急演练，处置网络安全事件，建立健全个人信息和数据安全保护制度；对关键信息基础设施设计、建设、运行、维护等服务实施安全管理；按照规定报告网络安全事件和重要事项等。专门安全管理机构开展本单位的关键信息基础设施安全保护工作，需要从整体规划和顶层设计的角度，制定本单位关键信息基础设施安全保护体系框架，对关键信息基础设施实行重点保护，并坚持以关键业务为核心的整体防控、以风险管理为导向的动态防护、以信息共享为基础的协同联防等基本原则，明确关键信息基础设施安全保护工作的目标，从管理体系、技术体系、运营体系、保障体系等方面进行全面的规划和设计。

1. 确保有效落实法律法规和政策要求

关键信息基础设施安全是国家安全的重要领域，亟待筑牢安全防线。我国出台了多项法律法规和政策，提出了“实战化、体系化、常态化”和“动态防御、主动防御、纵深防御、精准防护、整体防控、联防联控”的“三化六防”要求，并对风险评估、实时监测、通报预警、应急处置、安全防护、指挥调度等能力建设提出了明确要求。由于采用安全技术产品和服务叠加或碎片化的建设方式无法满足法律法规和政策的相关要求，所以，需要从整体规划和顶层设计的角度，构建本单位的关键信息基础设施安全保护体系框架，采用总体设计与分布实施的方式，在体系框架的统筹规划下，实战化、体系化、常态化迭代提升关键信息基础设施安全保护能力。

2. 实现网络安全能力智能聚合和迭代提升

关键信息基础设施的安全业务错综复杂，关键信息基础设施安全保护应以保护关键业务稳定持续运行为目标，全面开展“分析识别、安全防护、检测评估、监测预警、技术对抗、事件处置”六大安全业务，动态呈现不同环节的业务能力，实现六大安全业务能力的智能聚合，开展信息数据共享和安全业务流程化融合互动，通过智能化、自动化的方式，持续迭代提升网络安全保护能力水平。

3. 动态和持续性防控网络安全风险隐患

针对等级测评、检测评估、监测预警等发现的安全问题，需要及时开展安全整改和应急处置，持续监测安全威胁态势，动态调整安全控制措施，以风险管理为导向，构建形成动态的安全防护机制，及时有效地防范和应对安全风险。

4. 提升安全运营的一体化和动态化能力

在关键信息基础设施安全保护工作中，等级测评、分析识别、检测评估、安全防护、技术对抗、监测预警、事件处置等环节产生了庞大复杂的结构化、半结构化、非结构化的安全数据，如果不对这些数据进行治理和使用，就会产生信息孤岛，难以适应关键信息基础设施安全保护动态持续性的能力要求。关键信息基础设施安全保护的安全运营，需要采用一体化的方式，将等级测评、分析识别、检测评估等环节的安全数据和各类安全业务进行流程化、自动化处理，打通安全信息和安全业务孤岛，实现安全运营的一体化和动态化能力，全面提升安全运营效能。

5. 强化提升信息共享和协调指挥能力

针对关键信息基础设施的网络攻击呈现政治化、军事化、致命化、精准化趋势，加强关键信息基础设施安全保护的协调指挥，需要监管部门、保护工作部门、运营者、安全服务机构、网络安全企业共同参与，构建相关方广泛参与的信息共享、协同联动的共同防护机制，提升关键信息基础设施应对大规模网络攻击的能力，实现信息共享和联防联控。

1.4.2 构建关键信息基础设施安全保护六大能力

参照《关键信息基础设施安全保护要求》标准，关键信息基础设施安全保护包括分析识别、安全防护、检测评估、监测预警、技术对抗、事件处置六个方面。

一是分析识别，围绕关键信息基础设施承载的关键业务，开展业务依赖性识别、关键资产识别、风险识别等活动。本活动是开展安全防护、检测评估、监测预警、技术对抗、事件处置等活动的基础。

二是安全防护，根据已识别的关键业务、资产、安全风险，在安全管理制度、安全管理机构、安全管理人员、安全通信网络、安全计算环境、安全建设管理、安全运维管理等方面实施安全管理和技术保护措施，确保关键信息基础设施的运行安全。

三是检测评估，为检验安全防护措施的有效性，发现网络安全风险隐患，应建立相应的检测评估制度，确定检测评估的流程及内容等，开展安全检测与风险隐患评估，分析潜在安全风险可能引发的安全事件。

四是监测预警，建立并实施网络安全监测预警和信息通报机制，针对发生的网络安全事件或发现的网络安全威胁，提前或及时发出安全预警，建立威胁情报和信息共享机制，落实相关措施，提高主动发现攻击行为的能力。

五是技术对抗，以应对攻击行为的监测发现为基础，主动采取收敛暴露面、捕获、溯源、干扰和阻断等措施，开展攻防演习和威胁情报工作，提升对网络威胁与攻击行为的识别、分析和技术对抗能力。

六是事件处置，运营者对网络安全事件进行报告和处置，并采取适当的应对措施，恢复因网络安全事件而受损的功能或服务。

1. 分析识别能力建设需求

我国信息化建设经历了 30 余年的快速发展，网络资产数量急剧增加，网络结构错综复杂，承载的业务系统越来越多，关键信息基础设施呈现大平台、大系统、大数据融合发展的特征，而这些大平台、大系统导致网络边缘模糊、暴露面扩大、业务逻辑复杂程度和业务依赖程度加大。因此，要摸清家底、认清风险、找出漏洞、通报结果、督促整改。维护网络安全，首先要知道风险在哪里、风险是什么样的、在什么时候发生了风险。围绕关键信息基础设施承载的关键业务，首先需要开展业务依赖性识别、关键资产识别、风险识别等活动。

分析识别是开展安全防护、检测评估、监测预警、技术对抗、事件处置等活动的基础。为了实现关键信息基础设施的重点保护，需要构建分析识别能力，综合性一体化地分析识别所有相关业务，识别关键业务和与其相关联的外部业务、关键业务对外部业务的依赖性和重要性，梳理关键业务链，明确支撑关键业务的关键信息基础设施的分布和运营情况；识别关键业务链所依赖的资产，建立与关键业务链有关的网络、系统、数据、服务和其他资产的清单，确定资产防护的优先级；对关键业务链开展安全风险分析，识别关键业务链各环节的威胁、脆弱性，确认已有安全控制措施，分析主要安全风险点，确定风险处置的优先级；在关键信息基础设施发生改建、扩建、所有人变更等较大变化时，重新开展识别工作。

2. 安全防护能力建设需求

网络和信息建设的快速发展，以及新型技术的广泛应用，导致网络结构和业务系统逻辑越来越复杂，业务之间的依赖程度加大，网络安全防护的难度越来越高。随着网络攻击的政治化、军事化、致命化、精准化趋势越来越明显，高级攻击入侵控制、窃密、摧毁、破坏对关键信息基础设施安全构成严重威胁。我国部分关键信息基础设施的安全保护尚存在体系化缺失、碎片化和同质化严重等问题，通过简单的安全功能叠加、碎片化的安全建设方式，难以满足关键信息基础设施安全保护需求。为了提升关键信息基础设施的安全防护能力，需要根据已识别的关键业务、资产、安全风险，在安全管理制度、安全管理机构、安全管理人员、安全通信网络、安全计算环境、安全建设管理、安全运维管理等方面实施安全管理和技术保护措施，确保关键信息基础设施的运行安全。

为了建设安全防护能力，综合性一体化地开展安全防护的所有相关业务，应发挥网络安全等级保护制度的基础性、支撑性作用，将网络安全等级保护制度与关键信息基础设施安全保护制度、数据安全保护制度有机衔接，统筹落实；增强通信网络安全能力，实现不同安全保护等级的系统、不同业务系统、不同区域及与其他运营者之间的安全互联；增强计算环境的安全能力，进一步加强对计算环境进行鉴别与授权的能力，实现对 APT 等网络攻击行为的入侵防范，发现潜在的未知威胁并做出响应；实现对系统账户、配置、漏洞、补丁、病毒库等的管理；增强数据安全防护能力，落实《数据安全法》要求，在等级保护的基础上实现数据全生命周期的安全防护，强化重要数据保护；增强新技术的安全防护能力，实现对业务发展中采用的云平台、移动互联、物联网、5G 等新技术的有效安全防护；提升安全管理能力，实现对各类审计信息和安全策略的集中审计分析，以便在信息系统面临的威胁环境发生变化时及时调整策略，对非法操作进行溯源和固证。

3. 检测评估能力建设需求

检测评估是检验安全防护措施的有效性、发现网络安全风险隐患的重要方式。关键信息基础设施安全保护是以关键业务为核心的整体防控、以风险管理为导向的动态防护、以信息共享为基础的联防联控，检测评估关键信息基础设施安全保护的整体防控、动态防护和联防联控等方面的综合能力，是对关键信息基础设施检测评估能力构建的新需求。我国的网络安全检测评估工作开展了十多年，国家级、行业级的检测队伍已形成规模，但在执行检测任务时，各检测队伍使用的检测工具和手段各异，检测产生的安全风险信息存在数据格式、风险等级划分不一致等问题，同时，风险评估的结果多以非结构化报告的形式呈现，计算机无法自动化读取和处理。这些情况导致在开展检测评估业务时，很难对各环节实现自动化、流程化、一体化的管理，对于检测评估发现的安全风险和隐患，也很难实现风险的动态持续性监督管理。

建设检测评估能力，需要综合性一体化地开展检测评估的所有相关业务。针对关键信息基础设施的检测评估，需要建立相应的检测评估制度，确定检测评估的流程及内容等，深度开展安全检测与风险隐患评估，分析潜在安全风险可能引发的安全事件；对于检测过程中发现的漏洞、脆弱性、安全风险及检测评估报告等，需要以结构化的形式统一采集、存储和使用，从而实现安全风险的动态持续性管理，并为分析识别、安全防护、预警通报、事件处置等提供数据和业务接口；配备检测评估相关工具，包括但不限于信息收集类、配置核查类、漏洞检测类、应用安全类、数据安全类、新技术应用安全类等在线或离线检测工具，对各类工具进行一体化管理，实现各类检测评估工具的对接，形成标准的对接接口，为各类检测评估工具的检测评估数据传输与同步提供便利。

4. 监测预警能力建设需求

当前，新的信息技术架构变化较快，如云计算使系统、应用、数据、业务服务集中化和平台化，打破了传统信息技术架构独立、分散、线条化的局面。网络安全保护对象从系统、应用、数据三要素扩展到业务服务、供应链和产业生态等方面，整个网络安全保障的重点是实现以关键业务为核心的整体防控、以风险管理为导向的动态防护、以信息共享为基础的联防联控。为了提高主动发现攻击行为的能力，需要强化网络安全监测预警能力建设，及时发现网络边界和关键区域的安全威胁；需要深入业务应用开展监测，精准定位业务应用的安全问题；需要聚焦数据安全监测，保证核心数据的使用有迹可循；需要由边界到核心，实现网络、应用、数据等的监测预警全覆盖。

为了建设监测预警能力，综合性一体化地开展监测预警的所有相关业务，需要建立并实施网络安全监测预警和信息通报机制，针对发生的网络安全事件或发现的网络安全威胁，提前或及时发出安全预警；需要建立威胁情报和信息共享机制，落实相关措施，提高主动发现攻击行为的能力；需要加强网络新技术研究和应用，绘制网络空间地理信息图谱（网络地图），支撑挂图作战；需要在网络边界、网络出入口等网络关键节点部署攻击监测设备，发现网络攻击和未知威胁，并对关键业务涉及的系统进行监测，构建违规操作模型、攻击入侵模型、异常行为模型，强化监测预警能力；采用自动化机制，对关键业务涉及的系统的所有监测信息进行整合分析，以便及时关联资产、脆弱性、威胁等，分析关键信息基础设施的网络安全态势。对网络安全共享信息和报警信息等进行综合分析、研判，将监测工具设置为自动模式，实现自动报警，并持续获取预警发布机构的安全预警信息。

5. 技术对抗能力建设需求

随着网络战略威慑日益升级，高等级攻击入侵控制、窃密、摧毁、破坏对关键信息基础设施安全构成严重威胁。为了有效检验关键信息基础设施安全保护能力，近年来，公安部组织开展了一系列网络攻防实战化行动，并通过高强度的实战化攻防行动，及时发现了诸多安全问题，极大地促进了我国网络安全保护能力建设。

建设技术对抗能力，一是以应对攻击行为的监测发现为基础，采取收敛暴露面、捕获、溯源、干扰和阻断等措施，开展攻防演习和威胁情报工作，提升对网络威胁与攻击行为的识别、分析和主动防御能力；二是识别和减小互联网和内网资产的 IP 地址、端口、应用服务等暴露面，压缩互联网出口的数量，减少对外暴露组织架构、组织通讯录等内部信息，防范社会工程学攻击；三是分析网络攻击的方法、手段，针对各类网络攻击，采取有针对性的防护策略和技术措施，制定总体技术应对方案，并针对监测发现的攻击活动，分析攻击路线、攻击目标，设置多道防线，采取捕获、干扰、阻断、封控、加固等多种技术手段，切断攻击路径，快速处置网络攻击，对网络攻击活动开展溯源，对攻击者进行画像，为案件侦查、事件调查、完善防护策略和措施提供支持，系统全面地分析网络攻击意图、技术与过程，进行关联分析与还原，以此改进安全保护策略并加以落实；四是围绕关键业务的可持续运行设定演练场景，定期组织开展攻防演练，并将关键信息基础设施的核心供应链、紧密上下游产业链等业务相关单位纳入演练范畴，针对演练中发现的安全问题和风险及时进行整改，消除结构性、全局性风险；五是建立本部门、本单位的网络威胁情报共享机制，以及外部协同网络威胁情报共享机制，与权威网络威胁情报机构协同联动，实现跨行业、跨领域的网络安全联防联控。

6. 事件处置能力建设需求

《网络安全法》要求，网络运营者应当制定网络安全事件应急预案，及时处置系统漏洞、计算机病毒、网络攻击、网络侵入等安全风险。《关键信息基础设施安全保护条例》要求，关键信息基础设施运营者应按照国家及行业网络安全事件应急预案制定本单位的应急预案，定期开展应急演练，处置网络安全事件。此外，要加强网络安全应急处置机制建设，行业主管部门、网络运营者要按照国家有关要求制定网络安全应急预案，加强网络安全应急力量建设和应急资源储备，并与公安机关密切配合，建立网络安全事件报告制度和应急处置机制。关键信息基础设施运营者和第三级（含）以上网络运营者应定期开展应急演练，有效处置网络安全事件，并针对应急演练中发现的突出问题和漏洞隐患，及时整改加固，完善保护措施。

加强事件处置能力建设，综合性一体化地开展事件处置所有相关业务，需要运营者建立网络安全事件报告和处置机制，并采取积极的应对措施，恢复因网络安全事件而受损的网络功能或服务；建立网络安全事件管理制度，为网络安全事件处置提供相应的资源，组织建立专门的网络安全应急支撑队伍、专家队伍，保障安全事件得到及时有效处置，按规定参与和配合相关部门开展的网络安全应急演练、应急处置、案件侦办等工作；根据行业和地方的特殊要求，制定网络安全事件应急预案，与所涉及的业务持续性计划、灾难备份计划及外部服务提供者的应急计划进行协调，以确保连续性要求得以满足；关键信息基础设施跨组织、跨地域运行的，应定期组织或参加跨组织、跨地域的应急演练；采用自动化和流程化的方式开展安全事件响应和处置工作；采用流程化和自动化的管理手段，根据检测评估、攻防演练、监测预警中发现的安全隐患和发生的安全事件及处置结果，结合安全威胁和风险变化情况开展评估，在必要时重新开展业务、资产和风险识别工作，并更新安全策略。

1.4.3 关键信息基础设施的重要数据安全保护能力需求

确保关键信息基础设施所承载数据的完整、可信和可用，保证数据能够有序流动、规范利用，切实防范化解数据安全风险，消解控制数据安全事件可能对国家安全、公共利益、组织和个人合法权益造成的危害和影响，在确保安全有序的前提下充分释放数据的价值，是关键信息基础设施数据安全保护的目标。

关键信息基础设施的重要数据安全保护能力建设，需要遵循六个基本原则。一是依法落实法律法规要求，以法律法规为准绳，推动保护工作有序开展，把贯彻落实有关法律法规和相关制度要求作为开展关键信息基础设施数据安全保护工作的前提和依据，把各项法律法规和相关制度要求落到实处。二是将网络安全等级保护、关键信息基础设施安全保护、数据安全保护等相关制度有效衔接，准确把握关键信息基础设施安全和重要数据安全的关系，提高关键信息基础设施数据安全保护工作的针对性、有效性和科学性。三是坚持风险管控。坚持从风险的角度出发，以问题为导向，将风险思维贯穿于关键信息基础设施数据安全保护工作全流程各环节。全面梳理关键信息基础设施的数据资产，准确识别数据资产面临的风险，正确划分风险等级，针对数据资产的重要性和风险等级，制定具有可操作性的保护措施及适用且有效的管理措施，切实做到风险识别准确、等级划分精准、保护措施可行有效、保护效果可期可见。四是坚持全面覆盖。对关键信息基础设施的重要数据实施全生命周期保护，在全面梳理关键信息基础设施的数据资产的基础上，将数据流转控制与安全防护相结合，对数据收集、存储、使用、加工、传输、提供、公开、销毁等生命周期各环节开展有针对性的保护，防止出现保护短板和漏项。同时，在对数据资产实施普遍性保护的基础上，明确重要数据、核心数据的重点保护措施，严格管控重要数据、核心数据的内部使用及提供、发布，实现保护工作的普遍性与特殊性的有效结合。五是坚持动态持续保护。关键信息基础设施数据安全保护是一项长期的动态工作，必须根据不断变化的情况和形势调整保护策略。在数字化时代，关键信息基础设施已实现更广泛的连接，成为复杂大系统，网络安全边界日益模糊。关键信息基础设施承载的数据，流动路径复杂，应用场景丰富，在产生新的业务和价值的同时，面临的安全风险不断变化，新技术加持的新型网络攻击、新型网络安全威胁层出不穷。关键信息基础设施的数据安全保护，必须结合其业务系统的复杂性、数据的流动性、应用场景的多样化、安全需求的差异化等特点，实施动态的持续保护。六是坚持体系建设。数据安全在很大程度上依赖安全的数据处理环境。数据处理环境通常包括系统、人员、安全制度等方面。关键信息基础设施的数据安全保护需要安全的数据处理环境的支撑，才能有效开展。

构建关键信息基础设施的重要数据安全保护能力，涉及落实关键信息基础设施重点保护制度、健全数据安全治理体系、发展数字经济。关键信息基础设施的数据安全保护，应以依法合规为前提，贯彻风险管理理念，加强机制建设，强化保护措施，围绕形势变化，立足安全需求，面向实际场景，提升综合保护能力。关键信息基础设施的重要数据安全保护需求如下。

保护关键信息基础设施数据安全是落实关键信息基础设施重点保护制度，实现其保护目标的应有之义。关键信息基础设施作为国家的重要战略资源，是经济社会运行的“神经中枢”，承载着支撑社会正常运转的关键业务，需要汇聚和处理涉及国家安全、经济运行、重大公共利益等领域的重要和核心数据，发挥着基础性、战略性、支撑性作用。关键信息基础设施承载了关键业务及重要和核心数据，对国家安全、经济运行、社会治理等具有“牵一发而动全身”的特殊作用，已为各类网络攻击的高价值目标。确保关键信息基础设施能够抵御各类风险、避免发生重大数据安全事件，保持关键信息基础设施稳定运行、实现业务的连续性，是关键信息基础设施安全保护的最终目标，而保障关键信息基础设施承载的重要和核心数据安全，是强化关键信息基础设施安全保护的重要基础，是其保护目标的应有之义。

保护关键信息基础设施数据安全是健全数据安全治理体系，塑造国家竞争优势的关键环节。近年来，数据资产的重要性日益提升，数据安全治理已成为各国政府施政的优先事项。欧美等发达国家和主要地区组织通过出台战略、颁布法律法规等措施，不断完善数据治理体系，强化自身在全球数据治理中的话语权和主导权。美国政府更是将数据定义为“未来的新石油”，并表示一个国家拥有数据的规模、活性及解释运用数据的能力将成为综合国力的重要部分，未来对数据的占有和控制将成为陆权、海权、空权之外的一种国家核心资产。为了适应新的形势，我国相继出台并实施了《网络安全法》《数据安全法》《个人信息保护法》《关键信息基础设施安全保护条例》等一批网络安全和数据安全领域的基础性、支撑性法律法规，对加强数据安全保护、开展数据治理提出了明确的要求。其中，《数据安全法》确立了以安全促发展的原则，鼓励数据依法合理有效利用，保障数据依法有序自由流动。加强关键信息基础设施数据安全保护，确保关键信息基础设施承载的重要和核心数据安全，是落实国家数据安全保护制度、健全数据安全治理体系的关键环节，也是塑造国家竞争新优势的必要举措。

保护关键信息基础设施数据安全是发展数字经济、建设数字社会的重要支撑。当前，我国数字经济正转向深化应用、规范发展、普惠共享的新阶段。在数字经济时代，关键信息基础设施的网络化、数字化内涵更加丰富，5G、大数据、云计算、人工智能、物联网等新一代信息技术加速与关键信息基础设施深度融合，呈现高速泛在、天地一体、云网融合、数据驱动的显著特点，涉及国家安全、国计民生、公共利益的重要和核心数据基本上由关键信息基础设施收集、产生，或者经关键信息基础设施流转。关键信息基础设施承载的海量数据资源有效支撑数字社会的正常运转，已成为驱动数字经济发展的新动能，渗透到国家经济社会的每个角落。2020 年 4 月 9 日，中共中央、国务院《关于构建更加完善的要素市场化配置体制机制的意见》发布，明确把数据与土地、劳动力、资本、技术并列为生产要素，进一步凸显了数据作为新型数字化生产要素的重要地位。国务院印发的《"十四五"数字经济发展规划》指出，数据要素是数字经济深化发展的核心引擎，数据对提高生产效率的乘数作用不断凸显，成为最具时代特征的生产要素。2022 年国务院《政府工作报告》强调指出："完善数字经济治理，培育数据要素市场，释放数据要素潜力，提高应用能力，更好赋能经济发展、丰富人民生活。"加强关键信息基础设施的数据安全保护，确保关键信息基础设施数据安全，是发展数字经济、建设数字社会的重要支撑。

1.4.4　关键信息基础设施的供应链安全保护能力需求

为了应对软件供应链的安全挑战，美国前总统拜登在 2021 年 5 月 12 日签署了加强国家网络安全的行政令，明确提出要增强联邦政府的软件供应链安全，要求向联邦政府出售软件的任何企业，不仅要提供软件本身，还必须提供软件物料清单（SBOM），以明确该软件的组成。该行政令还要求美国国家标准与技术研究院在六个月内发布软件供应链安全指南，并在一年内发布最终指南。该行政令被认为是当时联邦政府为保护美国软件供应链安全而采取的最强措施。美国从全球视角出发，重视供应链安全，发布了一系列标准、指南和规范，采取了一系列立法和行政措施加强供应链的全生命周期管理，值得我国借鉴。

在网络安全领域，针对目标网络系统的攻击依赖对攻击目标漏洞数量的掌握及漏洞利用技术和工具。但是近些年来，大量软件供应链攻击呈现不同的特点，攻击成本和难度显著降低，攻击范围显著扩大，检测难度高，攻击数量持续增加。例如，一些常用 OA 软件使用了开源组件，而许多开源组件存在重大安全漏洞，这样，只要发现了开源软件的漏洞，就等同于发现了用户使用的软件的漏洞。

软件供应链安全事件数量和影响力呈上升趋势，已成为网络空间攻防对抗的焦点，直接影响关键信息基础设施和重要信息系统的安全。“心脏出血”漏洞作为被基于 SSL/TLS 的软件和网络服务广泛使用的开源软件包的漏洞，被引入供应链上游代码和模块，给供应链下游造成了广泛影响，是一起典型的软件供应链安全事件。由于软件提供商作为重要角色参与了 ICT 供应链，所以，软件供应链成为 ICT 供应链的重要部分，受到相关法律和技术规范的制约。编译器是重要的软件开发工具，如果攻击者污染了通过编译器编译并发布的软件，就可以实现大范围的攻击。通过攻击一个组织的供应链的薄弱环节来攻击该组织，这一理念被广泛应用于 APT 攻击。在“震网”病毒攻击事件中，APT 组织利用“震网”病毒破坏目标设施的计算机系统，进而破坏目标国家重要的基础设施。

当前，我国在供应链安全方面的基础薄弱，主要表现如下。

一是在法律法规和政策方面，需要构建供应链安全保护体系。国家高度重视供应链安全问题，不断建立健全法律法规、标准制度。为了应对国内外供应链安全威胁，近年来我国颁布的《网络安全法》《网络安全审查办法》《国民经济和社会发展第十四个五年规划和 2035 年远景目标纲要》《关键信息基础设施安全保护条例》等政策法规都强调要加强供应链的安全保障，但相关法规的落地执行，以及相关机构的职责、协作机制和流程细节等，尚有很大的提升空间。行业、机构、企业需要明确和细化供应链安全保护职责，主管部门、软件用户单位、软件开发集成商、软件安全专业团队要形成合力，进一步完善和制定供应链安全相关政策、标准和实施指南，在加强合规管理建设的基础上，将供应链安全保护要求有机融入各流程环节和各岗位的工作内容，构建完善的供应链安全保护体系。

二是在体制机制方面，需要加强开源软件供应链安全审查。为了加强软件供应链安全保障，我国采用了攻防演练、技能大赛等多种形式，对生产环境、开发环境、发布环境及终端用户环境的软件供应链各阶段进行检验。但是，这些活动主要在网络安全领域开展，业务管理领域、生产领域参与度不高，缺乏对产业链的关键环节、核心技术及重点供应商问题的系统研究，漏洞发现和处理框架机制不完善。此外，供应链安全保护不能“头痛医头，脚痛医脚”，而应建立系统性的管理体制机制，并切实落地执行。目前，对于如何评估和判断软件各环节是否达到相应安全要求尚未形成共识，供应链安全管理、监测、检测、审查尚需细化，需要完善软件供应链安全评估机制和安全审查机制，全面保障软件产品和服务安全。

三是在产业生态方面，需要推进信息技术供应链生态管理能力建设。供应链生态涉及需求方、供应方、开发方、系统集成者、外部系统服务提供者、其他 ICT/OT 相关服务提供者等多个方面。目前，我国针对供应链的管理，体系化程度低，力度相对较弱，信息技术应用程度低，信息共享不充分。信息技术的运用可以加快信息的传递，协调供应链各节点企业的经济行为。信息流是供应链管理的基础，是在供应链节点企业之间进行协调管理的关键，决定了供应链管理的成败。然而，我国企业在实施供应链管理的过程中应用信息技术的现状不容乐观，许多企业没有充分利用 EDI、Intranet 等先进的通信手段，信息传递工具落后。此外，大多数企业还在单独作战，很少有企业能够将自己的各项职能与贸易伙伴集成，信息得不到充分共享，整个供应链缺少共享的数据库和信息平台。

四是在技术方面，需要建立国家级/行业级软件供应链安全风险分析平台。软件系统规模越来越大，程序逻辑越来越复杂，对软件的理解和分析越来越难，导致对软件进行把关和分析的技术门槛越来越高。尽管开源文件、库文件等提高了代码的复用性，但在复用算法、结构、逻辑、特性等的同时，也复制了缺陷、漏洞等风险，扩大了供应链的暴露面，容易造成某一点问题的大面积爆发。面对严峻的软件安全形势和切实的软件供应链安全分析需求，亟须建立面向软件供应链安全领域的系统化、规模化的风险分析平台，利用软件源代码缺陷和后门分析、软件漏洞分析、开源软件成分和风险分析等能力，及时发现和处置软件供应链安全风险。

第 2 章　关键信息基础设施安全保护能力建设

2006 年 6 月，美国国土安全部牵头起草并发布了《国家基础设施保护计划》。该计划提出了一个全面的风险管理框架，明确界定了美国国土安全部、联邦部门、州和地方政府及私营部门等安全合作伙伴的角色和职责，设计了一套组织协作模式和信息共享机制。同时，该计划通过与其他国家级国土安全规划的整合，使其具有统一性、连续性和协作性。《国家基础设施保护计划》自 2006 年发布以来，在 2009 年和 2013 年进行了两次版本升级。现在，美国已全面实施该保护计划。《国家基础设施保护计划》总结了美国多年的关键基础设施保护经验，对我国制定适合自身的关键信息基础设施安全保护体系具有重要的参考价值。

2.1　关键信息基础设施安全保护体系框架设计的原则和目标

本节主要讨论构建关键信息基础设施安全保护体系框架应坚持的原则和目标。

1. 构建关键信息基础设施安全保护体系框架应坚持的原则

关键信息基础设施保护工作部门/运营者在开展本单位关键信息基础设施安全保护整体规划和体系设计时，需要综合考虑管理体系、技术体系、运营体系、保障体系等核心要素，通过分析关键信息基础设施安全保护体系框架的建设需求、原则目标和主要效能，逐步推进完善管理、技术、运营等能力建设。在构建关键信息基础设施安全保护体系框架时，应坚持以下原则。

一是坚持依法保护，形成合力。依据《网络安全法》等法律法规的规定，公安机关依法履行网络安全保卫和监督管理职责，行业主管（监管）部门依法履行本行业网络安全主管（监管）责任，强化和落实网络运营者主体责任，充分发挥和调动社会各方力量，协调配合、群策群力，形成网络安全保护合力。

二是坚持需求牵引，实战引领。基于网络（包含网络设施、信息系统、数据资源等）在国家安全、经济建设、社会生活中的重要程度，分析评估其遭到破坏后的危害程度，检测评估关键信息基础设施存在的问题隐患，制定安全整改方案并开展整改，确保重大问题隐患动态清零。

三是坚持动态运营，综合保护。按照相关法律法规和国家标准规范，充分利用人工智能、大数据分析等技术，积极落实网络安全管理和技术防范措施，强化网络安全监测、态势感知、通报预警和应急处置等重点工作，综合采取网络安全保护、保卫、保障措施，防范和遏制重大网络安全风险、事件发生，保护云计算、物联网、新型互联网、大数据、智能制造等新技术应用和新业态安全。

四是坚持技术创新，产业发展。联合关键信息基础设施运营者、安全厂商、高校、组织和机构，构建跨行业大联动、保要害大贯通、促产业大协同的创新型、实战化合作机制，积极促进新技术、新方法、新模式的验证和应用，推动技术联合攻关，引导技术创新，构建网络安全自主产业生态，促进网络安全产业良性发展。

2. 构建关键信息基础设施安全保护体系框架应实现的目标

通过构建关键信息基础设施安全保护体系框架，指导本单位关键信息基础设施安全保护体系建设，主要实现四个目标。

一是有效落实国家关键信息基础设施保护法律法规和政策标准要求。《网络安全法》《关键信息基础设施安全保护条例》《关键信息基础设施安全保护要求》对关键信息基础设施安全保护提出了明确要求。基于现有的安全保护制度和技术措施，关键信息基础设施运营者需要在管理制度、技术措施、安全运营等方面加强论证分析、规划设计与探索实践，构建形成本行业、本领域关键信息基础设施安全保护体系架构，并逐次开展实施建设，以符合国家网络安全保护法律法规和政策相关要求。

二是深化落实关键信息基础设施安全保护制度。我国网络安全等级保护制度推行了十余年，等级保护的安全实践广为人知。网络安全等级保护制度是关键信息基础设施安全保护的基础。关键信息基础设施需要在网络安全等级保护制度的基础上实行重点保护，以具备动态可自提升的安全保护能力为基本要求，以实现安全风险动态控制为管理框架，以防范安全威胁隐患、有效化解安全风险、保障业务应用的安全持续运行为目标，具备闭环风险管控智能化、安全控制措施自动化、各类安全业务流程化、安全综合运营一体化，以及智能聚合、迭代提升等特征，增强关键信息基础设施安全保护能力的动态自适应性。

三是强化安全风险动态管控与协调指挥能力。基于关键信息基础设施安全保护的安全需求，设计闭环、动态、流程化的风险管理架构，对威胁、脆弱性和后果等进行流程化处理，实现对安全风险的综合评估和管理，多渠道全量汇聚网络安全数据，建设网络安全数据和业务的综合管理系统，实现分析识别、安全防护、检测评估、监测预警、技术对抗、事件处置六个重要环节的闭环管理，支撑综合业务动态管理，协调指挥业务开展，强化风险持续监督管理，促进供应链安全和数据安全保护，显著提升网络安全整体防护能力、技术对抗能力和抵御大规模网络攻击能力，保障核心业务系统持续、稳定运行。

四是构建形成信息共享和联防联控机制。我国关键信息基础设施安全保护面临巨大挑战。关键信息基础设施运营者需要建立安全保护制度，促进关键信息基础设施安全保护监管部门、保护工作部门、运营者、服务机构等共同实施风险管理，明确角色定位，界定保护职责分工，提升管理协调机制，优化信息共享模式，整合关键信息基础设施安全保护任务，指明安全保护计划关系，明确资源分配方法，促进安全保护计划实施，推进安全保护机构和人才队伍健全、职责明确、保障有力，共同防范化解网络安全重大风险隐患。

2.2 关键信息基础设施安全保护体系框架的构成

关键信息基础设施安全保护体系框架包括关键信息基础设施的安全保护对象、六大环节、四大体系，网络安全综合业务管理，以及国家相关网络安全法律法规和政策标准（如图 2-1 所示）。本框架通过聚合分析识别、安全防护、检测评估、监测预警、技术对抗、事件处置六大环节，构建管理、技术、运营、保障四大体系，实现网络安全业务综合管理，帮助运营者全面掌握网络安全业务开展状况，动态持续性防控网络安全风险隐患，开展一体化、动态化、智能化安全运营，强化提升信息共享和协调指挥能力，提升网络安全整体防护、技术对抗和抵御大规模网络攻击的能力，实现以关键业务和重要数据为核心的整体防控、以风险管理和隐患防范为导向的动态防护、以信息共享和业务联动为基础的协同联防、以智能聚合和实战弈升为特征的智能运营，切实保障核心业务系统持续、稳定运行。

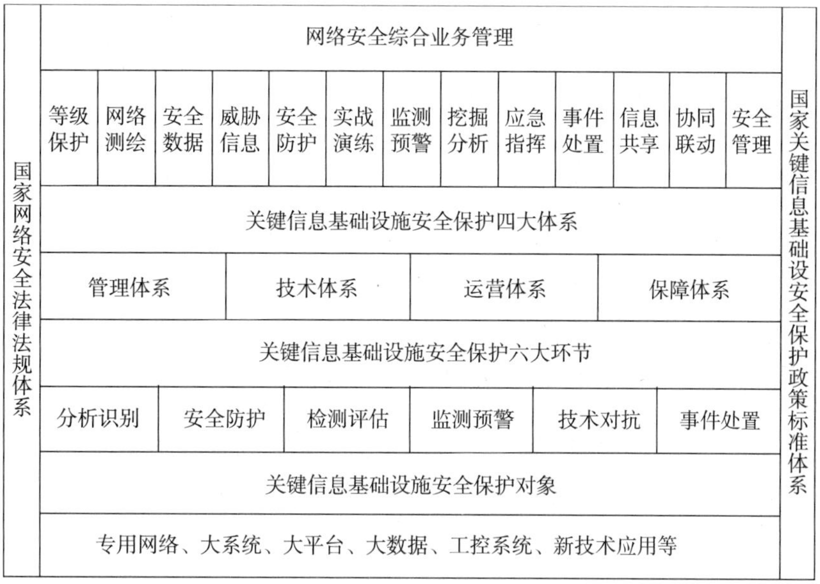

国家网络安全法律法规体系

网络安全综合业务管理

等级保护　网络测绘　安全数据　威胁信息　安全防护　实战演练　监测预警　挖掘分析　应急指挥　事件处置　信息共享　协同联动　安全管理

关键信息基础设施安全保护四大体系

管理体系　技术体系　运营体系　保障体系

关键信息基础设施安全保护六大环节

分析识别　安全防护　检测评估　监测预警　技术对抗　事件处置

关键信息基础设施安全保护对象

专用网络、大系统、大平台、大数据、工控系统、新技术应用等

国家关键信息基础设施安全保护政策标准体系

图 2-1　关键信息基础设施安全保护体系框架

（1）以关键业务和重要数据为核心的整体防控

关键信息基础设施安全保护应以保护关键业务为目标，对业务涉及的一个或多个网络和信息系统进行体系化的安全设计，构建整体安全防控体系。

（2）以风险管理和隐患防范为导向的动态防护

根据关键信息基础设施面临的安全威胁态势进行持续监测和安全控制措施的动态调整，形成动态的安全防护机制，及时有效地防范和应对安全风险。

（3）以信息共享和业务联动为基础的协同联防

积极构建相关方广泛参与的信息共享、协同联动的共同防护机制，提升关键信息基础设施应对大规模网络攻击的能力。

（4）以智能聚合和实战弈升为特征的智能运营

探索构建动态、闭环、流程化及运营能力可迭代、自提升的安全运营体系，具备流程化、自动化、数智化安全运营能力，实现六大环节大联动和指挥调度大贯通等能力。

2.2.1 关键信息基础设施安全保护对象

关键信息基础设施主要是指公共通信和信息服务、能源、交通、水利、金融、公共服务、电子政务、国防科技工业等重要行业和领域，以及其他一旦遭到破坏、丧失功能或数据泄露，可能严重危害国家安全、国计民生、公共利益的重要网络设施、信息系统等。关键信息基础设施包括但不限于重要专用网络、大系统、大平台、大数据、工控系统、新技术应用等。

2.2.2 关键信息基础设施安全保护环节

关键信息基础设施安全保护包括分析识别、安全防护、检测评估、监测预警、技术对抗、事件处置六大环节。

一是分析识别：围绕关键信息基础设施承载的关键业务，开展业务依赖性识别、关键资产识别、风险识别等活动。本活动是开展安全防护、检测评估、监测预警、技术对抗、事件处置等活动的基础。

二是安全防护：根据已识别的关键业务、资产、安全风险，在安全管理制度、安全管理机构、安全管理人员、安全通信网络、安全计算环境、安全建设管理、安全运维管理等方面采取安全管理和技术保护措施，确保关键信息基础设施的运行安全。

三是检测评估：为检验安全防护措施的有效性，发现网络安全风险隐患，应建立相应的检测评估制度，确定检测评估的流程、内容等，开展安全检测与风险隐患评估，分析潜在安全风险可能引发的安全事件。

四是监测预警：建立并实施网络安全监测预警和信息通报制度，针对发生的网络安全事件或发现的网络安全威胁，提前或及时发出安全警报。建立威胁情报和信息共享机制，落实相关措施，提高主动发现攻击行为的能力。

五是技术对抗：以应对攻击行为的监测发现为基础，主动采取收敛暴露面、捕获、溯源、干扰和阻断等措施，开展攻防演习和威胁情报工作，提升对网络威胁与攻击行为的识别、分析和主动防御能力。

六是事件处置：运营者对网络安全事件进行报告和处置，并采取适当的应对措施，恢复因网络安全事件受损的功能或服务。

2.3　关键信息基础设施安全保护体系的具体内容

本节具体介绍关键信息基础设施安全保护体系。

2.3.1　管理体系

下面从安全管理机构、安全策略管理、安全管理制度、安全建设管理、安全运维管理、安全人员管理六个方面介绍关键信息基础设施安全保护的管理体系。

1. 安全管理机构

设立关键信息基础设施安全保护工作领导机构，由本单位一名领导班子成员负责关键信息基础设施安全保护工作；设立首席网络安全官，为每个关键信息基础设施确定一名安全管理责任人；设置专门安全管理机构，认定关键岗位，确定安全保护专职人员。专门安全管理机构具体负责本单位的关键信息基础设施安全保护工作，履行有关职责，主要包括：一是建立健全网络安全管理、评价考核制度，拟订关键信息基础设施安全保护计划；二是按照国家及行业网络安全事件应急预案，制定本单位应急预案，定期开展应急演练，处置网络安全事件；三是对关键信息基础设施设计、建设、运行、维护等过程实施安全管理；四是按照规定报告网络安全事件和重要事项；五是建立领导机构决策机制，定期研究安全保护重大事项，保障人力、财力、物力等投入，安全管理人员参与网络安全和信息化决策等。

2. 安全策略管理

运营者应制定关键信息基础设施安全保护工作的总体方针和安全策略，坚持以关键业务为核心的整体防控、以风险管理为导向的动态防护、以信息共享为基础的联防联控，阐明机构安全工作的总体目标、范围、框架等。

运营者应根据本行业保护工作部门编制的关键信息基础设施安全规划，结合本行业的标准规范与安全保护要求，制定自身负责的关键信息基础设施的安全保护计划，研究制定关键信息基础设施安全保护实施方案并组织实施，确保关键信息基础设施安全保护与关键信息基础设施同步规划、同步建设、同步使用，并加大投入和保障。运营者应根据业务实际，建立完善的安全策略，安全策略包括但不限于安全互联策略、安全审计策略、身份管理策略、入侵防范策略、数据安全防护策略、自动化机制策略（配置、漏洞、补丁、病毒库等）、供应链安全管理策略、安全运维策略等。

3. 安全管理制度

保护工作部门应结合行业实际，制定本行业、本领域关键信息基础设施安全规划，明确保护目标、基本要求、工作任务、具体措施。运营者应根据行业安全规划每年制定安全保护计划，明确关键信息基础设施安全保护年度工作目标，从管理体系、技术体系、运营体系、保障体系等方面进行规划，加强机构、人员、经费、装备等资源保障，支撑关键信息基础设施安全保护工作。

运营者建立安全管理制度体系，有利于协调安全与关键信息基础设施的整体战略目标，明确各部门在安全管理工作中的责任，规范系统建设、运营相关工作，立足于机构健全、制度完善、责任落实、设备完备、手段有效、危害辨识、风险评价、隐患预防与治理、事故处理，提高安全管理水平，提高执行能力和执行效率，建立自我约束、持续改进的长效机制，保证安全保障工作取得成效。管理制度包括但不限于风险管理制度、网络安全考核制度、网络安全监督问责制度、网络安全教育培训制度、人员管理制度、业务连续性管理及容灾备份制度、供应链管理制度、三同步（安全措施与信息化建设同步规划、同步建设和同步使用）制度等。

（1）网络安全综合业务管理

编制网络安全综合业务管理制度，为一体化管理平台建设提供支撑。运营者需要构建关键信息基础设施安全综合业务管理制度，指导网络安全综合业务管理和风险管控能力建设，增强资产测绘、安全事件监测、预警、通报、督促整改、反馈、指挥等的闭环管理。

（2）网络安全事件联防联控管理

确定协调指挥流程，建立网络安全事件管理制度。

一是建立网络安全协调指挥机制，为协调指挥中心建设提供支撑。指导网络安全协调指挥能力建设，梳理指挥调度管理流程，构建国家网络安全职能部门、行业主管（监管）部门、安全服务机构、技术产品提供商共同参与的机制，促进网络安全信息共享。

二是按照国家相关网络安全事件分类分级规范和指南，确定不同类型和等级事件处置的指挥流程、要求等。

三是加强联防联控管理。联防联控是健全关键信息基础设施安全保护体系、提升行业领域网络安全整体实战对抗能力的重要抓手，是实现网络安全防护目标的有力保障。保护工作部门要在国家联防联控机制下，构建行业领域的网络安全联防联控体系，确保行业领域情报共享、内外协同、上下联动，具备应对重大威胁及防御有组织攻击的能力，实现“一处报警，处处设防；一处威胁，处处处置”，提升威胁监测和预警处置水平。

（3）安全信息共享与通报预警机制

运营者应构建网络与信息安全信息共享机制，与国家网络安全职能部门、保护工作部门、业务指导部门、网络运营商和安全服务商等建立威胁信息共享机制；建立威胁信息搜集分析队伍，密切跟踪行业领域网络安全威胁动向，全面搜集高危漏洞隐患等高价值信息，挖掘行动性、预警性、综合性威胁线索，及时发现网络攻击、窃密、破坏等活动；构建本单位的网络与信息安全信息通报预警机制，落实责任部门，畅通通报预警和接收信息的渠道，及时接收来自国家、地方、行业和社会的网络安全信息，对从各渠道获得的信息进行汇总、分析、研判，及时通报内部单位，同时按规定向保护工作部门、公安机关报送网络安全风险和监测预警信息。

（4）重大事件和风险威胁监测与报告制度

制定重大事件和威胁报告规范，明确报告流程和方法。当发生重大网络安全事件或者发现重大网络安全威胁时，网络运营者应第一时间向保护工作部门、公安机关等报告，同时立即开展应急处置，保护现场，做好相关网络日志、流量及攻击样本等证据的留存工作，并配合公安机关开展调查处置。当网络系统中出现大规模重要数据、大量个人身份信息泄露等特别重大网络安全事件时，运营者应及时将情况报告保护工作部门、公安机关网络安全保卫部门等。

近年来，网络攻击事件多发频发，严重威胁关键信息基础设施、重要网络系统和数据安全。然而，一些网络运营者法律意识淡薄，在发生网络安全事件后隐瞒不报或不及时报告公安机关，或者草率处置，致使案（事）件证据损毁、灭失，严重影响公安机关的侦查调查和案件侦办，对公安机关依法维护国家安全、社会稳定和网络安全的执法行为造成重大干扰。2022 年 11 月 11 日，国家网络与信息安全信息通报中心向国家网络与信息安全信息通报机制成员单位、中央企业网络与信息安全信息通报机制成员单位提出如下要求。

一是认真落实对网络安全事件和威胁的监测发现义务。严格按照《网络安全法》《数据安全法》《个人信息保护法》《关键信息基础设施安全保护条例》等法律法规要求，组织本单位、本行业、本领域落实网络安全事件监测发现措施，对关键信息基础设施、重要网络系统和数据开展 7×24 小时网络安全实时监测，确保第一时间发现网络攻击、重大网络安全事件和重大风险威胁，着力提升监测发现能力。

二是认真落实网络安全事件和威胁快速处置机制与及时报告制度。依法建立本单位、本行业、本领域网络安全事件应急处置机制，针对不同类型、不同等级的网络安全事件和威胁，分别采取相应的应急处置措施。依法落实网络安全事件报告制度，当发现网络攻击、重大网络安全事件和重大网络安全威胁时，在确保案（事）件证据不被损毁的情况下开展应急处置，并同步第一时间向同级公安机关网安部门报告，积极配合公安机关开展案（事）件侦查调查和处置工作。

三是严格规范网络安全事件报告方式和途径。中央国家机关和中央企业发生网络安全事件，应向本行业网络安全主管部门和国家网络与信息安全信息通报中心报告。中央国家机关和中央企业下属单位发生网络安全事件，应向上级单位网络安全主管部门和属地公安机关网络安全保卫部门报告。中央国家机关和中央企业非涉及国家秘密的事件信息，可通过国家网络与信息安全信息通报中心部署的网络安全专用移动 App 报告，报送内容按照系统既定模板填写；如报送内容敏感或事件重大紧急，应先行通过电话与国家网络与信息安全信息通报中心联系。

四是各单位要高度重视网络安全事件和威胁报告工作。当发生网络安全事件时，相关人员应及时向本单位（部委、集团）分管网络安全工作的领导报告；分管领导应严格依照国家有关法律法规要求，统筹组织本单位、本行业、本领域认真履行网络安全事件和威胁的报告责任和义务，压实压紧报告责任，细化落实工作措施，严禁发生网络安全事件迟报、漏报、瞒报及故意损毁案（事）件证据的情况。对迟报、漏报、瞒报甚至造成案（事）件证据损毁、灭失的单位和个人，公安机关将依法查处，对造成严重后果的，依法追究直接负责的主管人员和其他直接责任人员的法律责任。

（5）实训演练管理制度

按照国家网络安全事件应急预案的要求，制定网络安全事件应急预案；每年至少组织开展一次应急演练，并根据演练情况对应急预案进行评估和改进。

（6）安全责任与评价考核管理制度

运营者应制定关键信息基础设施安全保护责任制管理办法，明确主要领导、分管领导、首席网络安全官的职责和任务，确定网络安全职能部门，落实主体责任；加强核心岗位人员管理，建立健全人员管理制度，对专门管理机构负责人和关键岗位人员进行背景审查；制定问责规范，明确违规情形和责任追究事项，确定问责范围，明确约谈、罚款、行政警告及记过、降级、开除等处罚措施。

监督检查是落实监管部门职责、监督运营者履行安全保护责任和义务的重要措施，可以及时发现和有效处置网络安全风险隐患，进一步落实运营者的安全责任。加强关键信息基础设施安全监督检查，应严格落实党委（党组）网络安全责任制，制定监督检查管理办法，从检查检测、问题整改、责任追究三个方面确保监管的成效。

一是检查检测。采用攻防演练、渗透测试、在线监测、现场检查等方式，开展定期和不定期的关键信息基础设施专项检查检测，内容包括网络安全责任落实及制度建立情况、网络安全日常管理情况、网络安全等级保护工作开展情况、安全监测与应急处置、技术对抗能力、门户网站安全情况、网络及数据安全的防护情况、供应链安全情况等。

二是问题整改。建立信息通报机制，及时将检查检测发现的风险隐患通报相关责任单位。责任单位根据问题严重程度，制定整改方案，采用立即整改、限期整改、下线整改等方式，落实、跟踪整改情况。对于不能修复的安全风险，采取系统升级、健全防护措施、完善管理制度等方式，确保隐患不被利用。

三是责任追究。对网络安全工作不力、重大安全风险隐患久拖不改，或者发生了重大网络安全事件的网络的运营者，判定责任单位和责任人，启动问责程序，开展逐级追责，追责方式包括责令整改、警示约谈、通报批评等；涉及违法犯罪的，公安部门按照相关法律法规处理。

4. 安全建设管理

运营者要在落实《网络安全等级保护基本要求》《网络安全等级保护安全设计要求》等国家标准的基础上，按照《关键信息基础设施安全保护要求》等国家标准，创新理念和技术方法，采取加强型、特殊型安全保护措施，开展关键信息基础设施网络安全建设，从管理体系、技术体系、运营体系、保障体系等方面进行全面的规划，对安全能力建设进行详细设计（包括技术框架设计、安全功能和性能设计、部署方案设计、安全管理设计等），确保核心资产、核心数据、核心业务得到有效保护，采取动态防御、主动防御、纵深防御、精准防护、整体防御、联防联控等重要措施，实现分析识别、安全防护、检测评估、监测预警、技术对抗、事件处置等安全能力的聚合，构建关键信息基础设施安全保护风险管控智能化、技术措施自动化、安全业务流程化、综合运营一体化等能力，实现智能聚合、实战弈升的保护效能，持续提升关键信息基础设施整体防控能力。

5. 安全运维管理

强化安全运维管理，需要加强对环境、资产、介质、设备维护、配置等方面的管理，严格落实变更审批程序，制定应急预案并定期开展应急演练，提高安全防护意识和应急处理能力。保证关键信息基础设施的运维地点位于中国境内；如确需境外运维，需符合我国相关规定。在运维前与相关人员签订安全保密协议。确保优先使用已在本单位审计备案的运维工具；如确需使用未登记备案的运维工具，在使用前应通过审批，并通过恶意代码检测等安全测试。

6. 安全人员管理

运营者应明确安全管理机构负责人及关键岗位（与关键信息基础设施直接相关的系统管理、网络管理、安全管理等岗位），其中关键岗位应配备专人，并建立备份机制。建立健全人员管理制度，对新入职或身份背景发生变化的安全管理机构负责人和关键岗位人员，运营者要委托公安机关对其进行安全背景审查，并与其签订保密协议；若关键岗位人员离岗，应及时取消离岗人员的所有权限。建立关键信息基础设施人员培训机制，对各类人员进行安全意识教育和岗位技能培训，并告知相关的安全责任和惩戒措施；针对不同的岗位制定不同的培训计划，对安全基础知识、岗位操作规程等进行培训，对人员的技术技能进行考核。对于外部人员访问管理，获得系统访问权限的外部人员应签署保密协议，不得进行非授权操作，不得复制和泄露任何敏感信息，不允许外部人员访问关键区域或关键系统等。

2.3.2 技术体系

下面从业务资产风险管理、网络安全纵深防御、网络安全检测评估、网络安全监测预警、技术对抗、网络安全事件处置六个方面介绍关键信息基础设施安全保护的技术体系。

1. 业务资产风险管理

业务资产风险管理主要针对分析识别环节，采用相应的技术措施，围绕关键信息基础设施承载的关键业务，开展业务依赖性识别、关键资产识别、风险识别等技术活动。

（1）资产业务分析识别

在资产业务分析识别方面，采用资产探测技术手段、资产台账导入等自动化识别与人工梳理相结合的方式，摸清关键业务和资产的底数，明确关键信息基础设施的部署范围、运营情况、影响范围、业务类型、业务逻辑、业务依赖等，绘制业务网络结构、区域分布、核心节点、业务接口、业务依赖等业务图谱。

（2）业务资产漏洞管理

在业务资产漏洞管理方面，充分利用网内流量、主机防护系统、网络准入系统等提供的数据，结合资产主动探测测绘技术，识别关键业务链依赖的资产，建立网络、系统、数据、服务和其他资产的动态清单。漏洞管理在资产明晰的基础上，融合主动漏洞扫描、外部威胁情报、软硬件漏洞信息等数据，形成各资产的动态漏洞清单。

（3）网络安全风险管理

在安全风险管理方面，采用风险识别动态管控技术手段，掌握风险危害程度、分布状况和态势信息，动态持续性地开展风险识别和管理，掌握软硬件供应链安全风险状况，考虑在极端情况下可能引发安全风险的要素等。

2. 网络安全纵深防御

网络安全纵深防御主要针对安全防护环节，根据已识别的关键业务、资产、安全风险，强化基础安全防护、集中安全管控和统一安全服务等技术保护措施，确保关键信息基础设施的运行安全。其中，基础安全防护是关键信息基础设施等级保护安全合规技术的基础，也是形成体系化的纵深防御安全能力的基础；统一安全服务旨在为关键信息基础设施及其关联系统运行所需的安全服务基础设施提供保障，保证在安全防护体系覆盖范围内获得一致性可持续的安全能力组件，实现安全保障资源的集约化和高效能。

（1）基础安全防护

依据国家相关法律法规和行业总体要求，充分考虑关键信息基础设施涉及的网络系统和重要数据，构建网络安全纵深防御体系，形成网络安全防御底座。落实国家网络安全等级保护制度相关要求，特别是网络安全等级保护基本要求、安全设计技术要求，按照“一个中心、三重防护”总体要求，落实网络安全等级保护 2.0 国家标准提出的安全物理环境、安全通信网络、安全区域边界、安全计算环境、安全管理中心等要求，部署相应的防火墙、VPN、审计、流量监测等设备系统，采取通信冗余、在线/近线/离线备份等措施，同时，根据关键信息基础设施业务系统的实际情况，重点做好云计算、移动互联网、物联网和工控网的安全保护。

一是云计算安全。针对云计算环境，通过安全资源池、东西向隔离、虚拟主机防护等措施加强云内安全防护。结合开发安全、上线安全、攻击防护等措施，提高云计算安全防护能力：通过多因子身份认证、细粒度访问控制、多级权限控制、流量监控、容器安全管控等措施，加强云内资源防护；通过虚拟主机防护、虚拟机隔离、补丁加固、DDoS 攻击防护、网络安全审计等措施，加强虚拟化计算环境安全防护。实现网络流量的东西向隔离和南北向合规安全防护，对云上关键信息基础设施提供一致性合规的安全能力支撑。

二是移动互联网安全。结合关键信息基础设施移动互联网建设实际，从终端环境、传输网络、后端系统等方面对移动应用安全和服务安全整体进行安全防护体系建设。通过数据加密、身份认证、数据防泄露、访问控制、入侵检测等措施，完善后端服务系统的移动互联网安全防护措施。可建立移动安全管理中心，在移动业务从开发到持续演进的过程中，提供必要的安全特性和基础业务构建能力。通过终端运行环境安全、移动终端管理、终端身份鉴别、应用封装与分发、公私数据隔离、应用加固、应用权限控制等措施，提高终端环境和移动应用的安全防护水平。

三是物联网安全。物联网安全主要考虑终端自身安全、数据传输安全、数据汇集和应用安全等方面，可根据需要对终端实行认证、对数据传输进行加密。严格物联网终端接口控制，禁用调试接口等后门。采用商用密码算法对通信数据进行加密，保证数据安全。对有条件的终端，可部署硬件安全模块、可信平台模块和加密协处理器，从而更好地对物联网终端进行保护。从物联网接入上层系统应经过安全网关，实现多向加密通信、安全事件监测、异常流量检测等功能，保证连接链路安全和网络攻击可视可防。

四是工控网安全。应通过物理安全、边界防护、恶意代码防范、主机加固、访问控制、链路加密、安全审计、安全监控等方式，加强工控系统的安全防护。工控网应在专用通道上使用独立的网络设备组网，采用基于 SDH/PDH 的不同通道、不同波长、不同纤芯等方式，在物理层面实现与其他数据网及外部公共信息网的安全隔离。如果需要在工控网内部及工控网与外部网络之间进行数据交换，则应通过密码算法对数据加密，控制重要数据的单一来源，对数据尤其是重要生产控制数据采取验证手段。在工控系统的网络安全建设中，应加强对生产设备日志、主机运行情况、外设连接日志、环境监控信息、安全设备日志等网络安全相关数据的关联分析，及时发现网络攻击、网络异常和故障，防患于未然。

（2）集中安全管控

利用 SSH 或 API 等对关键信息基础设施网络内的交换机、路由器、防火墙、Web 应用防火墙（WAF）、主机防护系统、云安全资源池等网络安全设备实现集中统一管理和控制，通过安全策略集中管理、业务访问拓扑建模与访问路径管理、网络层访问控制基线管理、策略变更管理等功能，提高网络安全管理效率，充分发挥网内设备的系统效益。

（3）统一安全服务

统一安全服务主要是指通过一系列安全基本服务的建设，建立统一的安全能力，为关键信息基础设施涉及的网络、系统和重要数据提供有力保障。统一安全服务包括统一灾备服务、统一密码服务、统一身份认证服务、统一威胁情报服务等，也可根据关键信息基础设施安全保护的实际情况进行扩展。

一是统一灾备服务。关键信息基础设施同城灾备和异地灾备，应结合关键信息基础设施运行的实际需求，对数据可用性要求高的进行数据异地实时备份，对业务连续性要求高的进行系统异地实时备份，实现双活部署。在基本灾备体系建设的基础上，根据关键信息基础设施灾难恢复需求及系统功能和具体业务需求，充分利用内外部资源，增强灾备服务水平，扩大灾备覆盖范围，建立本地备份、同城备份、异地备份等多层次的数据备份恢复服务体系，以及分布式多活、同城双活或主备式灾难恢复的备份恢复体系。

二是统一密码服务。以商用密码资源管理为基础开展统一密码服务设施建设，为关键信息基础设施提供统一的密码服务，在满足国家保密等相关部门要求的基础上，尽量降低应用系统使用商用密码技术的门槛，提高数据安全水平。密码基础设施主要由密码资源层、密码设备服务层、密码服务层、密码应用层组成，可提供数据存储加解密、数据传输加解密、电子邮件加解密、应用访问加解密、电子数据校验等密码服务。统一密码服务架构如图 2-2 所示。

三是统一身份认证服务。建立统一的身份认证体系，实现统一用户管理、统一信息系统入口、统一身份认证、统一设备认证。完善以集成短信认证、令牌认证、CA 证书认证、二维码认证、生物认证等各类认证因子为基础的移动端与桌面端相结合的安全、便捷的认证能力。与 CA 身份认证体系、已有信息系统集成，建设移动端认证应用，实现“一次认证，全网互认”。以密码技术为基础，建设设备身份证书管理系统和设备统一认证系统，实现关键信息基础设施设备的身份认证、安全接入、数据互信。统一身份认证体系架构如图 2-3 所示。

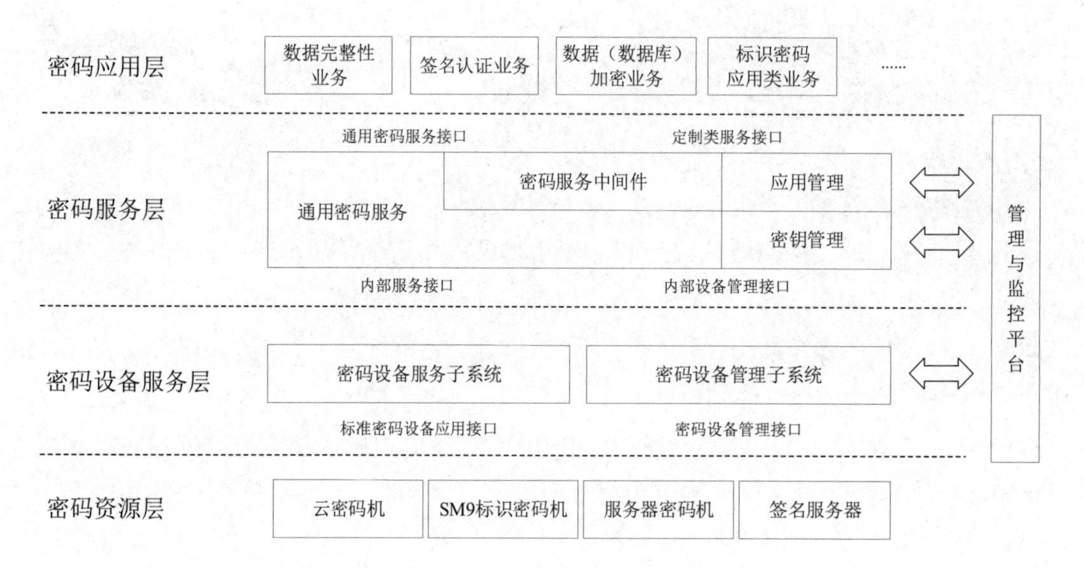

图 2-2 统一密码服务架构

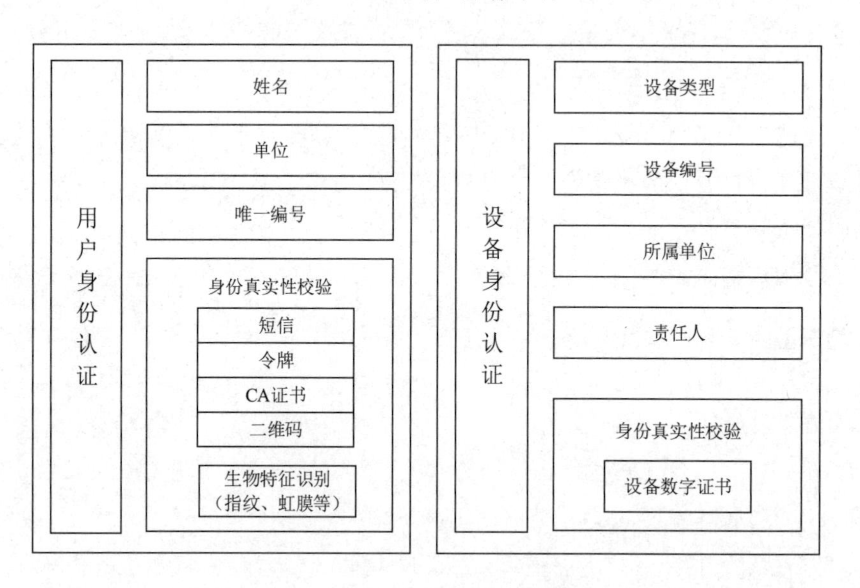

图 2-3 统一身份认证体系架构

3. 网络安全检测评估

通过安全检测和风险评估，统筹安排隐患识别、威胁分析、等级测评、风险评估等活动，有效管控风险威胁。安全检测和风险评估是检验安全防护措施有效性的最重要方法，有助于发现网络安全风险隐患，分析潜在安全风险可能引发的安全事件，采用相应的管理和技术管控措施，防范和化解网络安全重大隐患和风险威胁。

（1）检测评估业务管理

在检测评估业务管理方面，配备检测评估相关管理工具，按照场景分类，将检测需求转化为场景化的检查任务，对检测任务进行全程跟踪，收集保存检测评估结果。

（2）检测结果跟进评估

在检测结果跟进评估方面，采用相应的技术手段和措施，了解检测评估的任务执行情况和检测评估的效果，持续跟进检测评估中发现的网络安全隐患和薄弱环节的整改情况。

（3）检测评估数据使用

在检测评估结果数据使用方面，对检测评估的参与人员信息，检测过程中发现的漏洞、脆弱性、安全风险，以及最终形成的检测报告，均以结构化的形式统一管理，从而为人员信用度评估、安全风险、安全整改情况持续性监督提供数据支撑，为其他平台的分析研判、处置决策提供基础保障。

4. 网络安全监测预警

利用网络安全保护平台和技术措施，开展实时监测预警，大力提高监测发现网络攻击行为的能力。网络安全监测预警是网络安全由被动防御向主动防御转变的关键，主要内容包括安全数据采集、大数据挖掘分析、数据共享交换、威胁感知预警四部分。安全数据采集主要采集网络内外与网络安全有关的各类数据信息，为网络安全监测预警和研判分析提供基础数据。网络安全监测预警以大数据分析为基础，充分利用分布式处理、深度学习、异构计算等大数据汇集、治理、挖掘和服务技术，对网内安全状态进行实时感知，并进行相关数据和情报的预警与共享。

（1）安全数据采集

在安全数据采集方面，对网络内外各类网络安全相关日志、流量、威胁情报等数据进行统一收集、存储、处理，确定数据采集规范标准，汇集各类数据供后续分析，为监测预警提供数据支撑。重点通过流量探针、日志服务器、API 等灵活的数据接口，实现对网内安全设备日志、主机日志、应用日志及重要边界网络流量、内外部威胁情报等安全相关数据的初步处理。重点通过数据清洗、范式化、归一化等先进的数据治理技术对数据进行整理，形成有意义、有价值的安全数据。

（2）大数据挖掘分析

在大数据挖掘分析方面，应满足对安全相关数据进行分析计算的需要，通过分布式存储、实时总线、模型算法基础计算框架等提供数据资源、存储资源和计算资源，形成原始数据、基础数据、主体数据等多个安全数据仓库，为全面开展基于漏洞、规则、统计、资产、知识库等的关联分析打基础。

（3）信息共享交换

在信息共享交换方面，为关键信息基础设施与行业内部、监管部门、相关单位等进行数据交换提供支撑。根据国家相关要求进行信息共享交换，提取与本单位网络有关的网络安全数据（包括安全态势数据、安全事件信息和资产信息等），通过加密链路将相关信息同步至行业保护工作部门和公安机关等监管部门，同时，接收这些部门提供的定向预警信息，为决策判断提供数据支撑。可供交换的网络安全威胁相关数据包括安全态势数据、安全事件信息、安全威胁情报等。

（4）威胁感知预警

在威胁感知预警方面，应在大数据分析的基础上重点应用大数据快速分析技术、安全日志集中关联分析技术、异常行为分析检测技术、用户行为画像技术、攻击溯源分析技术等，实现全网的漏洞感知、攻击感知、内控合规和威胁告警。

在未知威胁自适应能力构建方面，应在传统的安全监测规则的基础上，重点通过机器学习、强化学习等人工智能技术，建设网络安全保护平台智慧大脑，进一步构建与关键信息基础设施业务高度融合的安全威胁算法模型，加强态势感知，提高发现针对关键信息基础设施的威胁的速度和准确率，提升应对未知威胁的自适应能力。

5. 技术对抗

树立“理论支撑技术，技术支撑实战”的理念，研究网络空间地理学理论和网络空间智能认知、资产测绘、画像与定位、可视化表达、地理图谱构建、行为认知和智能挖掘等核心技术，建设网络安全保护平台和态势感知系统，建设平台智慧大脑，绘制网络地图，实现“挂图作战”，大力提升技术对抗能力；大力开展攻防演习和威胁情报工作，提升主动防御能力。

（1）深化技术对抗措施

科学地设计网络整体架构，构建以密码、可信计算、人工智能、大数据分析技术为核心的网络安全技术保护体系，开展互联网暴露面治理，收敛暴露面，采取纵深防御措施，加强精准防护，及时发现、捕获和阻断攻击；在网络关键节点架设监测设备、第二代蜜罐、沙箱等，采取捕获、溯源、干扰和阻断等措施，诱捕和溯源网络攻击；开展攻防演习和威胁情报工作，提升对网络威胁与攻击行为的识别、分析和主动防御能力。

（2）加强暴露面安全管理

一是科学地设计网络整体架构，采取分区分域策略，缩减归并互联网出口，强化网络边界防护。二是对网络应用进行集中化、集约化建设，落实统一防护策略。三是开展互联网暴露面治理，收敛暴露面，关停、废弃老旧资产，识别未知资产。四是清除暴露在互联网上的敏感信息，监控特权账户，清理僵尸账户。

（3）加强网络攻击路径控制

一是部署探针和蜜罐等设备，模拟真实业务场景，采用攻击诱捕、识别、分析、干扰、阻断、加固等技术措施，构建溯源分析能力，分析和处置通过监测发现的攻击活动，捕获攻击，及时发现和阻断攻击，有效反制攻击活动。二是全面收集安全日志，智能化地构建攻击模型，溯源网络攻击路径，对攻击者进行画像，发现 APT 攻击行为，为案件侦查、事件调查、完善防护策略和措施提供支持。

（4）采取纵深防御和精准防护措施

落实区域边界隔离、接入认证、主客体访问控制等措施，建立网络访问规范，层层设防；落实互联网、业务内网等网络边界监测措施，严防违规外联；加强精准防护，对物理主机、云上主机等进行安全加固，对各类终端系统进行集中管理，落实访问控制措施和白名单机制；加强安全教育培训，提高社会工程学攻击识别能力，提升全员安全防范意识，防范钓鱼攻击。

（5）统一安全情报服务

安全情报是安全防护体系的重要组成部分，是提高安全事件响应速度、降低安全事件影响、迅速反应处置、及时控制影响的重要手段。运营者应建立关键信息基础设施安全情报中心，整合公安、保护工作部门、第三方情报机构、自身安全数据等资源，建设安全情报大数据；加强情报数据分析，基于机器学习、上下文分析、优先级确定、格式化等过程生产专用情报；基于大数据分析、人工智能等技术深入挖掘威胁情报的价值，作为对传统安全防护手段的重要补充，使安全情报真正转化为提高网络安全防护能力的手段。

6. 网络安全事件处置

运营者应采取积极的应对措施，快速恢复因网络安全事件受损的网络功能或服务。网络安全事件处置主要包括与研判决策指挥和安全态势呈现有关的技术措施，以全网资产漏洞管理和网络安全设备集中管控为基础，建设研判决策指挥系统，为网络安全威胁预警事件提供全面的研判处置支持，提升威胁情报对预警指挥智能处置的支撑能力。

（1）研判决策指挥

研判决策指挥是指对突发安全事件的应急响应和处置支撑。网络安全事件发生后，应将研判决策指挥融入应急响应的准备、检测、控制、恢复等阶段，主要内容包括：与集中安全管控机制联动，完善安全事件的主动智能分析决策；综合全面的溯源分析、影响分析、事态发展分析等研判能力；综合全面的网络安全资源调度和指挥协同处理体系；各级应急决策指挥系统的联动。在与集中安全管控机制联动的基础上，利用人工智能、强化学习等技术，加强网络安全应急决策系统的自主判断和决策处置能力，逐渐由人工处理转向自主处理。

（2）安全态势呈现

在安全态势呈现方面，需要在地理信息图谱和网络拓扑的基础上，综合各类相关数据，对重要元素进行多维度展示，实现“挂图作战”的协调指挥，主要展示内容包括关键信息基础设施的风险威胁、整体安全态势、事件处置状态、资产风险状态、系统运行状态等。

2.3.3 运营体系

网络安全运营是支撑网络安全各类技术落地、切实防范处理安全预警威胁、充分发挥人在体系中的主观能动性的关键，是网络安全能力的直接表现。关键信息基础设施的网络安全运营建设，应注重闭环演进和安全能力迭代提升，构建涵盖风险管理、动态防护、检测监测、对抗处置的全过程闭环安全运营体系（包括系统开发安全、安全策略优化，安全基线制定，系统运行过程中的安全评估、安全监测、渗透测试、漏洞修复、运维审计，日常应急演练，以及安全事件发生后的响应处置与分析优化策略调整等），形成全流程、持续、闭环的网络安全运营模式，充分发挥人在网络安全中的主体地位，通过综合研判和及时处置，有效应对安全威胁和事件，并不断对安全能力进行优化。安全运营体系架构如图 2-4 所示。

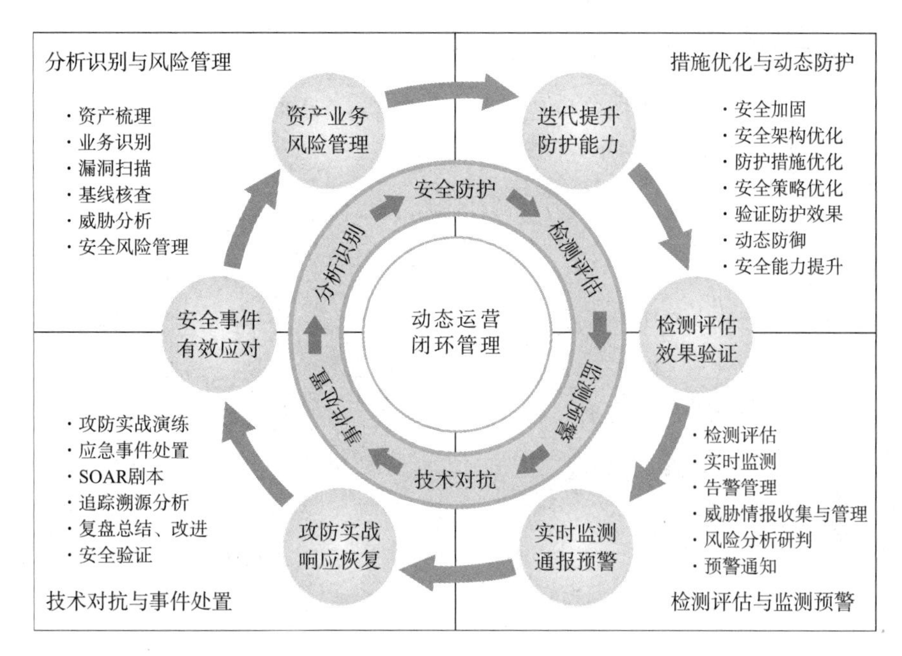

图 2-4　安全运营体系架构

1. 分析识别与风险管理

从攻击预测的角度进行资产发现，梳理基础设备信息、基础设备开放端口信息、基础设备上部署的应用类型等，掌握信息资产运行情况；对通过检测评估、监测预警、技术对抗等发现的主机、网络、应用、终端的安全问题进行监督管理，及时促进整改。收集云端数据、第三方发现的安全漏洞信息，并在安全人员审核确认后，第一时间将信息推送给相关用户，实现安全威胁预警。对网络暴露面进行管理，通过技术对抗，识别互联网侧和广域网中暴露的 IP 地址、端口、服务等；统一互联网出口，主动搜集关键信息基础设施相关方案、人员数据的暴露情况，并采用有效的技术手段进行管理等。

2. 措施优化与动态防护

从事件预防的角度开展对主机系统、网络设备、业务应用的安全基线评估和加固工作，及时发现存在的安全风险及防护短板，通过安全加固增强内外部防护能力。开展安全产品运行维护（包括产品、系统维护，安全审计日志分析，以及配置备份更新等），保障安全产品高效、可靠地运行。基于预测及安全基线评估中发现的安全策略的不足，对防护体系进行优化，从而提升防护能力。对访问控制策略进行优化，以杜绝越权访问带来的威胁。对行为审计策略进行优化，实现全面审计无“死角”，达到安全策略优化效果。开展系统上线及周期性安全检查，通过代码检测、渗透测试、App 检测等，发现上线新系统中的安全风险，避免新系统“带病”上线及运行。

3. 检测评估与监测预警

从事件监测的角度持续开展应用失陷检测，找出漏洞并对其进行验证，在确认漏洞后及时整改。通过实时全流量风险分析，对内部失陷、内部攻击、内部违规、外部攻击等行为进行事件分析，快速发现和定位问题并及时处置，提高防护策略的有效性。对终端进行检测，分析发现账户违规、恶意文件、邮件病毒、APT、非法外联等事件，快速验证并进行整改。对关键信息基础设施、重要网络等进行实时监测，以发现网络攻击和安全威胁；开展多层次全面持续监测，以动态发现威胁并快速定位，提升网络安全监测和态势感知能力，遏制网络安全重大事件发生；与安全防护、事件处置、技术对抗等业务活动共享信息，并与保护工作部门和监管部门协同联动。

4. 技术对抗与事件处置

从事件控制的角度出发，开展红蓝对抗演练，检验安全技术、管理、运营体系的健壮性，对重大网络威胁开展攻击者画像、攻击还原、深度分析等溯源分析工作，从而更好地了解外部态势。安全工程师基于安全运营数据开展安全事件研判分析，为安全应急响应提供决策依据。安全工程师进行事件响应处置，内容包括：抑制、清除、恢复并形成处置报告；开展安全事件实时通报，按周、月、年或突发事件等维度对安全事件进行通报，确保信息及时传达，针对特殊安全事件提供安全应对方案；在重点时期开展安全检查，在发现安全隐患后快速整改，并安排技术人员进行安全值班，全程保障安全。

5. 安全运营流程

安全运营流程如图 2-5 所示。针对各类网络安全事件的运营活动，制定符合实际情况的流程，并在实际工作中不断向智能化、标准化方向发展。

（1）安全信息采集

采集威胁情报、资产信息、用户信息、安全设备系统告警信息、IT 基础信息、网络流量应用日志等，并进行必要的清洗、标准化、富化处理。

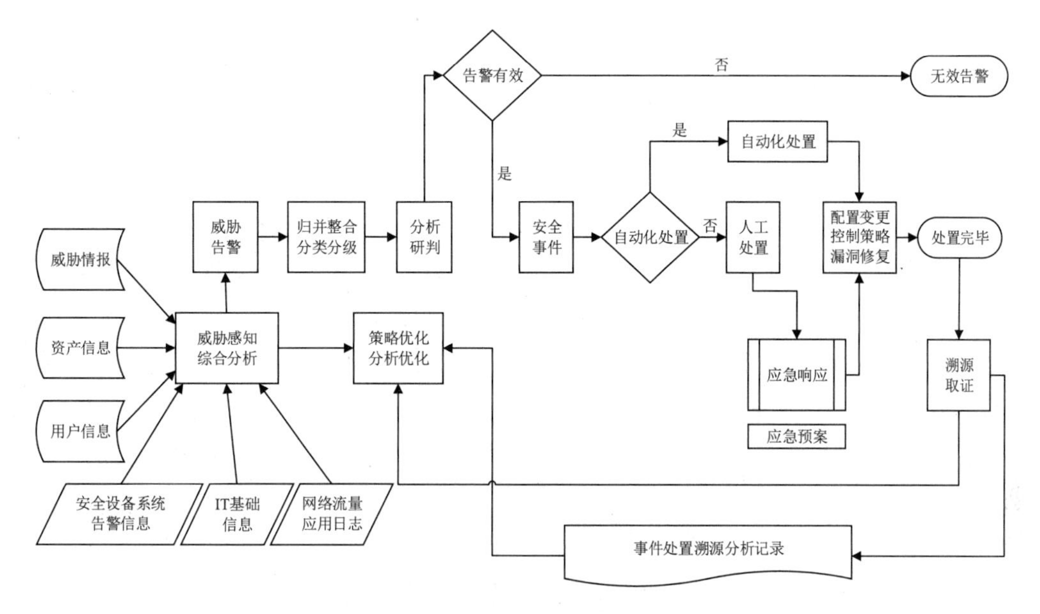

图 2-5　安全运营流程

（2）威胁感知综合分析

结合采集的信息，以及关键信息基础设施资产信息和人员身份信息，利用关联分析、机器学习的行为分析、虚拟执行、情景分析等技术，发现异常违规及可疑攻击行为并告警，同时，通过人工方式及风险识别工具进行风险评估，根据分析结果形成待处置威胁的告警信息，为策略优化提供数据支撑。

（3）分析研判

对告警信息进行归并整合、分类分级，充分利用研判决策指挥系统，结合人工的初步分析判断，消除无效告警，将已确认的有效告警送入处置流程，形成处置工单。

（4）告警处置

针对真实的告警事件，启动应急预案，通过集中管控平台进行自动化处置，或者进行人工处置，发送通知通报并进行溯源取证。针对重大安全事件，直接启动应急预案。

（5）溯源取证

对处置完毕的威胁事件，开展全过程复盘分析、攻击还原模拟、黑客画像分析等工作，总结经验，进行防护策略优化和应急处置优化。

（6）跟踪事件

对整个事件处置流程进行跟踪记录，直至事件处置完成。

6. 安全运营管理

通过安全运营体系建设，可以全面掌握关键信息基础设施的业务运行、风险管控、安全防护、监测预警、攻防实战、业务联动、指挥调度、处置恢复等状态，持续性智能化地提升分析识别能力、安全防护能力、检测评估能力、监测预警能力、技术对抗能力、事件处置能力，实现资产业务一张图、风险管控一盘棋、攻防实战一体化、安全防护一张网、监测预警立体化、指挥调度一键通、安全能力大提升。

（1）资产业务一张图

通过分析识别，绘制网络空间地理信息图谱和资产业务图谱，全面掌握资产和业务信息。加强对网络新技术的研究和应用，研究网络空间地理学等理论，以及网络空间智能认知、资产测绘、画像与定位、可视化表达、地理图谱构建、行为认知和智能挖掘等核心技术，在收集掌握关键信息基础设施的资产信息、业务组成与边界等信息，以及基础网络、业务专网、核心系统、云平台、大数据中心、网络和数据资产等要素的基础上，构建地理资源和网络空间数据模型，利用核心技术，绘制网络空间地理信息图谱和资产业务图谱。

（2）风险管控一盘棋

紧密围绕网络安全保护工作需要和业务需求，在全面掌握网络安全保护机构、人员、技术支撑力量等基本情况的基础上，多渠道全量汇聚网络安全数据，落实供应链安全管理措施，合理设计相关安全评估框架模型，对关键信息基础设施各环节开展全方位、全链条风险评估。按照风险管控一盘棋的思想，对关键信息基础设施的安全问题隐患和风险进行全面检测检验，并及时进行整改，确保问题隐患动态清零、安全风险可控，持续动态掌握风险分布状况、控制管理状态。

（3）攻防实战一体化

围绕关键信息基础设施业务的可持续运行设定演练场景，定期开展网络安全演练，全场景可视化展示攻击和防护活动的状态，集中检查是否存在重大安全问题隐患，检验各环节的安全保护措施是否有效。开展沙盘推演，科学地设计典型业务场景，深入分析网络安全威胁风险和薄弱环节，在沙盘上演绎技术对抗过程，评价防护策略、技术和措施的有效性，提升应对大规模网络攻击的能力。积极探索，将演练的方法和措施应用于日常监测、通报预警，优化网络安全防护方法，不断提炼总结实战经验。常态化开展问题隐患清除工作，提升网络安全综合防御能力和技术对抗能力。

（4）安全防护一张网

依据国家相关法律法规和标准规范，充分利用人工智能、大数据分析等技术，落实关键信息基础设施的重点防护措施，构建“人防、物防、技防”立体防护网。对通过检测评估、监测预警、技术对抗等发现的安全风险可及时有效响应，业务可近实时恢复，安全控制措施和技术手段可动态更新，从而有效降低同类安全事件的破坏程度。强化纵深防御，积极利用新技术开展网络安全保护，构建以密码、可信计算、人工智能、大数据分析等技术为核心的网络安全保护体系，不断提升关键信息基础设施的主动免疫和动态防御能力。

（5）监测预警立体化

加强网络安全立体化监测体系建设，构建网络安全监测预警平台，全方位、立体化监测网络和业务的实时安全状态，依托平台和大数据开展实时监测、通报预警、应急处置、安全防护、指挥调度等工作，并与公安机关的相关安全保卫平台对接，形成条块结合、纵横联通、协同联动的综合防控大格局。重点行业主管部门、网络运营者和公安机关要建设网络安全监控指挥中心，落实 7×24 小时值班值守制度，建立常态化、实战化、体系化的网络安全监测预警工作机制。

（6）指挥调度一键通

组织专门队伍，调配技术资源，及时收集、汇总、分析各方的网络安全信息，开展网络安全威胁分析和态势研判，及时通报预警并进行处置。积极构建相关方广泛参与的信息共享、协同联动的共同防护机制，提升关键信息基础设施应对大规模网络攻击的能力。建设应用行业和单位的网络安全移动 App，在确保安全保密的前提下，提高信息通报预警、信息共享、事件处置等工作的便捷性；按规定向行业主管部门、公安机关报送网络安全监测预警信息；与主管和监管部门的相关平台对接，实现协同联动和数据共享，统一指挥和快速调度，以及跨部门、跨行业、跨地域的整体防控和联防联控。

（7）安全能力大提升

提升网络安全能力是网络安全工作的主线。网络运营者应紧密围绕网络安全保护工作需要和业务需求，对分析识别、安全防护、检测评估、监测预警、技术对抗、事件处置六大安全业务和安全数据进行流程化、自动化处理，打通信息孤岛，实现安全运营的一体化和动态化，全面提升安全运营效能；及时收集、汇总、分析各方的网络安全信息，加强威胁情报工作，建设网络安全数据中心，组织开展网络安全威胁分析和态势研判，及时通报预警并进行处置，为关键信息基础设施安全保护的智能化高效运营提供支撑。

2.3.4 保障体系

下面从组建网络安全队伍、建立完善经费保障制度、建立完善人才培养机制、建立跨组织关联保障机制四个方面介绍关键信息基础设施安全保护的保障体系。

1. 组建网络安全队伍

组建专门的网络安全队伍，支持协调指挥工作的开展，加强处置事件的装备、工具、经费等保障。网络安全队伍包括但不限于领导机构、协调组、驻场保障组、在线保障组、远程监测组、研判组、应急响应组、第三方服务机构人员。

（1）领导机构

领导机构是指网络安全领导小组或委员会，负责总体网络安全保障工作的监督、检查、指导，重大网络安全事件的决策、处置、督导，以及重大网络安全事件的事后追责等。

（2）协调组

协调组是网络安全保障工作的沟通、协调、联络机构，负责各小组和机构之间的协调、沟通，需要从多个渠道收集和汇总信息，开展信息通报和上报等工作。

（3）驻场保障组

驻场保障组是网络安全现场技术保障机构，负责驻场范围内的网络安全保障工作，需要每天上报重点保护对象的情况，协助完成驻场范围内网络安全事件的应急处置。

（4）远程监测组

远程监测组是远程监测及后援机构，负责远程监测、应急处置的人员后援和补充。

（5）研判组

研判组是网络安全事件的研判机构，负责网络安全事件的溯源、分析、预判，网络安全事件预警，以及申请启动应急预案等工作。

（6）应急响应组

应急响应组是网络安全事件的应急处置机构，负责实施应急处置、及时上报应急处置情况。该组包含网络安全应急专家队伍、应急技术支撑队伍。运营者要加强与社会网络安全专业机构的沟通合作，建立网络安全事件应急服务体系，提高应对能力。

2. 建立完善经费保障制度

建立完善经费保障制度：一是拓展经费保障渠道，完善现有经费渠道，足额保障第三级（含）以上网络系统的安全保护经费投入；二是安排专项资金，足额保障关键信息基础设施安全技术体系建设和运营活动开展所需的等级测评、风险评估、密码应用安全性检测、演练竞赛、安全建设整改、安全保护平台建设、运行维护、监督检查、教育培训等经费投入，同时保障应对突发事件的应急响应经费投入；三是加强网络系统、设备改造升级的经费保障，及时更新重要网络安全设备，避免因设备老旧而引发网络安全事故；四是保障专门安全管理机构的运行经费投入，配备相应的人员，在做出与网络安全和信息化有关的决策时应有专门安全管理机构的人员参与。

3. 建立完善人才培养机制

建立完善人才培养机制，强化运营者自身的网络安全队伍建设。一是建设人才库，培养懂业务也懂安全的复合型人才，着力培养规划设计、规范编制、统筹管理等方面的人才和技术专家。二是建立和创新网络安全高端人才的发现、选拔、使用机制：通过技术培训、业务交流、实战实训、比武竞赛等方式，不断提升技术人员的能力水平；坚持培养和引进并重，培养网络安全人才专门队伍，引进企业、高等院校、职业学校、教育培训机构培训的实战型人才等。三是建立网络安全教育训练体系：建设网络安全教育训练基地，加强高端人才培养和能力提升工作；定期对从业人员进行网络安全教育、技术培训和技能考核，鼓励网络安全专门人才从事关键信息基础设施安全保护工作。四是组织力量，积极参与国家、行业组织举办的各类网络安全竞赛，持续培养网络安全人才，逐步提升网络安全队伍的专业能力。五是对相关人员开展网络安全法律法规、网络安全等级保护政策、国家和行业标准规范等方面的培训，帮助其及时了解和掌握网络安全等级保护定级指南、基本要求、安全设计技术要求、测评要求等国家标准，为开展网络安全工作提供便利。六是加强考核评价：健全完善网络安全考核评价制度，明确考核指标，组织开展考核；按照要求参与公安机关组织的对各地区网络安全工作的考核评价，每年评选网络安全等级保护和关键信息基础设施安全保护工作先进单位。

4. 建立跨组织关联保障机制

实现关键信息基础设施安全保护，需要跨组织的联防联控。《关键信息基础设施安全保护条例》第三十二条明确提出，“国家采取措施，优先保障能源、电信等关键信息基础设施安全运行”“能源、电信行业应当采取措施，为其他行业和领域的关键信息基础设施安全运行提供重点保障”，防止因电力、电信等关键基础功能丧失而造成其他社会功能丧失，出现连锁反应。在优先保障电力、电信等行业的关键信息基础设施安全运行的同时，需要协调电力、电信等行业，对其他行业的关键信息基础设施提供重点保障，如：参照电力行业相关标准，结合实际业务需求，判定关键信息基础设施所属重要电力用户的级别，为其合理配置供电电源和应急电源，提高其应对电力突发事件的能力；协调电信运营商，对互联网和专线进行重点保障，优化网络质量，确保 DNS 解析和网络可达，保障关键业务不中断。

运营者应识别与关键业务有关的内外部组织机构，明确关键业务与外部组织之间的关系，构建关键信息基础设施监管部门、行业相关部门等跨组织协同联动的安全工作协作机制，建立完善协作流程规范和交互平台，提升关键信息基础设施应对大规模网络攻击的能力，实现关键信息基础设施的跨组织联防联控：一是建立协同联动、信息共享与会商决策机制，在业务应用、系统建设、技术实施、运营运维、综合管理等部门之间建立内部机制；二是与保护工作部门、行业内上下级单位、直属机构建立纵向机制；三是与公安机关、合作单位、技术支撑机构建立横向机制；最终，形成纵横联通的一体化联合作战机制。

2.4 建设网络安全综合业务平台

网络安全综合业务平台紧密围绕网络安全保护工作需要和业务需求，科学设计和构建网络安全综合业务管理能力，实现网络安全等级保护、关键信息基础设施安全保护、数据安全、威胁情报、实时监测、通报预警、事件处置、指挥调度、技术对抗、应急演练等安全业务的综合管理（如图 2-6 所示）。

一是构建网络与业务资产测绘能力。在全面掌握网络安全保护机构、人员、技术支撑力量等基本情况，以及基础网络、业务专网、核心系统、云平台、大数据中心、网络和数据资产等要素的基础上，构建网络与业务资产测绘能力，绘制网络空间地理信息图谱，将威胁信息、安全防护、监测预警、应急指挥、事件处置、安全管理等业务上图。

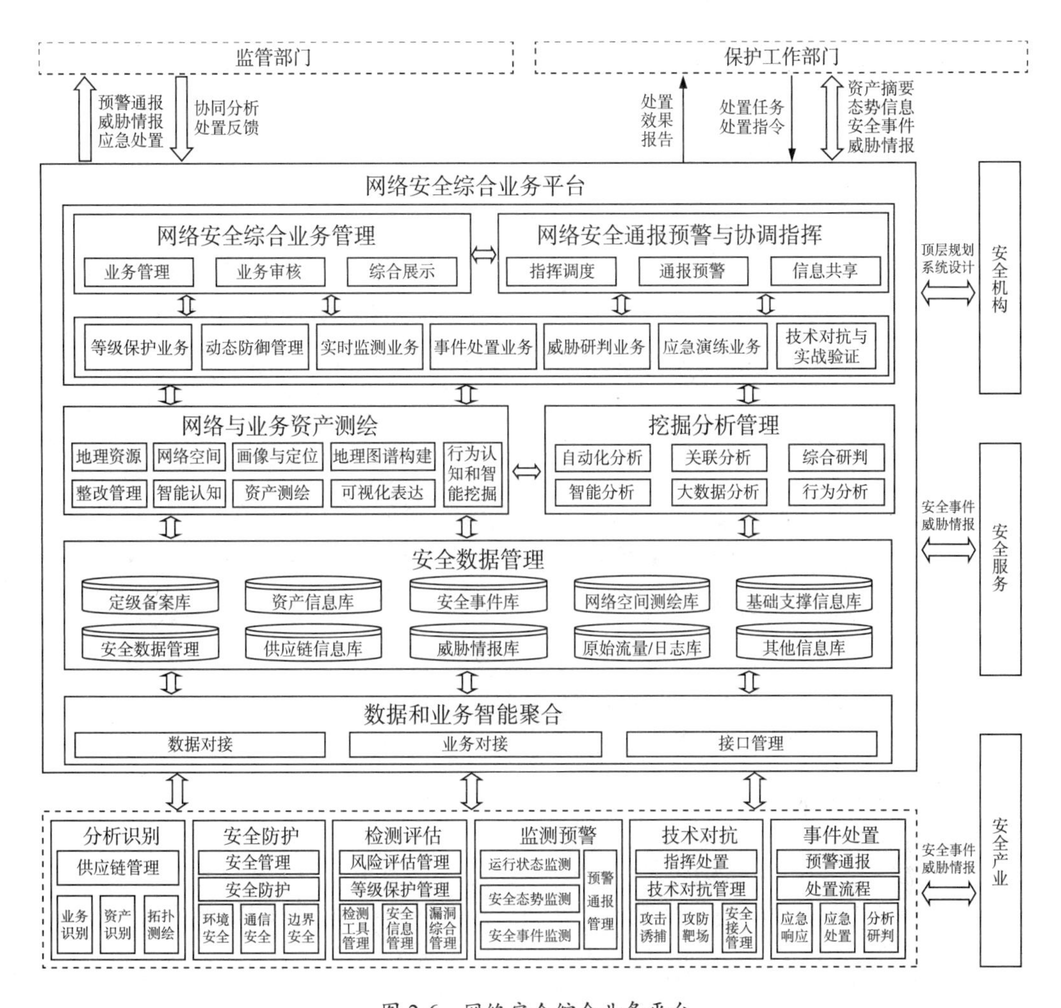

图 2-6　网络安全综合业务平台

二是构建安全数据管理与挖掘分析管理能力。通过多个渠道采集各类数据，支撑全方位监测预警。通过安全大数据分析挖掘能力，提升平台的智能化、实战化水平，支撑平台开展各项业务活动。

三是构建动态防御管理能力。网络安全动态防御管理是基础安全防护技术体系的核心和中枢，具有通信网络、区域边界、计算环境、安全审计等的集中管理能力。

四是构建技术对抗与实战验证能力。通过对关键信息基础设施业务暴露面的管理，对关键信息基础设施业务敏感信息的管理，以及定期组织跨组织的攻防演练，提升关键信息基础设施业务安全保护体系的实战化对抗能力。

五是构建网络安全通报预警与协调指挥能力。建立实战化、体系化、常态化的工作机制，确定不同类型、不同等级事件处置的指挥流程及处置要求。与公安机关的相关平台对接，实现协同联动和数据共享，当网络系统中出现重大网络安全事件时，及时上报行业主管部门和公安部门，实现指挥联动和协同处置。

六是构建网络安全综合业务管理能力。实现等级保护业务管理，网络系统定级备案库、威胁信息库、安全事件库、机构和人员库等基础业务库管理，以及实时监测、通报预警、事件处置、安全防护、应急演练、信息共享、协同联动等综合业务管理。

2.4.1 网络与业务资产测绘

通过网络与业务资产测绘，绘制网络空间地理信息图谱，将威胁信息、安全防护、监测预警、应急指挥、事件处置、安全管理等业务上图，全面展示关键信息基础设施网络空间地图，建立网络空间与地理空间的关联，将网络空间地图与关键信息基础设施有机结合，以地理空间可视化为样本，融入网络空间要素和网络安全事件，从要素、关系、事件、业务等维度丰富可视化表达内容，绘制关键信息基础设施网络空间地图，实现网络空间各类事件全过程展示及网络空间的具象化与数字化，支撑网络空间“挂图作战”。

网络与业务资产测绘能力设计需要充分考虑五个方面的要素。

一是地理空间要素。绘制网络空间地图，基于 GIS 地图展示网络基础设施和网络行为主体的地理位置、空间分布和区域特性，进行街道、楼宇 3D 立体展示。

二是网络空间关系要素。以网络空间地图可视化为基础，融入网络空间关系、网络空间资产数据、网络安全隐患、网络安全事件，从单位、资产、系统、事件等维度丰富可视化表达内容，全面展示和描述网络空间资源的分布及相应的属性，实现网络空间要素的可视化表达。

三是网络空间业务要素。在网络空间地图上为威胁信息、安全防护、监测预警、应急指挥、事件处置、安全管理等业务画像并进行过程展示，根据行为主体、客体和影响等进行处置反馈，跟踪事件发起、取证、处置、追溯等状态，及时掌握处置情况。

四是行为主体要素。关注网络行为主体（实体角色或虚拟角色）的交互行为及其社会关系，包括信息流动、虚拟社区、公共活动空间等。例如，在网络空间地图上进行人员画像及分布展示，包括人员基本信息、人员标签、网络身份、归属单位信息及所管理系统的风险信息。

五是可视化分析要素。网络挂图分析是指将复杂、动态的网络安全事件按照行为主体、客体和影响等要素分解，分析网络安全事件发生的驱动因素及内部机理，具体包括：结合空间图、网络图的形式集中展示网络安全事件分析过程，实现网络安全事件多维分析；结合人工智能和大数据分析技术，对攻击事件及攻击者、攻击手段等进行画像；对网络空间要素、模型运算和应急处置进行全生命周期的场景展示等。

2.4.2　安全数据管理与挖掘分析管理

安全数据管理与挖掘分析管理主要实现安全大数据的全面采集、存储使用、挖掘分析和综合管理，其中安全数据是基础。通过构建网络安全数据中心，多渠道采集数据；采用分布式数据总线方式建设资源池，提供数据存储管理、数据查询访问、数据分析计算、自动化运维管理等主要功能；通过健全完善网络系统定级备案库、威胁信息库、资产信息库、安全事件库、机构和人员库、供应链信息库、基础支撑信息库、其他信息库等基础业务库，为安全业务综合管理提供支持。

安全大数据挖掘分析需要基于安全防护、监测预警、分析识别、技术对抗、检测评估、信息通报等产生的安全数据，采用人工智能、机器学习、大数据挖掘等技术手段，实现大数据深度挖掘与智能关联分析，为网络安全综合业务平台的风险分析研判和决策指挥提供支持；开展实时监测、通报预警、应急处置、安全防护、指挥调度等工作，为运营者提供高效的安全管理、风险评估、风险分析、风险处置机制，为信息通报、研判决策、指挥调度提供基础功能，帮助安全管理者进行决策和指挥。

安全大数据挖掘管理通过提供安全事件运营视图、安全事件分析和研判能力，实现多维度的安全事件管理，使安全运营人员能够以同一视角发现、分析、研判安全问题，基于网络安全信息资源池的安全信息、资产信息和资产脆弱性信息等，进行统一的风险评估，同时进行安全事件分析研判和事件处置。安全大数据挖掘管理功能和模块包括系统软件基础包、仪表板、报表管理、威胁告警管理、风险评估、数据检索、状态监控视图、安全事件分析、处置建议填报、态势呈现、安全运营工作台等。

2.4.3　网络安全动态防御管理

网络安全动态防御管理是安全防护技术体系的核心和中枢，通过对通信网络、区域边界、计算环境、安全审计等的集中管理，实现安全防御技术的自动调整，针对安全风险和攻击行为，动态调整安全防护策略和控制措施，提升整体安全防御水平。

实施网络安全动态防御管理，需要构建相关技术措施的有效聚合和一体化管理能力。一是对通信网络和区域边界安全进行统一管理，包括不同安全保护等级的系统、不同区域之间的互操作、数据交换的统一管理，以及对安全互联等安全策略的集中管理。二是计算环境的鉴别与授权管理，包括重要业务操作、重要用户操作或异常用户操作行为的安全管控等。三是对入侵防护的统一管理，包括对网络入侵检测、大数据分析检测等技术手段的管理，以实现对高级持续性威胁等网络攻击行为的入侵防范，发现潜在的未知威胁并做出响应。四是自动化工具管理，包括对资产、系统账户、配置、漏洞、补丁、病毒库等的管理。五是对数据安全防护的管理，应落实《数据安全法》的相关要求，在网络安全等级保护的基础上实现数据全生命周期的安全防护，强化重要数据保护。六是对新技术、新业务安全防护的统一管理，实现对业务发展过程中采用的云平台、移动互联、物联网、5G 等新技术的安全防护管理。七是对网络审计的统一管理，包括统一管理网络审计技术工具，统一对系统运行状态、日常操作、故障维护、远程运维等监测数据进行管理和记录，以及对各类审计信息和安全策略进行集中审计分析，从而在信息系统面临的威胁环境发生变化时，及时调整策略，对非法操作进行溯源和固证。

2.4.4 技术对抗与实战验证管理

技术对抗与实战验证管理，包括：关键信息基础设施业务暴露面管理，如治理业务暴露面、收敛业务暴露面；关键信息基础设施业务敏感信息管理，如分析检测敏感数据分布情况，管控敏感数据的暴露面，防止敏感数据外泄；支撑关键信息基础设施业务，如定期组织跨组织的攻防演练，验证并持续提升业务安全保护体系的实战化对抗能力。

加强攻防实战演习是提升技术对抗能力的最主要方法。在攻防演练过程中，通过技术对抗与实战验证管理能力记录、监管、分析、监测、审计和追溯攻击方的所有行为，确保整个攻击过程可控、风险可控。

技术对抗与实战验证管理能力支持实况展示、可用性监测和攻击成果展示等。一是实况展示：展示网络攻击的实时状态，以及攻击方与攻击目标的 IP 地址和名称，并通过光线流动效果、数字标识等多种形式直观地展示攻击流量信息。二是可用性监测：实时监测并展示目标系统的健康信息，确保攻击目标的业务不受影响；通过攻击流量的大小准确地反映攻击方的网络资源占用情况及其对攻击目标形成的压力情况，实时显示网络流量等信息，并展示异常情况。三是攻击成果展示：攻击方取得成果后，应及时提交并展示，展示内容包括每个目标系统被发现的安全漏洞和问题的数量及细节；防守方可依据攻击成果进行安全整改加固。四是运维技术支持：在演练过程中，确保攻击方的工具可控、防守方的数据安全可控。

2.4.5 网络安全通报预警与协调指挥

构建网络安全通报预警与协调指挥能力，需要基于可视化系统，融合网络空间地图、安全数据和安全能力，形成动态防御、联防联控和精准防护的协调指挥体系。协调指挥系统以实现精准高效的决策指挥和快速有效的协同共享为目标，在体系化的对抗场景中，总览实时攻击、实时防御情况，全天候、全方位感知网络安全态势；综合推理研判攻击意图，从战略高度做出决策并进行协同指挥；即时发布预警信息并通报情况，实现上下一体化信息共享和安全对抗智能化；在实战化场景中实现智慧化决策，达到“平战结合”的目的。

强化预警通报能力建设，需要加强公安机关、有关部门及网络安全服务机构之间的信息通报共享工作，完善信息通报流程；组织专门队伍，调配技术资源，及时收集、汇总、分析各方的网络安全信息，开展网络安全威胁分析和态势研判，及时通报预警并进行处置；开发行业和单位的网络安全移动 App，在确保安全保密的前提下，提高通报预警、协调指挥、事件处置等工作的便捷性；按规定向行业保护工作部门、公安机关报送网络安全预警信息。

强化信息共享能力建设，需要优化信息共享方式，横向与同领域、同行业、同级别、同地域单位共享，纵向与监管和被监管单位共享（共享的内容包括恶意网络资源、恶意程序、安全隐患、安全事件及威胁情报），实现国家级、行业级的信息共享联动机制；提供情报、漏洞、通报等信息的安全汇聚与推送能力，以及业务对接和协同作战能力；在整体规划中与内外部系统交互，实现通报预警转发、重大事件推送、安全事件分析、检查任务、数据提取等的协同处理，并将情报、漏洞、事件等信息存储到网络安全信息资源池中。

强化安全的移动通信能力建设，需要建立全区范围内的预警及应急响应机制，通过专用的移动 App 等，在确保安全保密的前提下通报监测到的攻击事件、网站漏洞等，对发现的安全隐患和安全威胁进行及时处理，并对通报单位反馈的整改情况进行验证，形成实时发现、及时预警、跟踪处理的闭环流程，以及全面统筹、任务落实、持续提升的闭环工作机制，提高信息通报预警、信息共享、事件处置等工作的便捷性。针对重点保障单位和关键信息基础设施，每天进行安全监测及数据分析，并形成通报文件。利用移动 App 开展信息通报工作，通过移动终端提醒被通报单位的相关负责人及时进行事件处置，跟踪和记录与通报内容有关的反馈、整改及处罚情况。

2.4.6 网络安全综合业务管理

网络安全综合业务管理从地理空间、网络空间、业务、主体行为、可视化分析等方面实现网络安全综合业务平台的业务能力。在构建网络安全综合业务管理系统时，可采用云化方式，将分析识别、安全防护、检测评估、监测预警、技术对抗、事件处置等环节的安全能力聚合，实现各环节安全数据共享、安全系统对接联动，以及边界安全、终端安全、网络安全、业务安全、数据安全、监测预警和态势感知等安全能力的聚合，最终实现网络安全相关业务闭环、一体化综合管理。

网络安全综合业务管理设计，首先要实现等级保护业务管理，即支撑业务系统定级备案管理、信息系统等级测评管理、信息系统建设整改管理、信息系统资产管理、单位机构和人员管理，构建等级保护管理知识库，全面掌握并解决等级保护评估、整改、建设过程中遇到的问题，覆盖等级保护合规建设工作的全生命周期，有效支持等级保护工作落地实施。网络安全综合业务管理平台要全面覆盖关键信息基础设施安全保护要求的安全业务能力：一是基于分析识别的业务数据，展示网络系统定级备案管理、等级测评管理、建设整改管理、资产管理、机构和人员管理等业务状况；二是基于安全防护的业务数据，展示关键信息基础设施运行、安全防护、安全风险、安全审计、安全管控、安全态势等状态信息；三是基于检测评估的业务数据，展示资产风险、脆弱性风险、漏洞分布等状态信息；四是基于监测预警的业务数据，展示安全风险态势；五是基于技术对抗的业务数据，掌握攻防能力建设状况；六是基于事件处置的业务数据，实时掌握内部安全事件处置状况等。

2.5 关键信息基础设施安全保护六大能力

关键信息基础设施运营者应按照《网络安全法》《数据安全法》《关键信息基础设施安全保护条例》《关键信息基础设施安全保护要求》《国民经济和社会发展第十四个五年规划和 2035 年远景目标纲要》等法律法规和政策标准要求，在落实网络安全等级保护制度的基础上，落实分析识别、安全防护、检测评估、监测预警、技术对抗、事件处置六个方面的举措，结合本行业、本单位关键信息基础设施安全保护体系框架，形成风险管理闭环，切实增强关键信息基础设施安全保护六大能力。

2.5.1　分析识别能力

为保障关键信息基础设施的业务持续、稳定运行，需要动态掌握关键信息基础设施的资产、业务、风险情况。根据国家和行业关键信息基础设施识别规范或要求：一是制定自身的资产识别、业务识别、风险识别相关管理制度，指导开展分析识别工作；二是建立和实施分析识别业务流程，梳理关键业务及关键业务之间依赖关系的类型、内容、范围、影响等信息，形成关键信息基础设施业务识别文档；三是建立和实施资产识别制度，识别关键业务的资产组成和分布，以及关键业务所依赖的资产，形成资产清单，分析资产并进行重要程度排序，确定资产的等级；四是建立和实施风险管理制度，包括软硬件供应链安全风险识别机制，掌握风险的危害程度、分布状况、态势信息及供应链面临的风险隐患，动态持续性开展风险识别和管理；五是建立和实施重大变更管理办法，明确重大变更范围、处理流程等，形成相关记录文档，当发生重大变更时，将相关情况报告保护工作部门，重新开展识别工作，并更新资产清单。

构建分析识别能力，需要实现相关技术措施的有效聚合和一体化管理：一是采用资产探测、资产台账导入等自动化识别与人工梳理相结合的方式，摸清关键业务和资产的底数，明确关键信息基础设施的部署范围、运营情况、影响范围、业务类型、业务逻辑、业务依赖等，绘制业务网络结构、区域分布、核心节点、业务接口、业务依赖等业务图谱；二是采用资产管理相关技术工具，实现资产数据的动态持续性统一管理；三是采用风险识别动态管控技术手段，掌握风险危害程度、分布状况和态势信息，动态持续性开展风险识别和管理，掌握软硬件供应链的安全风险状况，考虑在极端情况下可能引发安全风险的要素；四是采用自动化的变更监测手段，快速发现网络拓扑的重大变化、关键业务链或关键属性的变化、业务服务范围的重大变化，针对重大变更情形，重新进行资产、业务链、重要性、依赖性等的识别及安全风险识别，更新资产清单，帮助运营者掌握最新的业务分布和运营情况。

1. 建立分析识别相关管理制度

（1）建立资产识别制度

建立关键信息基础设施资产识别制度，指导开展资产识别工作。识别关键业务资产组成和分布，以及与关键业务链有关的网络、系统、数据、服务和其他资产等，形成资产清单。资产清单内容清晰、格式规范、字段统一，能够详细说明数据、信息系统、平台或支撑系统、基础设施、服务、人员等资产的情况。基于资产类型、资产重要性和所支撑业务的重要性，可采用风险评估等方法，对资产进行重要程度排序，确定资产的等级，形成记录文档，并依据资产的重要程度确定资产防护的优先级。

（2）建立业务识别制度

建立关键信息基础设施业务识别制度，指导开展业务识别工作。制定分析识别业务流程，梳理关键业务的类型、内容、范围、影响等信息，识别关键业务、目标和活动的重要性。分析本单位关键业务的重要程度及其与内外部业务系统之间的依赖关系，形成关键信息基础设施业务识别文档。业务识别文档描述关键业务链的组成及相互关系，提供每个业务链的关键信息基础设施或子系统的名称、业务范围、重要程度、依赖关系、所处位置等信息，帮助运营者掌握支撑本单位关键业务的关键信息基础设施的分布和运营情况。制定培训计划，定期对相关人员和角色进行培训，确保网络安全和关键业务相关人员和角色了解与识别认定有关的要求，并掌握关键业务的情况。

（3）建立风险管理制度

依据《信息安全风险评估方法》等风险评估标准的要求，建立关键信息基础设施风险管理制度，指导开展风险管理工作。建立风险识别动态管控机制，定期实施风险分析，定期或在发生重大变更时，根据业务识别和资产识别的情况，重新开展风险识别，形成关键信息基础设施业务风险分析文档。业务风险分析涵盖关键业务链的所有环节，分析了关键业务链各环节的主要安全风险点，包括识别关键业务链面临的威胁、实施脆弱性扫描、识别已有的安全措施、分析风险。安全风险报告的内容主要包括业务风险、系统风险等，涵盖关键信息基础设施安全的整体情况。建立软硬件供应链安全风险识别机制，可以识别并掌握关键业务链面临的风险隐患。动态掌握风险危害程度、分布状况和态势信息，可以动态持续性开展风险识别和管理。

（4）建立重大变更管理制度

建立关键信息基础设施重大变更管理制度，指导开展重大变更管理工作。制定关键信息基础设施重大变更管理策略，明确关键信息基础设施改建、扩建、所有人变更等重大变更的情况。建立关键信息基础设施重大变更管理流程，以及发生重大变更后的响应流程，包括重新开展分析识别工作、上报保护工作部门、将相关信息同步至网络安全管理部门及本单位的其他安全部门，与安全防护、检测评估、监测预警、技术对抗等活动同步信息。

2. 落实分析识别技术措施

（1）架构设计

分析识别是关键信息基础设施安全保护的首要环节。运营者应按照有关法律和政策要求，围绕关键信息基础设施所承载的关键业务，开展关键信息基础设施分析识别活动，构建分析识别能力，优化整合现有的风险识别技术措施，构建对业务依赖性、关键资产、风险、重大变更等的识别能力，实现综合性一体化管理。图 2-7 展示了分析识别能力设计。

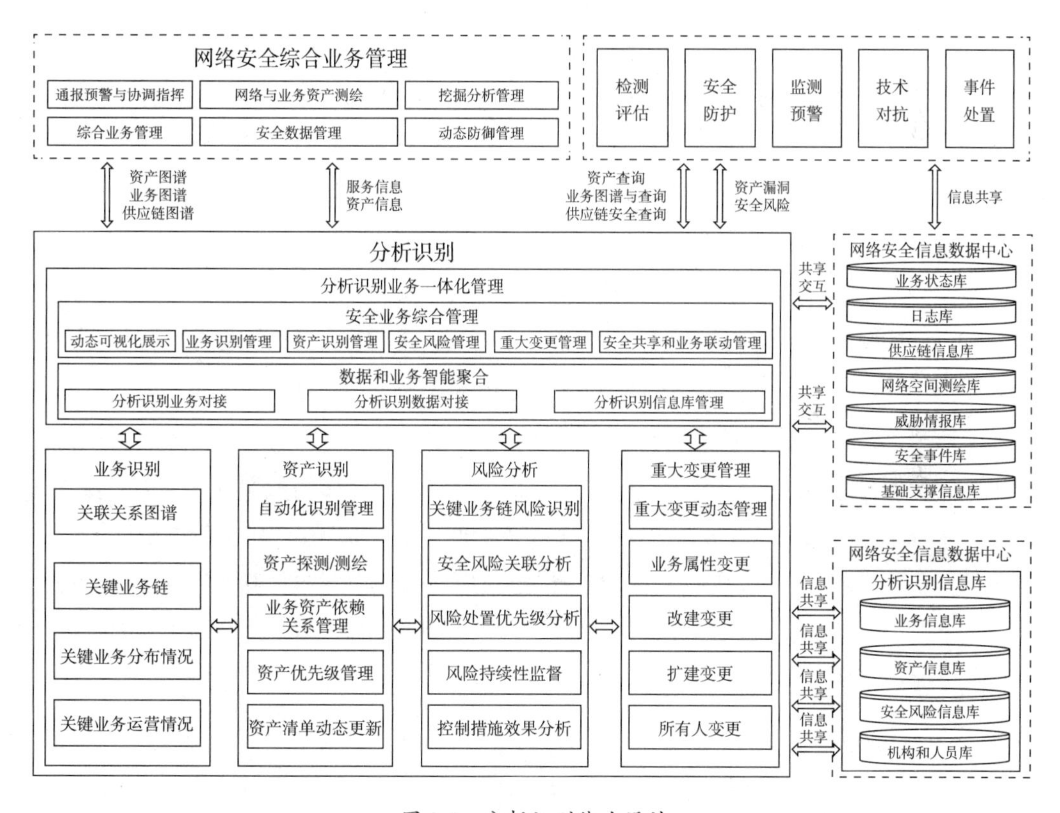

图 2-7　分析识别能力设计

（2）一体化管理

通过优化整合现有的分析识别相关技术措施和新型分析识别技术手段，对分析识别工作进行一体化管理，构建安全业务综合管理、数据和业务智能聚合两大能力。安全业务综合管理能力主要包括动态可视化展示及业务识别、资产识别、安全风险、重大变更、安全共享和业务联动的综合管理，通过安全共享和业务联动管理，实现与网络安全综合业务管理和协调指挥平台的数据交互及业务对接，并实现检测评估、监测预警、技术对抗、事件处置、安全防护信息共享及业务联动。数据和业务智能聚合能力主要实现分析识别业务对接、分析识别数据对接、分析识别信息库管理，以及对业务接口、业务数据、资产数据等信息的统一处理。

（3）业务识别

业务识别具备关联关系图谱、关键业务链、关键业务分布、关键业务运营等的识别能力。通过绘制关键信息基础设施业务网络、逻辑、边界、关联关系图谱，采用自动化识别和人工梳理的方式，分析识别本单位的关键业务和关键业务所依赖的外部业务，标识外部业务对本单位关键业务的重要性等级，当本单位的关键业务为外部业务提供服务时，识别并标识关键业务对外部业务的重要性等级，从本单位关键业务、与本单位业务有关联的外单位关键业务两个方面，梳理关键业务链及相互间的依赖性，从而确定支撑关键业务的关键信息基础设施的分布和运营情况。

业务识别可以对关键网络设备、安全设备进行自动发现，识别关键业务链所依赖的资产，建立与关键业务链有关的网络、系统、服务和其他资产的清单；同步采集设备运行信息，并根据设备之间的连接关系生成网络拓扑，帮助管理人员全面掌握设备的状况。

关键信息基础设施业务识别的关键措施是流量识别。在关键信息基础设施的核心交换机上旁路部署流量探针，通过全网流量观测系统对流量探针采集的数据进行分析，绘制关键信息基础设施的数据流量运行全景图，由安全管理员结合本单位关键信息基础设施提供服务的情况，分析本单位的关键业务和流量之间的关系、本单位关键业务流量对外部业务流量的依赖性、本单位关键业务流量对外部业务流量的重要性等级，最终确定关键信息基础设施的分布和运营情况。

（4）资产识别

资产识别具备自动化识别管理、资产探测/测绘、业务资产依赖关系管理、资产优先级管理、资产清单动态更新等能力。绘制关键信息基础设施资产组成和网络结构图谱，采用资产探测技术手段及资产台账导入、人工录入等方式，梳理自身网络服务和软硬件资产的情况，重点掌握计算机终端、服务器、核心网络设备等硬件，操作系统、数据库、网管系统、业务系统等软件，以及云计算服务等的状态，动态维护更新内外网 IP 地址、版本、设备型号、供应商等信息，覆盖资产的采购、入网、维护、报废等过程，并在此基础上进一步梳理业务流和数据流，识别对关键信息基础设施业务持续稳定运行及重要数据处理等方面起核心作用的网络资产，摸清网络服务和资产的底数。

资产识别在识别关键业务和关键业务链的基础上，分析识别关键业务链所依赖的资产（包括网络、系统、服务等），建立与关键业务链有关的网络、系统、服务和其他资产的清单，基于资产类型、资产的重要性及资产所支撑业务的重要性，对资产进行排序，确定资产防护的优先级。对关键信息基础设施相关资产进行自动化管理，根据关键业务链所依赖资产的实际情况，动态更新资产清单。在关键信息基础设施的核心交换机上旁路部署资产检测探针，在办公主机上安装轻量级资产分析工具。资产识别系统下发指令，资产检测探针和轻量级资产分析工具上报数据。根据获得的数据，分析识别关键业务链所依赖的资产（包括与关键业务链有关的计算机终端、服务器、核心网络设备等硬件，操作系统、数据库、网管系统、业务系统等软件），建立与关键业务链有关的网络、系统、服务和其他资产的清单。

（5）风险分析

风险分析主要具备关键业务链风险识别、安全风险关联分析、风险处置优先级分析、风险持续性监督、控制措施效果分析等能力。运营者围绕关键信息基础设施所承载的关键业务链开展安全风险分析，了解关键信息基础设施的网络架构、网络设备、安全设备、中间件、数据库等关键资产的安全现状，识别组织面临的网络与信息安全威胁和风险，明确采取何种有效措施降低安全事件发生的可能性或造成的影响，持续监督风险分布及处置状况，实现业务系统安全风险动态持续性管理及安全风险动态清零，并以风险管理为导向，实现业务系统的动态防护。

按照风险评估相关标准，对关键业务链开展安全风险分析，识别关键业务链各环节的威胁和脆弱性，确认已有安全控制措施，分析主要的安全风险点，确定风险处置的优先级，形成安全风险报告。采用探测扫描、检测评估、攻防验证、情报共享等方式，对业务、资产、威胁、脆弱性及已有安全措施进行识别和分析。分析威胁利用脆弱性的可能性，从而确定关键业务链发生安全事件的可能性。综合安全事件所作用的资产的价值及脆弱性的严重程度，分析关键业务链的主要安全风险点，确定风险处置优先级，形成安全风险报告。动态持续监测风险变化情况，重点关注残余风险和新风险，每年开展一次风险分析。

风险分析系统通过网络资产暴露面管理功能，采集端点遥测数据、网络遥测数据并进行分析，以攻击的视角进行深度资产威胁建模、收缩暴露面威胁建模，找出攻击的关键路径，进行精准有效的加固。网络遥测采集工具旁路部署在关键信息基础设施的核心交换机上，进行流量采集和检测，以提取有效数据并上报给风险分析系统。网络遥测采集工具内置异常行为检测引擎，能够实时匹配流量，当发现异常行为时在采集的流量数据中进行标记并传送至风险分析系统，由风险分析系统进行深度检测分析，挖掘潜在的威胁。端点遥测采集工具部署在关键信息基础设施的主机服务器上，进行主机安全检测和防护。断电遥测采集工具采集主机、用户、文件、进程等的行为数据，分析后上报至风险分析系统，风险分析系统基于用户的真实环境进行上下文关联，结合威胁情报信息，持续监控并检测可疑行为，深入挖掘主机系统的风险。

（6）重大变更管理

重大变更管理具备重大变更动态管理能力，以及对业务属性变更、改建变更、扩建变更、所有人变更等的管理能力，当关键信息基础设施发生改建、扩建、所有人变更等较大变化时，以及当网络拓扑发生重大变化、关键业务链或关键属性发生变化、业务服务范围发生重大变化等时，应重新开展识别工作，通过重大变更管理系统实现综合性管理，并动态更新资产清单；可能影响认定结果的，应及时将相关情况报告保护工作部门和公安机关。

（7）分析识别信息库管理

运营者应建设关键信息基础设施网络产品服务信息和资产管理数据库，按照摸清网络服务和资产底数的要求，列出网络产品和服务、云计算服务（如有）采购清单，结合实际情况，动态发现资产信息并存入专用信息系统。保护工作部门按照相关规定，规范数据库建设及上报要求，提出推荐性的数据收集和处理方法，使用安全的方法收集各运营者的网络产品服务信息、资产管理信息及采购清单，采用专用数据库系统，形成行业资产库。

- 业务信息库：建立与关键业务链有关的网络、系统、服务和其他资产的清单；同步采集设备运行信息，并根据设备之间的连接关系生成网络拓扑，帮助管理人员全面掌握设备的情况。
- 资产信息库：建立关键信息基础设施的资产信息库，包括计算机终端、服务器、核心网络设备等硬件，操作系统、数据库、网管系统、业务系统等软件，以及云计算服务等；动态维护更新内外网 IP 地址、版本、设备型号、供应商等信息，覆盖资产的采购、入网、维护、报废等过程。
- 安全风险信息库：建立关键信息基础设施的安全风险信息库，包括脆弱性、漏洞、威胁、风险等级、安全事件处置优先级等信息，覆盖关键业务安全风险点、关键资产安全风险点，能够根据风险等级判断处置顺序等。

- 机构和人员库：建立关键业务机构和人员库，包括负责业务的机构的基础信息（机构名称、机构职责等），跨行业、跨部门的相互依赖性信息，以及关键业务负责人的信息（人员姓名、人员职责等），厘清关键业务相关机构和人员的权责关系。

2.5.2　安全防护能力

为了加强关键信息基础设施安全防护能力建设，运营者需要采用技术手段和措施，实现相关技术的有效聚合和一体化管理：一是采用技术措施对具有不同安全保护等级的信息系统、不同业务系统、不同区域及与其他运营者之间的互操作、数据交换进行严格的控制，建立或完善安全互联策略；二是采用鉴别与授权技术，实现重要业务操作、重要用户操作或异常用户操作行为的安全管控；三是采用网络入侵检测、大数据分析检测等技术，实现对高级持续性威胁等网络攻击行为的入侵防范，从而发现潜在的未知威胁并做出响应；四是采用自动化工具管理工具，实现对资产、系统账户、配置、漏洞、补丁、病毒库等的管理；五是落实《数据安全法》要求，在网络安全等级保护的基础上实现数据全生命周期安全防护，强化重要数据保护；六是采用新的技术措施，对业务发展过程中使用的云平台、移动互联、物联网、5G 等新技术进行有效的安全保护；七是采用网络审计技术工具，监测系统运行状态、日常操作、故障维护、远程运维等并记录相关信息，实现对各类审计信息和安全策略的集中审计分析，以便在信息系统面临的威胁环境发生变化时及时调整策略，对非法操作进行溯源和固证。

1. 管理制度

（1）制定网络安全责任制度

制定网络安全责任制度，明确关键信息基础设施安全保护责任。设立针对关键信息基础设施安全保护的领导机构，由单位的主要负责人担任领导职务，明确一名领导班子成员作为首席网络安全官，专职管理或分管关键信息基础设施安全保护工作，负责建立健全网络安全责任制度并组织落实，对本单位的关键信息基础设施安全保护工作全面负责。设置专门网络安全管理机构，明确由专门网络安全管理机构承担安全管理、应急演练、事件处置、教育培训和评价考核等日常工作，把网络安全职责从信息化职责中剥离。明确网络安全管理机构的负责人，配备网络安全专职人员，明确专职人员的岗位、职责和权限等。明确关键岗位（包括与关键业务系统直接相关的系统管理、网络管理、安全管理、审计管理、运维管理等岗位）的网络安全职责，由专人负责关键岗位的工作并配备二人以上共同管理，建立并实施网络安全考核及监督问责机制。

（2）编制安全保护计划

编制安全保护计划，指导开展安全保护工作。根据《关键信息基础设施安全保护要求》，结合关键信息基础设施相关单位的关键业务，制定并实施网络安全保护计划，明确关键信息基础设施安全保护工作的目标。加强机构、人员、经费、装备等资源保障，支撑关键信息基础设施安全保护工作。指定或授权专门的部门或人员负责网络安全保护计划、安全管理制度、操作规程等文档的制定工作。根据关键信息基础设施面临的安全风险和威胁，动态调整网络安全保护计划、策略、制度等，确保网络安全保护计划至少每年修订一次或在发生重大变化时修订，检查和更新安全策略、管理制度、技术措施及相关规程文件。

（3）编制安全管理制度

编制安全管理制度，支持安全防护运营技术平台开展业务。安全管理制度包括风险管理制度、网络安全考核及监督问责制度、网络安全教育培训制度、人员管理制度、业务连续性管理及容灾备份制度、三同步制度、数据安全管理制度等。运营者应基于关键业务链的安全需求，根据本单位的安全风险排序情况，明确防护重点；遵循最大化安全威胁原则，制定安全策略，改进安全措施，并根据关键信息基础设施面临的安全风险和威胁的变化情况进行相应的调整，明确实现安全策略所需的技术措施和资源保障；针对安全管理活动中的管理内容建立或更新安全管理制度，并针对管理人员或操作人员执行的日常管理操作建立操作规程。

（4）制定数据安全保护策略

建立基于数据分类分级的数据安全保护策略，明确重要数据和个人信息保护的相应措施。在关键信息基础设施退役废弃时，按照数据安全保护策略对所存储的数据进行处理。

（5）编制安全控制策略

基于关键业务链的安全风险分析，遵循最大化安全威胁原则，制定安全策略和改进措施，通过网络安全综合业务平台动态实现安全策略管控。安全策略包括但不限于关键信息基础设施数据安全管理策略、安全互联策略和网络访问控制策略、安全审计策略、身份管理策略、入侵防范策略、数据安全防护策略、自动化机制策略（配置、漏洞、补丁、病毒库等）、安全运维策略等。运营者应基于关键业务链、供应链等的安全需求，针对安全管理活动的管理内容建立或更新安全管理制度，并针对管理人员或操作人员的日常管理操作建立操作规程。

2. 技术措施

（1）架构设计

构建安全防护能力，基于等级保护 2.0 对应业务系统等级的网络安全基础要求，进一步加强通信网络安全、区域边界安全、计算环境安全、数据安全、新技术和新业务安全等系统的建设。安全防护能力架构设计如图 2-8 所示。

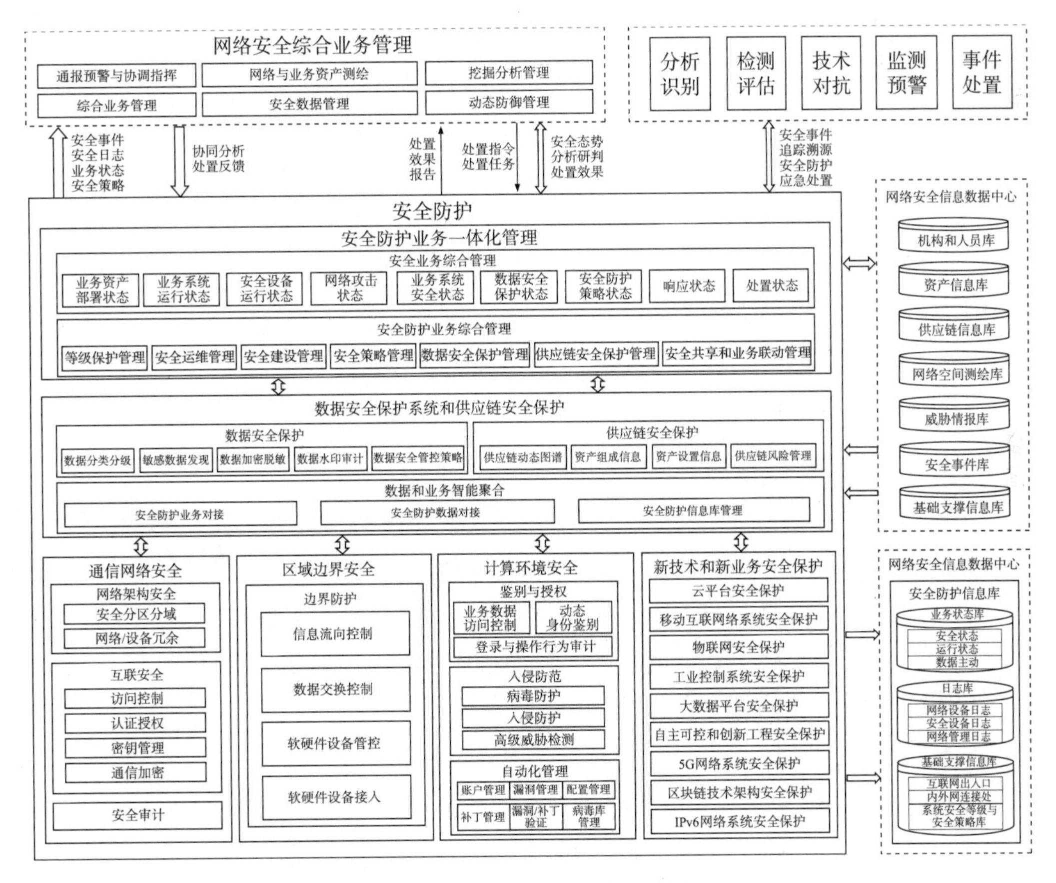

图 2-8　安全防护能力架构设计

（2）一体化管理

通过优化整合现有的安全防护相关技术措施和新型安全防护技术手段，构建安全防护业务一体化管理能力。安全防护业务一体化管理应具备可视化展示能力、安全防护业务综合管理能力、数据和业务智能聚合能力，通过可视化展示当前安全防护的整体状态，帮助运营者快速、直观地掌握安全防护的整体状况，实现业务资产部署状态、业务系统运行状态、安全设备运营状态、网络攻击状态、业务系统安全状态、数据安全保护状态、安全防护策略状态、响应状态和处置状态的呈现。通过安全防护业务综合管理，实现等级保护管理、安全运维管理、安全建设管理、安全策略管理、数据安全保护管理、供应链安全保护管理、安全共享和业务联动管理，以及对安全防护能力的聚合与统筹管理；通过安全共享和业务联动管理，实现与分析识别、检测评估、监测预警、技术对抗、事件处置、网络安全综合业务管理与协调指挥等业务平台的信息共享与业务联动。通过数据和业务智能聚合，实现安全防护业务对接、安全防护数据对接、安全防护信息库管理等能力，以及业务接口、业务数据、资产数据等信息的统一处理。

安全防护业务一体化管理，需要强化安全运维管理，支撑运维管理的集中权限管理和行为审计，实现服务器资产统一安全管理和访问，当发生安全事件时，应明确定位责任人；通过集中统一的访问控制和细粒度的命令授权策略，确保每个运维用户所拥有的权限是完成任务所需的最合理的权限；管理用户的操作并对其进行审计，实现对操作内容的完全审计；通过安全策略管理与分析，实现多个网内安全设备策略的统一管理和集中监控，包括安全策略统一下发、统一升级及安全设备状态监控。

（3）通信网络安全

构建通信网络安全能力，需要优化整合现有技术措施和新型技术手段，提升网络架构安全、安全互联和安全审计能力。通过网络架构安全，实现安全分区分域管理。通过安全互联策略，采用密码技术，实现不同安全保护等级的系统、不同业务系统、不同区域及与其他运营者之间的安全互联。通过安全审计，记录异常情况及相应的处置情况，对远程访问的总体情况进行统计分析等。

一是在网络架构安全方面，参照网络安全等级保护基本要求和安全设计技术要求划分系统安全区域，实现内部办公、数据共享交换与外部接入区域之间的安全隔离，并对核心区域进行冗余设计，以保障关键业务系统的可用性与连续性。

二是在互联安全方面，加强认证授权能力建设，实现包括用户名/密码、数字证书、指纹、Radius 动态口令等多种认证方式的多因素组合认证，以及采用密码技术的身份认证。建立符合国家密码管理相关要求的统一密钥管理机制，确保密码算法的安全性。统一密钥管理系统将不同厂商、不同类型的密码硬件设备集成，屏蔽不同密码硬件设备接口的差异，对密码资源进行统一调度和管理，为关键信息基础设施的业务应用系统提供组件化、标准化的密码应用服务。针对不同局域网、不同区域之间的通信，采用身份鉴别和加密技术等安全防护措施进行数据传输，以保障数据的保密性；通过校验码技术或密码技术，对传输数据的完整性进行验证和保护。

三是在安全审计方面，实现对各类审计信息的集中审计分析，采取网络审计措施，监测、记录信息系统运行状态、日常操作、故障维护、远程运维情况等，确保审计记录包含事件的日期、时间、类型、主体标识、客体标识和结果等。对审计记录进行保护，定期备份，避免其受到非预期的删除、修改或覆盖等；留存相关日志数据时间不少于六个月，以便对非法操作进行溯源和固证。明确对审计记录进行审查、分析、报告的策略，当信息系统面临的威胁环境发生变化时及时调整策略；使用自动机制对审计记录进行审查和分析，当发现不当或异常活动时向相关人员或角色报告。对所有与安全控制有关的活动进行安全审计，建立符合组织风险控制原则的审计日志制度，包括业务活动、意外和信息安全事件日志。限制对信息系统审计工具的访问，以防止可能的误用或损坏。对审计进程进行保护，防止未经授权的中断。审计分析报告应包含对关键信息基础设施安全状态的整体描述、审计中发现的异常情况和相应的处置情况、远程访问的总体情况及其统计分析结果等。

(4) 区域边界安全

构建区域边界安全能力，需要优化整合现有技术措施和新型技术手段，提升信息流向控制、数据交换控制、软硬件设备管控和软硬件设备接入能力。

一是在信息流向控制方面，针对具有不同安全保护等级的信息系统、不同业务系统、不同区域及与其他运营者之间的信息流向，设置严格的控制策略和机制。

二是在数据交换控制方面，对不同类型、不同等级数据的交换进行限制。例如，对从高安全保护等级系统向低安全保护等级系统的数据流动进行限制，确保数据在采取安全措施并经评估后传输，从而保证低安全保护等级系统不能直接访问高安全保护等级系统的数据库，利用技术和管理措施实现不同安全保护等级系统之间的交互。针对不同的区域，根据所处位置、服务特点、功能需求等，明确不同区域之间的访问控制策略。

三是在软硬件设备管控和接入方面，对未授权设备进行动态检测及管控，只允许通过运营者自身授权和安全评估的软硬件运行，以防止网络入侵攻击。

（5）计算环境安全

构建计算环境安全能力，需要优化整合现有技术措施和新型技术手段，提升鉴别与授权、入侵防范和自动化管理能力。

一是在鉴别与授权方面，实现动态身份鉴别、业务访问控制及登录与操作行为审计。通过身份可信，实现关键信息基础设施流量的全面身份化，通过网络连接层的访问控制，实现身份统一管理、多因子认证和单点登录。通过终端可信，保证终端的安全，同时覆盖防御、监测与响应等能力，具备采集调用链上相关信息的能力，通过动态库签名判断本次访问是否由正常进程发起，确保只有安全合规的终端才能访问业务。

二是在安全可信连接方面，收缩资产暴露面，构建端到端的可信连接，将“先连接再认证”的机制改为“先认证再连接”，实现对业务的隐藏，从而有效避免恶意扫描和攻击。通过单包授权认证的预授权机制，禁止连接未授权终端，采用全流量 SSL 等加密方式，确保数据在传输过程中的完整性和机密性。

三是在安全持续评估方面，对访问主体的身份、终端、行为进行持续的信任评估，实现用户实体行为分析，以“黑”“白”两个视角对实体行为进行分析，从而发现未知威胁。

四是在动态访问控制方面，实现网络防火墙、终端恶意代码防护软件、安全感知平台的联动，对用户实现细粒度的访问控制，通过内容审计实现内容级的监测，并记录系统运行状态、日常操作、故障维护、远程运维情况等。

五是在入侵防范方面，以端点为基础，大范围收集信息，结合大数据和机器学习技术，采用针对新型网络攻击行为的检测技术，实现对高级持续性威胁等网络攻击行为的入侵防范，发现潜在的未知威胁并做出响应。构建病毒防护能力，采用白名单、黑名单或其他方式，在网络出入口、邮件系统及系统中的主机、移动计算设备上部署恶意代码防护软件，对恶意代码防护库进行自动更新和集中管理。增强系统的主动防护能力，对关键业务系统进行实时监测与分析，及时识别并阻断入侵行为。

六是在自动化管理方面，收集终端上的各种安全状态信息，包括漏洞修复情况、病毒木马情况、危险项情况、安全配置及终端的各种软硬件信息等，并将其汇集到自动化管理系统中，使运营者全面了解关键信息基础设施的终端安全情况、硬件状态、软件安装情况等。使用自动化工具，对系统账户、配置、漏洞、补丁、病毒库等进行管理；针对漏洞、补丁，要在验证后及时修补。

（6）新技术和新业务安全保护

新技术和新业务安全保护能力包括云平台、移动互联网络系统、物联网、工业控制系统、大数据平台等方面的安全保护能力。

一是云平台安全保护。在满足网络安全等级保护通用要求的基础上，运营者要按照《网络安全等级保护基本要求》中的云计算安全扩展要求、《网络安全等级保护安全设计技术要求》中的云安全设计技术要求，对云平台进行特殊保护。为了保障云服务客户网络区域的安全，云平台应确保云服务客户虚拟网络之间的隔离，并提供通信传输、边界防护、入侵防范等安全能力，确保云服务客户可以接入第三方安全产品或服务、自主设置安全策略；云平台应提供双向安全检测及告警功能，落实网络区域边界的安全防护机制，在网络区域边界配置访问控制策略，部署安全设备以检测各类网络攻击行为。为了保障云服务客户的数据安全，云服务商应提供经过加固的镜像，通过完整性校验防止其被恶意篡改，当虚拟机迁移时保证访问控制策略的一致性；云服务客户应定期开展安全检查，进行安全加固，在本地对数据进行备份。同时，运营者应对云平台进行集中监测，提供安全态势感知、攻击行为回溯分析和监测预警等能力，实现安全事件的事前预警、事中处置和事后追溯，持续监测云平台的安全状态。

二是移动互联网络系统安全保护。在传统信息系统安全防护的基础上，需要重点关注移动终端安全和无线网络接入安全。在满足网络安全等级保护通用要求的基础上，运营者要按照《网络安全等级保护基本要求》中的移动互联安全扩展要求、《网络安全等级保护安全设计技术要求》中的移动互联安全设计技术要求，对移动互联网络系统进行特殊保护。选用具有终端设备准入控制功能的无线网络设备，建立终端设备白名单，及时发现和定位非法接入设备；建设统一的移动终端管理系统，建立应用白名单机制，由移动终端的管理服务端对移动终端设备进行生命周期管理、远程控制、安全管控；移动应用上线前，应通过专业测评机构的安全检测，确保移动终端安装和运行的应用拥有可靠的证书签名或来自可靠的分发渠道；建立移动互联安全管理制度，加强对移动终端的安全管理和控制，第三级（含）以上网络系统所属的移动终端设备丢失后可进行远程数据擦除。

三是物联网安全保护。在满足网络安全等级保护通用要求的基础上，运营者要按照《网络安全等级保护基本要求》中的物联网安全扩展要求、《网络安全等级保护安全设计技术要求》中的物联网安全设计技术要求，对物联网进行特殊保护。一要落实物理设备防护措施，确保设备所处的物理环境安全、工作状态稳定，防止强干扰、阻挡屏蔽等破坏。二要采用接入控制、入侵防范、设备安全管理等技术措施，提升应对非法恶意接入、陌生 IP 地址攻击、非法入侵等安全风险的技术能力。三要提升数据安全保护能力，防范数据攻击；采取数据融合等相关技术，提升数据融合处理和智能处理能力。四要依据典型场景面临的安全风险和威胁，采取有针对性的安全技术措施，如针对智能家居、车联网等典型场景，加强用户身份认证、隐私保护、云端分析、固件更新、数据上报、配置下发、远程控制等方面的安全保护措施，提升其应对典型安全风险和威胁的能力。

四是工业控制系统安全保护。在满足网络安全等级保护通用要求的基础上，运营者要按照《网络安全等级保护基本要求》中的工业控制系统安全扩展要求、《网络安全等级保护安全设计技术要求》中的工业控制系统安全设计技术要求，对工业控制系统进行特殊保护。落实室外控制设备物理防护措施，确保设备所处的物理环境安全、工作状态稳定，远离强电磁干扰、强热源等环境；采用物理隔离、单向网闸等安全措施，实现过程级、操作级，以及各级之间和内部网络的安全隔离与互联；采用加密认证、访问控制、数据加密等技术措施，加强命令、状态量、控制量等通信数据的完整性保护；采用边界访问控制、拨号使用控制、无线使用控制等多重防护措施，保障边界防护和信息过滤；落实设备身份认证、访问控制等防护措施，提升抵御非法恶意接入、非法干扰控制等安全风险的技术能力；采取控制设备技术防护措施，严格管理设备输出端口，保障其安全稳定运行；落实数据完整性保护和敏感数据保密措施，以及通信网络的组态环境、工程文件的防护措施，对难以加密的现场总线和现场设备进行物理保护，对上层数据进行信息加密处理；针对系统安全设计建设、产品开发采购，在上线前进行安全检测，排查和消除安全隐患。

五是大数据平台安全保护。在满足网络安全等级保护通用要求的基础上，运营者要按照《网络安全等级保护基本要求》附录 H 中的大数据安全控制措施、《网络安全等级保护安全设计技术要求》中的大数据安全设计技术要求，以及其他数据安全标准规范，对大数据及大数据平台进行特殊保护。加强鉴权过程安全保护，对大数据平台的关键组件和大数据应用，采取严格的身份鉴别措施，并按照最小授权原则进行访问控制，在对外提供服务时应采取严格的授权访问、使用和管理措施；强化数据分类分级安全管理，具备静态脱敏和去标识化的服务能力，在数据清洗和转换过程中，对重要数据进行完整性保护和加密存储；将安全审计贯穿数据采集、存储、处理、应用、提供、分析等环节，保留完整的日志记录，保证溯源数据能重现相应的过程，将不同用户的大数据应用相关审计数据隔离存放；建立大数据安全管理制度，约定大数据平台提供者的权限与责任、服务内容、技术指标等，确保数据接收方具有合规的安全防护能力。

六是自主可控和创新工程安全保护。自主可控和创新工程是数据安全、网络安全的基础，也是新基建的重要组成部分。运营者应在满足基本安全要求的基础上增加安全措施，确保自主可控和创新工程健康发展。自主可控和创新工程相关网络系统应落实网络安全等级保护制度，科学合理地确定安全保护等级，并具有相应的安全保护能力；采购和使用符合国家有关规定的安全可信的产品、服务；涉及身份鉴别技术、数据传输的完整性和保密性、网络通信传输的完整性和保密性等密码技术的，相关密码技术应经国家密码管理部门认证核准。

七是 5G 网络系统安全保护。5G 网络提供了边缘计算能力。运营者应对采用边缘计算技术的网络系统加强安全保护，重点加强准入控制、数据传输、预警能力、隐私保护等方面的保护措施。加强关键终端保护，避免关键终端暴露在强干扰物理环境中；加强 5G 网络通信过程中的密码管理；加强 5G 专网终端接入的访问控制，并通过 DNN（Data Network Name，数据网络名称）或切片等方式对不同的业务系统进行安全隔离；实现边缘计算场景中的 5G 安全能力开放，并通过开放接口或开放性安全服务增加安全防护措施；提升安全检测预警能力，加强空口干扰检测、空口信令风暴检测及 5G 边缘设备自身的入侵检测，防范针对设备的攻击和入侵；加强 5G 用户隐私管理，妥善保管收集到的 5G 用户相关信息，进行多层次的隐私保护处理；选择安全合规的 5G 网络运营商，运营商提供的 5G 网络应为其所承载的业务系统及数据传输提供相应的安全保护能力；确保终端设备、边缘计算平台等安装、运行的应用软件来自可靠的分发渠道或具有可靠的证书签名。

八是区块链技术架构安全保护。合理构建采用区块链技术的网络系统架构，分层进行安全防护；使用密码算法、技术、产品及服务的，应符合国家密码管理部门及行业标准规范的要求。选择可证明安全的共识机制；共识机制应包含容错性及一致性要求，并具备防重放攻击的能力。交易与账本应在多个节点拥有完整的数据记录，并确保各节点数据的一致性。智能合约应具备完整性和抗抵赖性；智能合约应在沙盒中运行，以降低对区块链系统整体运行的影响；当发现合约漏洞时，应进行检查和修复。加强联盟链和私有链的权限管控，建立用户身份管理机制；加强接口管理，配置不同的访问权限，保证权限最小化；加强联盟链和私有链的检测预警，采用双向认证等技术手段，确保数据在传输过程中的完整性和保密性。

九是 IPv6 网络系统安全保护。运营者要在 IPv4 网络防护的基础上，加强各层面的隔离及访问控制，重点加强 IPv6 协议栈新增安全威胁的防护。合理管控 IPv6 管理、控制和数据平面之间的资源互访；强化管理和控制平面 IPv6 网络接入的认证与鉴权，通过 IPSec

认证及白名单策略等加强 IPv6 网络路由等协议的安全防护，采用技术手段重点防御 NDP（Neighbor Discovery Protocol，邻居发现协议）报文重放攻击。IPv6 网络涉及软件和硬件，因此，在设计开发阶段应确保 IPv6 协议栈的安全，同步开展已知漏洞检测及修复；在网络边界、重要网络节点处，应强化 IPv6 网络流量的安全审计。

（7）数据安全保护

数据安全保护采用敏感数据识别、敏感数据流动感知、数据脱敏、全链路流转溯源等技术，建立敏感数据流动监测机制，以自动感知 API 的安全风险，对数据安全风险隐患进行评估预警，促进数据的安全使用与流通。数据安全保护系统通过扫描探针和流转探针，对数据进行发现和监测，提供统一的资产管理、标签管理机制和统一的计算引擎，对通过探针和日志采集的数据进行监测和分析，联动数据安全组件（如数据水印设备、数据加密设备、数据审计系统等），实现数据分类分级、敏感数据发现、数据加密、数据脱敏、数据水印、数据审计、风险分析、事件溯源等原子级安全能力的自动构建和自动管控，从而实现数据安全管控和安全监测。在各种安全应用场景和数据全生命周期中，提供数据资产安全运营、安全策略运营、安全事件运营、数据安全风险运营等能力：对数据安全现状进行监控，对数据安全趋势进行分析预测，实现智能化、一站式的运营；集中进行数据安全标准化、规范化、常态化管理，帮助运营者全面掌握敏感数据资产的分类、分级及分布情况；有效监控敏感数据的流转路径和动态流向，通过数据安全管控策略管理，实现数据分布、API 流转、API 脆弱性及访问过程中的风险识别和安全防护。

（8）供应链安全保护

构建供应链安全保护能力，需要建立供应方目录，定期梳理和更新供应链的企业、产品、人员清单，绘制供应链安全管理动态图谱。加强通用、开源功能组件模块的分析梳理能力，提供细粒度的软硬件资产组成信息和配置信息，加强供应链安全风险分析识别，为网络威胁高效预警提供支撑。对关键业务链进行安全风险分析，基于在等级保护、检测评估、监测预警、威胁情报等环节发现的风险隐患，分析主要安全风险点，确定风险处置的优先级，形成安全风险报告，及时预警并处置风险。建立风险处理和报告程序，当发生安全风险时，及时采取措施，消除隐患。

供应链安全保护需要强化应用开发供应链安全，通过安全开发工具链实现应用开发过程中的风险识别，主要能力包括：一是开源软件成分分析，在开发编码阶段，对开源组件进行盘点，从而精准地识别风险；二是源代码扫描，在开发编码阶段，通过扫描源代码，分析代码缺陷并告警；三是漏洞扫描，在测试验证阶段，识别和发现网络中的各类资产，高效、全面、精准地检查网络中的各类脆弱性风险；四是软件供应链安全加固，采用安全的数据拦截技术和数据分析技术，并使其与应用程序融为一体，实时监测、阻断攻击，使应用程序拥有自我保护能力（应用程序只需简单配置，无须在编码时进行任何修改，即可准确地识别和拦截各种变形攻击）；五是病毒检测，对上传的文件进行恶意代码查杀，避免因上传的文件中存在恶意代码而使用户在下载文件后感染；六是机器反爬，基于指纹、行为、特征、情报等多维度数据，通过主动验证的方式精准识别爬虫，过滤大部分自动化的机器人流量，消除大多数泛在攻击，提升防扫描、防自动化攻击的效果。

（9）安全防护信息库管理

构建安全防护信息库管理能力，实现对业务状态、日志及基础支撑信息的采集、存储、使用和管理，为安全防护业务提供支撑，同时为分析识别、检测评估、监测预警、技术对抗、事件处置、网络安全综合业务管理与协调指挥等业务平台提供数据支撑。

- 业务状态库：关键信息基础设施的业务状态库，包含相关业务链各系统的运行和负载信息，重要数据在各系统之间的流动信息，系统受攻击情况，以及系统当前的安全状态信息。
- 日志库：建立关键信息基础设施的安全日志库，收集相关业务链的网络设备、服务器、安全设备及各类应用软件的日志信息，结合威胁情报、大数据、关联分析等技术，为攻击监测及安全事件分析研判、展示和追踪溯源提供基础数据。
- 基础支撑信息库：关键信息基础设施的基础支撑信息库，包含互联网出入口、内外网连接处及安全防护范围内的网络结构信息、IP 地址等。基础支撑信息库的内容，用于明确各系统的安全保护等级，以及不同安全保护等级的系统之间、不同业务系统之间、不同区域的系统之间、不同运营者运营的系统之间的安全策略。

2.5.3　检测评估能力

关键信息基础设施安全检测评估是指依据《关键信息基础设施安全保护条例》的规定，按照相关管理规范和技术标准，对关键信息基础设施的安全防护水平及其运营者的网络安全管控能力进行网络安全检测和风险评估的活动。关键信息基础设施安全检测评估能够发现关键信息基础设施现存或潜在的安全风险和威胁，为运营者开展网络安全建设整改、提升关键信息基础设施安全防护水平及网络安全管控能力提供方向。

由于关键信息基础设施通常是由一个或多个网络系统组成的，所以，在开展关键信息基础设施安全检测评估之前，应对关键信息基础设施涵盖的所有网络系统开展网络安全等级测评。

关键信息基础设施安全检测评估重用关键信息基础设施相关网络系统的等级测评结果，并汇总等级测评结果和《关键信息基础设施安全保护要求》中相应控制点的增强要求项的测评结果，在开展关联测评时，对单元测评结果和等级测评结果中相应控制点的测评结果进行融合分析，确定发现的安全问题，并以此为基础开展渗透测试和整体评估。

1. 主要内容

关键信息基础设施安全检测评估包括单元测评、关联测评和整体评估。图 2-9 给出了关键信息基础设施安全检测评估框架。

（1）单元测评

针对《关键信息基础设施安全保护要求》中的安全子类及关键信息基础设施运营者自定义的特殊安全子类的测评称为单元测评。单元测评是关键信息基础设施安全检测评估工作的基本活动，每个单元测评都包括测评指标、测评实施和结果分析三部分。其中，一部分测评指标来源于《关键信息基础设施安全保护要求》的要求项，一部分测评指标来源于关键信息基础设施安全保护制度要求、行业要求及其他特殊需求，特殊要求需结合关键信息基础设施运营者的战略目标、关键信息基础设施的逻辑安全环境等确定；测评实施部分描述测评过程中使用的具体测评方法、涉及的测评对象，以及对测评取证过程的具体要求；结果分析是指依据测评实施获取的测评证据及等级测评相关结果进行的综合分析。通过单元测评可以识别出关键信息基础设施针对《关键信息基础设施安全保护要求》提出的要求在单点上已采取的安全措施及存在的安全问题。

（2）关联测评

关联测评是指在单元测评结果的基础上对关键信息基础设施实施的综合性安全测评，包括业务及资产分析、测评结果分析、威胁及入侵痕迹分析，以及设计模拟攻击路径和测试用例、开展渗透测试等。其中，测评结果分析应结合单元测评结果、等级测评结果、行业要求测评结果等进行。关联测评应结合已知和潜在的风险集、业务场景、所属领域已知安全事件、可能面临的威胁等，在业务及资产分析、测评结果分析、威胁及入侵痕迹分析的基础上，设计模拟攻击路径及测试用例，开展渗透测试。

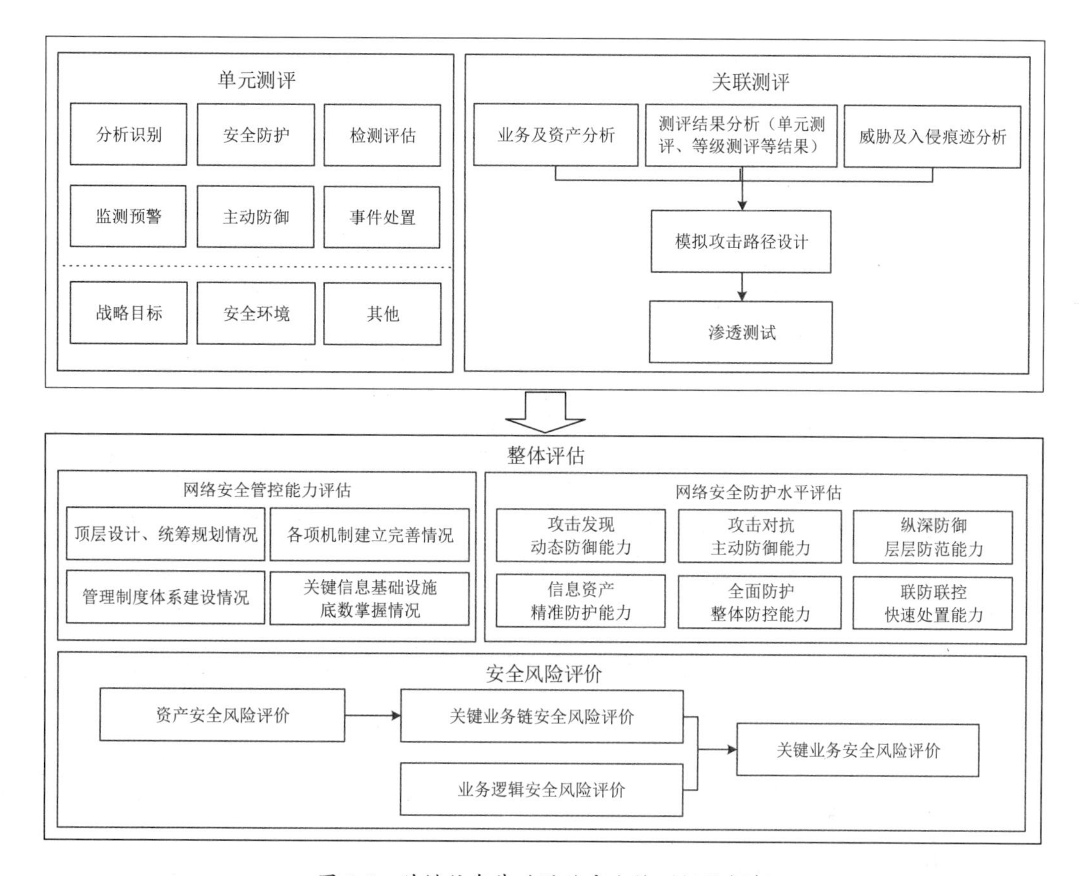

图 2-9 关键信息基础设施安全检测评估框架

关联测评需要与关键信息基础设施的实际业务及信息化情况结合起来。测评人员应根据被测关键信息基础设施的实际情况，结合关键信息基础设施安全保护测评要求，多角度、多层面实施关联测评。通过关联测评可以发现关键信息基础设施的整体性安全问题，分析安全事件发生的可能性及其一旦发生可能给关键信息基础设施所承载业务造成的后果。

（3）整体评估

整体评估包括针对运营者的网络安全管控能力评估、针对关键信息基础设施的网络安全防护水平评估、针对关键信息基础设施所承载业务的安全风险评价三部分。针对运营者的网络安全管控能力评估和针对关键信息基础设施的安全防护水平评估是综合单元测评结果、关联测评结果及关键信息基础设施自身安全保护需求，对关键信息基础设施的整体安全情况进行的综合性评估。关键信息基础设施所承载业务的安全风险评价，应在单元测评、关联测评等测试评估的基础上，针对关键信息基础设施存在的安全问题，采用风险分析的方法，分析其被威胁利用的可能性，判断其被威胁利用后对关键信息基础设施造成影响的程度，并综合评价这些安全问题对关键信息基础设施所承载业务及国家安全造成的风险。

2. 管理制度

（1）健全检测评估责任制度

根据国家政策、法律法规要求和组织的需求建立检测评估制度（包含网络安全检测和风险评估），统筹安排隐患识别、威胁分析、等级测评、风险评估等工作，有效管控风险威胁。确定检测评估的流程及内容，明确检测评估的目的、范围、角色、责任及组织内的协调机制等。建立年度检测评估责任制，明确检测工作的角色分工和相应的职责，建立问责机制。基于检测评估策略和组织职责，建立健全关键信息基础设施安全检测评估制度和流程（包括合规检测、技术检查、分析评估等方面）。依据检测评估的策略、制度和流程，委托网络安全等级测评机构等国家认可的第三方网络安全服务机构开展检测评估工作，针对关键信息基础设施的安全性和可能存在的风险，每年至少进行一次全面的检测评估。积极配合关键信息基础设施安全保护工作部门组织开展的安全风险抽查检测工作，提供网络安全管理制度、网络拓扑图、重要资产清单、关键业务介绍、网络日志等必要的资料及相应的技术支持。

（2）完善安全检测评估制度

为检验安全防护措施的有效性，发现网络安全风险隐患，应建立关键信息基础设施安全检测评估制度，确定检测评估的内容、方法和流程等。关键信息基础设施安全检测评估不同于等级测评和风险评估。等级测评是指对已定级的信息系统，按照信息系统的安全保护等级，依据等级测评要求开展检测评估。风险评估是指对信息系统面临的外在风险威胁，依据风险评估标准开展检测评估。关键信息基础设施安全检测评估是综合性的检测评估活动，由于关键信息基础设施可能是由一个或多个信息系统构成的，也可能是一个云平台、一个大网络或一个数据中心，所以，既要对构成关键信息基础设施的网络系统开展等级测评、风险评估，也要依据《关键信息基础设施安全保护要求》等标准，对关键信息基础设施是否具备分析识别、安全保护、监测预警、技术对抗、事件处置等能力进行检测评估，同时，对关键信息基础设施的整体安全状况进行检测评估。

检测评估应包含合规检查、技术检查、分析评估等，具体包括：建立相应的检测评估制度，确定检测评估的流程、内容等；开展安全检测与风险隐患评估，分析潜在安全风险可能引发的安全事件；检验安全防护措施的有效性，发现网络安全风险隐患。在选择检测评估机构时，应综合考虑其专业资质、评估经验、行业背景、安全可控程度等因素。

（3）商用密码应用安全性评估管理制度

运营者应聘请商用密码应用评估服务机构（密评机构），依据 GB/T 39786—2021《信息系统密码应用基本要求》，从物理和环境安全、网络和通信安全、设备和计算安全、应用和数据安全、密钥管理、安全管理等层面，对关键信息基础设施采用的商用密码技术、产品和服务的合规性、正确性、有效性进行评估。密评机构完成现场评估后，需要将系统密码评估报告提交给密码管理相关部门，完成密评备案工作。

（4）加强对第三方安全检测评估机构管理

运营者应制定关键信息基础设施安全检测评估报告规范，实现对检测评估结果相关问题的持续跟踪。明确检测评估报告中的漏洞、脆弱性、安全风险等数据的格式，实现检测评估数据结构化统一管理。建立检测评估审计规范，对检测评估前、中、后全生命周期的人员及行为进行审计，一旦出现检测人员知情不报、后期利用未报漏洞进行攻击等情况，可以及时溯源追责。强化对第三方机构的信用管理，基于检测评估管理制度及标准化的检测评估报告，持续监测网络安全服务机构的检测评估结果，对网络安全服务机构的信用情况进行评估。

3. 技术措施

构建检测评估能力，需要实现相关技术措施的有效聚合和一体化管理。一是配备检测评估相关工具，提升检测评估管理能力。根据检查需求，按场景将其转化为可实际使用的检查任务，实现对检查任务的全程跟踪；可实时查看检查任务的执行情况，并能收集和保存最终的检测评估结果，实现检查任务周期管理、跨运营者管理、法律法规和政策落实执行情况管理、信息流动管理、变更管理、整改管理、检测评估流程管理、检测评估工具和任务管理。二是采用流程化管理方式和相关技术手段，帮助运营者了解检测评估任务的执行情况和检测评估效果，持续跟进检测评估中发现的网络安全隐患和薄弱环节的整改情况。三是在关键信息基础设施发生改建、扩建、所有人变更等较大变化时，能够快速、流程化地利用工具开展检测评估工作，分析关键业务链及关键资产等的变更情况，评估变更给关键信息基础设施带来的风险变化，及时发现安全问题并有效整改。四是提高检测评估审计技术能力，对检测评估前、中、后全生命周期的人员及行为进行审计，一旦出现检测人员知情不报、后期利用未报漏洞进行攻击等情况，可以及时溯源追责。五是提高检测评估数据管理能力，对所有参与检测评估的人员的信息，检测评估过程中发现的漏洞、脆弱性、安全风险，以及最终形成的检测评估报告，均以结构化数据的形式统一管理，从而为人员信用度评估、安全风险和安全整改情况持续性监督提供数据支撑，为其他平台的分析研判、处置决策提供基础保障。

（1）架构设计

检测评估是检验关键信息基础设施安全保护能力和安全防护措施有效性的重要手段，通过检测评估，可以发现网络安全风险隐患，分析潜在安全风险可能引发的安全事件（如图 2-10 所示）。关键信息基础设施的安全检测评估，应以《网络安全等级保护测评要求》《网络安全等级保护测评过程指南》等为基础，以《关键信息基础设施安全保护要求》为标准，创新理念和技术方法。运营者应制定关键信息基础设施安全保护测评方案，组织开展关键信息基础设施安全检测评估工作；检查网络系统是否落实了安全要求，查找安全问题和风险隐患，评判网络系统安全保护状况和总体安全保护能力，提出整改措施并落实；对核心资产、核心数据进行特殊加固，确保其得到有效保护。

构建检测评估能力，可以优化整合现有的检测评估相关技术措施，增强新技术应用检测评估能力，规范评估流程，并行管理多项检测任务，持续监督整改情况，提高关键信息基础设施检测评估的工作效率。检测评估应实现任务周期管理、跨运营者管理、法律法规和政策落实执行情况管理、信息流动管理、变更管理、整改管理、检测工具管理、漏洞管理等功能，为开展关键信息基础设施检测评估工作一体化管理提供帮助。

（2）一体化管理

通过优化整合现有的检测评估相关技术措施和新技术应用检测评估技术手段，对检测评估业务工作进行一体化管理，构建安全业务综合管理、数据和业务智能聚合两大能力。安全业务综合管理能力主要包括任务周期、跨运营者、政策合规、信息流动、变更、整改、检测工具、漏洞检测、安全共享和业务联动方面的综合管理，通过安全共享和业务联动管理，实现与网络安全综合业务管理和协调指挥平台的数据交互及业务对接，并实现分析识别、监测预警、技术对抗、事件处置、安全防护的信息共享及业务联动。安全数据和业务智能聚合能力包括检测评估业务对接、检测评估数据对接、检测评估信息库管理等，能够实现与安全检测系统、风险评估系统、风险漏洞综合管理系统、检测评估信息库管理系统的数据交互及业务对接。

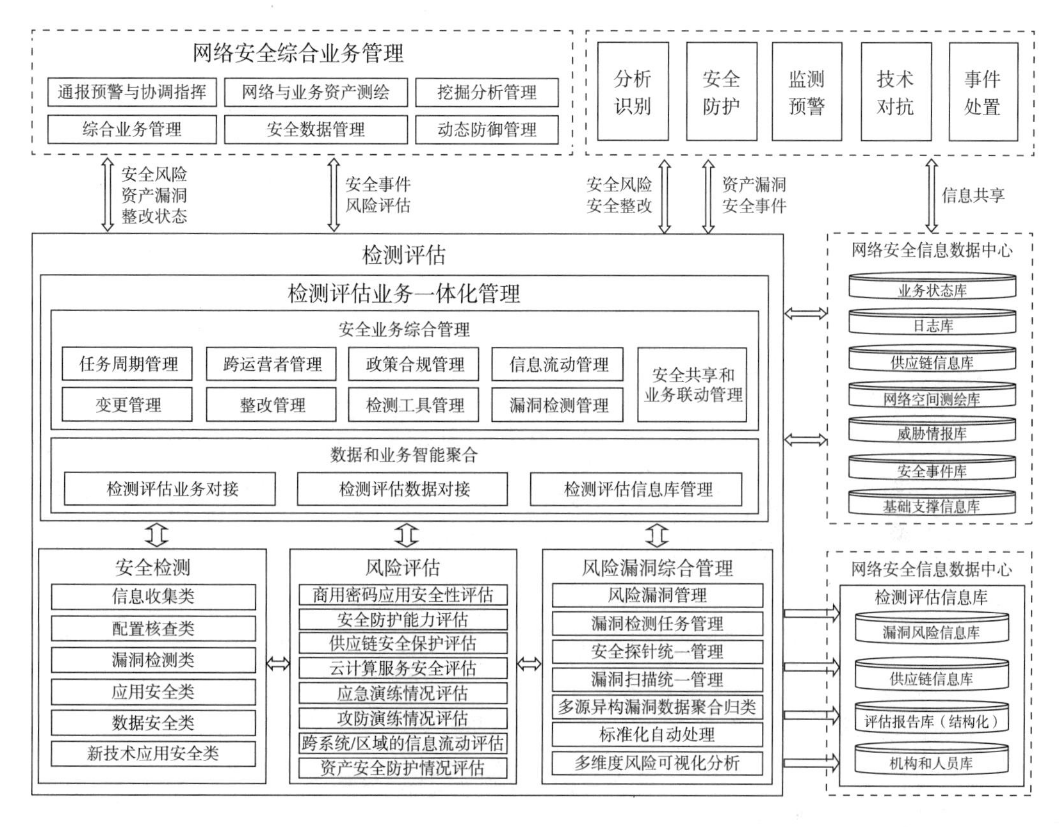

图 2-10　检测评估能力设计

运营者通过一体化的检测评估管理，主要实现：一是任务周期管理，委托网络安全检测评估机构，针对关键信息基础设施的安全性和可能存在的风险，每年至少进行一次检测评估，对发现的问题及时整改；二是跨运营者管理，在涉及多个运营者时，定期组织或参加跨运营者的关键信息基础设施安全检测评估，对发现的问题及时整改；三是政策合规管理，检测评估的内容包括但不限于网络安全制度（国家和行业的相关法律法规、政策文件及运营者制定的制度）落实情况、组织机构建设情况、人员和经费投入情况、教育培训情况、网络安全等级保护制度落实情况、商用密码应用安全性评估情况、技术防护情况、数据安全防护情况、供应链安全保护情况、云计算服务安全评估情况（适用时）、风险评估情况、应急演练情况、攻防演练情况等；四是信息流动管理，关注关键信息基础设施的跨系统、跨区域的信息流动及其资产的安全防护情况；五是变更和整改管理，在关键信息基础设施发生改建、扩建、所有人变更等较大变化时，委托网络安全检测评估机构进行检测评估，分析关键业务链、关键资产等方面的变更情况，评估变更给关键信息基础设施带来的风险变化情况，依据风险变化情况及发现的安全问题进行有效整改后方可上线；六是实战验证，针对特定业务系统或系统资产，经有关部门批准或授权后，采取模拟网络攻击的方式，检测关键信息基础设施在面对实际网络攻击时的防护和响应能力；七是促进整改，在安全风险抽查检测工作中，配合提供网络安全管理制度、网络拓扑图、重要资产清单、关键业务链、网络日志等必要的资料及相应的技术支持，针对抽查检测工作中发现的安全隐患和风险，应建立清单，制定整改方案，并及时整改。

（3）安全检测

为了构建安全检测能力，运营者应实现各类检测评估工具的对接，形成标准的对接接口，为各类检测评估工具生成的检测评估数据的传输与同步提供便利。检查工具集用于提供各种工具的状态、功能、检查效果评价等信息，以及工具评价机制。任务管理人员可以自定义查询，通过关键字组合查询工具的信息，获得各类工具的当前资源使用情况、使用场景及历史使用结果，还可以根据检查结果，对当前工具及团队的工作进行评价。系统支持集成检测工具集为其他业务模块提供技术支撑，包含信息收集类、配置核查类、漏洞检测类、应用安全类、数据安全类、新技术应用安全类在线使用技术工具及离线检测工具，以满足日常技术运维工作中的安全检测、安全评估和应急处置要求。

运营者需要研制新型检测评估工具，针对新技术应用场景开展检测评估，具体包括：加强计算环境安全保护，建立开源代码清单库，记录开源软件的来源、版本、安全情况、运维方法等信息，在软件研发过程中进行开源软件安全性检测；加强移动互联网络系统安全保护，移动应用上线前应由专业的测评机构进行安全性检测，以保证移动终端安装和运行的应用拥有可靠的证书签名或来自可靠的分发渠道；加强工业控制系统安全检测，针对系统安全设计建设、产品开发采购，落实上线前安全检测管理，排查和消除安全隐患；加强对采用 5G 技术的网络系统的安全保护，提升安全检测和预警能力，加强 5G 边缘设备自身的入侵检测，防范针对设备的攻击入侵；加强对采用 IPv6 技术的网络系统的安全保护，在设计开发阶段确保 IPv6 协议栈安全，同步开展已知漏洞安全检测及修复工作。

（4）风险评估

构建风险评估能力，实现各类风险评估工具的对接，形成标准的对接接口，为各类风险评估工具产生的结果数据的传输与同步提供便利。风险评估系统应实现网络安全制度（国家和行业的相关法律法、规政策文件及运营者制定的制度）落实情况评估、组织机构建设情况评估、人员和经费投入情况评估、教育培训情况评估、网络安全等级保护制度落实情况评估，具体包括商用密码应用安全性评估、安全防护能力评估、供应链安全保护评估、云计算服务安全评估、应急演练情况评估、攻防演练情况评估、跨系统/区域的信息流动评估、资产安全防护情况评估等。

在风险评估中，应重视商用密码应用安全性评估（参见本节“商用密码应用安全性评估管理制度”）。

在风险评估中，还应重视供应链安全保护评估。通过安全左移的方式在应用开发过程中实现安全保护，将风险前置，利用应用威胁建模和扫描工具在开发过程中查找漏洞。将安全能力集成到应用开发中，并通过安全右移的方式将在开发过程中获取的应用属性信息同步到应用运行时的安全体系中，实现精准有效保护。供应链安全保护评估采用应用安全开发工作流引擎，通过一站式的安全开发工具链实现应用开发过程中的风险识别，大幅降低安全开发的人力成本投入，包括：开源软件成分分析，在开发编码阶段，对开源组件进行盘点，摸清家底；多维分析，精准地识别风险；源代码扫描，在开发编码阶段，通过扫描源代码，分析代码缺陷并告警；漏洞扫描，在测试验证阶段，识别和发现网络中的各类资产，高效、全面、精准地检查网络中的各类脆弱性风险，根据扫描结果提供专业、有效的安全分析和修补建议，全面提升网络环境的安全性；虚拟补丁，采用安全的数据拦截技术和数据分析技术，将自身注入应用程序，与应用程序融为一体，实时监测、阻断攻击，使程序拥有自我保护能力；病毒检测，针对具有文件上传功能的业务系统，对上传的文件进行病毒查杀、WebShell 查杀，避免因上传的文件中存在恶意代码而使用户在下载后感染；机器反爬，基于指纹、行为、特征、情报等多维度数据，通过主动验证的方式精准识别爬虫，过滤大部分自动化的机器人流量，消除大多数泛在攻击，提升防扫描、防自动化攻击的效果等。

（5）风险漏洞综合管理

构建风险漏洞综合管理能力，应具备风险漏洞管理、漏洞检测任务管理等功能，具体包括：对业务系统的脆弱性进行持续监督管理，对系统漏洞、网络漏洞、资产信息等进行持续检测，自动将检查结果上传至监测预警平台，利用分析模型结合人工的方式分析具体内容，对分析结果进行统一处理；定期对资产系统漏洞进行检查，将检查数据上传至监测预警平台，通过定期系统漏洞扫描，掌握信息系统漏洞情况（包括漏洞编号、系统信息、资产信息、解决方案等），并将其关联到具体单位和系统；定期对现有网站漏洞进行检查，将检查数据上传至网络安全综合业务管理和协调指挥平台的数据中心，并与安全防护、事件处置等平台互动，存储相关网站的漏洞数据，并将其关联到具体单位和网站。

风险漏洞综合管理通过 API 与资产检测探针、漏洞检测探针的联动集成，实现统一派发检测任务、配置检测策略、检测数据自动回传，对多类型、大数量的安全探针的漏洞扫描任务进行统一管理；实现多源异构漏洞数据聚合归类，在采集原始漏洞数据后，自动对多源异构的漏洞数据进行标准化处理，从而形成有效的业务数据，用于后续的漏洞管理和可视化分析；通过资产探测采集资产的基本属性（包括资产系统指纹、网络服务指纹、基础软件指纹等），通过标准命名规范与标准漏洞库自动进行映射关联，并分析资产中潜在的漏洞信息；支持人工定义预警描述、整改措施、预警等级，对网络中的各种资产进行统一且有效的漏洞管理，同时对各资产组和资产进行不同角度的漏洞统计，以发现和掌握通用性资产风险，为后续处置措施的调整提供依据；持续监控网络内部的漏洞威胁，直观地展示内网漏洞分布情况、漏洞处置情况、被攻击者利用的漏洞的情况、漏洞平均修复时间等，通过全网漏洞态势感知，帮助管理者有效地管理资产漏洞，消除安全隐患。

（6）检测评估信息库管理

检测评估信息库管理，通过对安全检测、风险评估、漏洞扫描与挖掘等产生的安全风险信息和漏洞数据的统一管理，构建与检测评估有关的风险漏洞信息库、供应链安全信息库、检测评估报告库、机构和人员库，并对其进行综合管理和使用。漏洞风险信息库是在检测评估基础上建立的风险和隐患信息数据库，主要收集漏洞和风险信息。供应链信息库用于收集关键信息基础设施供应链各节点和各环节的安全隐患信息，从上游、中间环节、下游供应链等方面，全方位地对目标进行信息采集、攻击载荷预制等。检测评估报告库采用机器可读的结构化的方式构建报告库，留存检测评估报告，以时间线的形式将检测评估过程中发现的漏洞、脆弱性、风险等落库，并与资产进行关联，以便后续进行整改、责任追溯等。运营者聘请专门的安全检测机构，采取远程渗透测试与现场检测相结合的方式，对关键信息基础设施进行全流程、全方位的检测评估，及时排查和消除重大风险隐患，同时，采集检测评估人员的基础信息、信用度等数据，保障人员背景合规，避免检测评估人员利用发现的漏洞发起攻击——这些信息都存储在机构和人员库中。

2.5.4 监测预警能力

根据国家和关键信息基础设施保护工作部门对网络安全监测预警和信息通报的要求，运营者应建立监测预警和信息通报制度，对关键信息基础设施的安全风险进行常态化监测预警和信息通报。依据 GB/T 36635—2018《网络安全监测基本要求与实施指南》等标准，制定监测策略，明确监测对象、监测流程、监测内容，主动掌握资产、漏洞、补丁、配置、威胁态势，建立本组织与外部组织之间、本组织与其他运营者之间，以及运营者内部管理人员、内部网络安全管理机构与内部其他部门之间的沟通与合作机制。依据 GB/T 20986—2023《网络安全事件分类分级指南》等标准，建立本单位的预警信息分级标准。参考 GB/T 32924—2016《网络安全预警指南》，建立快速响应机制（包括预警信息报告和响应处置程序），明确不同级别预警信息的报告、响应和处置流程。建立综合评估机制，评估特定时间期限（如一个月）内的监测预警情况。按规定向行业保护工作部门、公安机关报送网络安全监测预警信息。建立值班值守制度，并根据保护工作部门的要求，落实值班值守制度。

1. 管理制度

运营者应建立并落实常态化的实时监测、通报预警、快速响应机制，按照国家有关事件分类分级标准，明确网络安全事件预警分级准则，确定安全监测策略、监测内容和通报预警流程，明确预警信息响应处置程序，制定不同级别预警信息的报告、响应和处置流程，对安全风险进行全方位的监测预警。

（1）建立监测预警机制

建立监测预警机制，需要开展主机监测、重要业务监测、网络流量监测、网络日志监测等工作，参考《网络安全监测基本要求与实施指南》等标准，制定监测策略：明确监测对象，包括物理环境、通信环境、区域边界、计算存储环境、安全环境等，为监测过程提供数据；明确监测流程，包括接口连接、采集、存储、分析、展示、告警等，通过分析数据，识别与发现网络安全问题及其状态；明确监测内容，包括运行状态监测、安全事件监测等；主动掌握资产、漏洞、补丁、配置、威胁态势，并根据保护工作部门的要求，共享相关态势信息。

（2）建立完善信息通报机制

运营者应依托国家网络与信息安全信息通报机制，加强本行业、本领域网络安全信息通报预警机制和力量建设，在国家网络与信息安全信息通报中心的组织和指导下，建立完善信息通报制度，开展信息的搜集、汇总、分析、研判、上报、报告等通报预警工作。

（3）建立完善联防联控机制

建立本组织的内部沟通合作机制，加强管理人员、网络安全管理机构与内部其他部门之间的沟通与合作；建设外部协作处置机制，建立和维护外联单位联系表（包括外联单位名称、合作内容、联系人和联系方式等信息）；建立本组织与外部组织之间、本组织与其他运营者之间，以及运营者内部管理人员、内部网络安全管理机构与内部其他部门之间的沟通与合作机制。针对发生的网络安全事件或发现的网络安全威胁，提前或及时发出安全警示。

（4）建立威胁情报和信息共享机制

建立威胁情报和信息共享机制，落实相关措施，提高主动发现攻击行为的能力，如建立与保护工作部门、同一关键信息基础设施的其他运营者、研究机构、网络安全服务机构、业界专家之间的沟通与合作机制。网络安全共享信息可以是威胁情报、漏洞信息、威胁信息、最佳实践、前沿技术等。当网络安全共享信息为漏洞信息时，应符合国家关于漏洞管理制度的要求。综合评估特定时间期限（如一个月）内的监测预警情况，并向网络安全管理机构及相关人员或角色报告。关注国内外及行业关键信息基础设施的相关安全事件、安全漏洞、解决方法和发展趋势，并对所涉及的关键信息基础设施的安全性进行研判分析，在必要时发出预警。

2. 技术措施

构建监测预警能力，需要实现相关技术措施的有效聚合和一体化管理。一是构建网络安全立体化监测技术平台，形成跨行业、跨部门、跨地区的立体化网络安全监测能力，对关键信息基础设施、重要网络等开展实时监测，发现网络攻击和安全威胁，促进网络安全监测感知能力的提升，遏制网络安全重大事件发生，与安全防护、事件处置、技术对抗等业务活动共享信息，并与保护工作部门联动。二是通过建设风险威胁建模、安全态势感知、安全事件分析、安全事件预警及安全事件应急处置一体化管理能力，形成安全信息汇总枢纽及安全事件调查处置能力、全局安全态势感知能力，提升对安全事件风险的监测能力，实现全局安全风险监测预警，强化安全风险管理的可知、可辨、可控、可管与可视能力，提升安全风险事件处置水平与安全运营效率，提高对安全宏观态势的掌控、分析和评估水平。三是通过建设网络安全态势感知能力，将技术、人员、制度、流程有机结合，从安全事件的事前、事中、事后三个维度出发，形成安全工作闭环，实现安全运营工作自动化，提高安全管理和运营效率。四是加强云平台、移动互联、物联网、工业控制系统、大数据及大数据平台、5G 技术网络、IPv6 技术网络等新技术应用的安全监测，通过集中监测，提供安全态势感知、攻击行为回溯分析和监测预警等能力，实现安全事件的事前预警、事中防护和事后追溯，持续监测新技术应用的安全状态。

（1）架构设计

建设立体化的网络安全监测预警能力，需要全面加强网络安全监测，对关键信息基础设施、重要网络等开展实时监测，当发现网络攻击行为和安全威胁时，立即报告公安机关和有关部门并采取有效的处置措施；利用多种手段、多个渠道，建设监测能力，组织监测力量，大力加强实时监测，及时发现网络攻击、病毒木马传播、漏洞隐患等风险威胁，为安全防护、应急处置提供保障（如图 2-11 所示）。

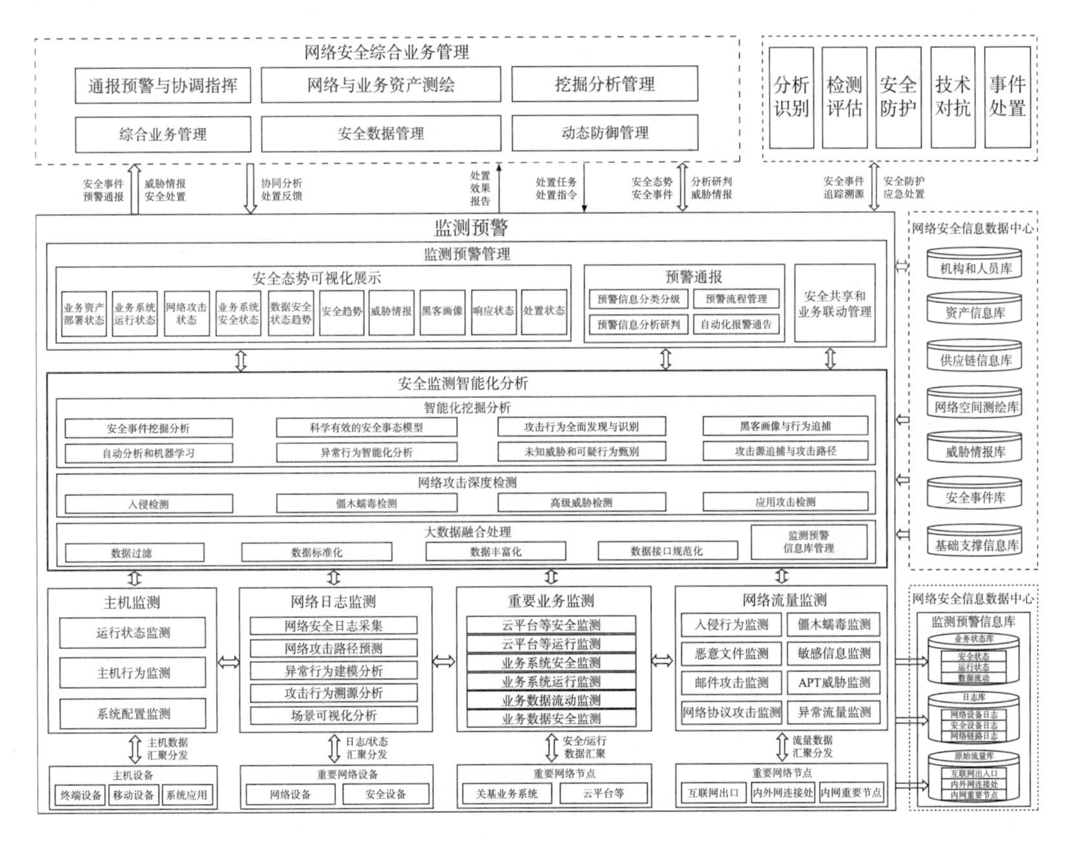

图 2-11　监测预警能力设计

（2）监测预警管理

构建监测预警管理能力，需要优化整合现有的监测预警相关技术措施和新型监测预警技术手段，实现安全态势可视化展示、预警通报、安全共享和业务联动管理；通过安全态势可视化展示，呈现业务资产部署状态、业务系统运行状态、网络攻击状态、业务系统安全状态、数据安全状态趋势、安全趋势、威胁情报、黑客画像、处置响应等方面的情况。

一是资产风险态势：根据资产分组和监测的重点，按照不同的资产分组展示资产风险及对应的资产、漏洞和告警状况，实时展示全局风险状况和风险变化趋势。

二是业务资产外联态势：实时监控非法连接外部 IP 地址的业务资产，掌握业务资产外联情况，主要包括所连接的 IP 地址、流量，以及外联趋势和实时外联情况，从而发现潜在的未知威胁。

三是外部威胁态势：展示所有来自外部的安全威胁，掌握外部威胁的主要类型、主要来源国、主要攻击源，从而快速感知外部威胁的分布和攻击趋势。

四是内网威胁态势：展示网络内部的威胁情况，以及威胁是否已经蔓延；帮助运营者实时了解内网安全状况和态势变化趋势，及时掌握威胁类型、威胁等级、攻击发起区域和攻击者，快速处理攻击源。

五是安全运营态势：统计并展示各类服务器、存储设备、安全设备的日志接入情况和资产接入情况，实时展示运营规则及威胁检测和威胁处置情况，帮助运营者直观地感受安全运营整体态势。

六是攻击事件视图：展示安全事件的统计分析数据，帮助运营者随时查看不同维度的告警情况（包括告警趋势、告警类型、最近告警列表、告警状态统计、未处置告警等维度，告警趋势维度展示流量探针、威胁情报、关联规则和沙箱的告警趋势信息），从整体上掌握网络中不同区域安全威胁的告警情况。

七是处置状态监控：处置状态监控主要对处置工单进行统计和展示，包括处于不同状态的工单数量、新增工单变化趋势、新增工单处置状态分布、工单处理周期、工单处理优先级分布等内容。

八是预警通报：实现预警信息分类分级、预警流程管理、预警信息分析研判、自动化报警通告等，通过安全共享和业务联动管理，实现与分析识别、安全防护、事件处置、检测评估等平台的数据交互和业务对接。当出现可能危害关键业务的迹象时，自动报警并采取措施，降低关键业务被影响的可能性。对网络安全共享信息、报警信息等进行综合分析研判，在必要时生成内部预警信息，预警信息的内容包括基本情况描述、可能产生的危害及程度、可能影响的用户及范围、宜采取的应对措施等；对可能造成较大影响的预警信息，应按照相关部门的要求进行通报。持续获取预警发布机构的安全预警信息，分析研判相关事件或威胁对保护对象可能造成损害的程度，在必要时启动应急预案，按照规定将获取的安全预警信息通报给相关人员和相关部门。采取措施对预警进行响应，当安全隐患得到控制或消除时，执行预警解除流程。

（3）安全监测智能化分析

构建安全监测智能化分析能力，需要利用自动化手段，建立自动化分析机制，对所有监测信息进行汇总整合，关联分析来自多个渠道的信息和线索，开展安全场景分析、网络威胁分析、系统威胁分析、用户异常行为分析和数据泄露分析并进行综合研判，为网络安全保护和事件处置等工作提供支撑。分析网络通信流量或事态模式，建立网络通信流量或事态模型，通过实践检验模型的准确性和有效性，逐步提高模型的科学性，并据此调整监测设备。通过威胁情报库及关联本地安全事件的方式，进行攻击者画像。构建针对未知高级威胁的高效检测能力，从威胁目标、攻击手法、关联关系、组织背景、可机读技术指标、决策依据等方面对高级威胁事件进行多维监测，及时发现高级威胁事件，验证疑似攻击，帮助安全运营人员进行快速响应。构建安全事件高效溯源与调查分析能力，在重大网络安全事件发生后，对攻击环节涉及的流量及日志数据进行详细的信息提取和溯源。安全监测智能化分析系统应具备数据全面采集、大数据融合处理、网络攻击深度检测、智能化深度挖掘分析等能力。

一是安全数据信息采集：在互联网出口、内外网连接处、内网重要节点设置采集探针或设备，对全网、重要系统、关键部位进行流量采集；同时，采集网络设备、安全设备、主机系统的日志信息等，实现对不同安全保护等级的系统、不同业务系统、不同区域的安全监测。设备日志采集，通过 Syslog、SNMP、FTP、API 等方式对网络设备、安全设备的审计日志进行采集，建立违规操作模型、攻击入侵模型、异常行为模型，强化监测预警能力。流量信息采集，通过将流量采集探针旁路部署在采集范围内的网络中，以镜像方式实现网络流量的采集和还原，获取海量的网络通信元数据，同时，探针内置入侵攻击库和 Web 攻击库，可检测流量中的常见扫描行为和远控木马等，也可检测主流的 Web 应用攻击，包括注入、跨站、命令执行、文件包含等，以发现常见的网络和 Web 攻击。主机（与终端）日志采集，通过软探针采集云主机的数据，包括主机状态、进程、端口、系统用户、软件、数据库、Web 信息等，持续对业务主机的流量和行为进行监控。

二是大数据融合处理：将采集的安全数据按统一标准进行过滤，使数据标准化、丰富化，然后进行存储和分析，以提高监测的实时性和准确性，防止误报和漏报的发生。数据预处理流程包括数据过滤、数据标准化、数据丰富化。数据过滤是指通过清洗、修改和删除，把不符合要求的数据过滤掉，以保障数据的质量。数据标准化是指对采集的各类安全日志进行标准化过滤，通过插件进行标准化处理，从而对异构原始数据进行统一格式化处理，解决数据性质不同的问题。数据丰富化的对象是经标准化处理的日志中的字段：获取经标准化处理的日志中的字段名和字段值，为其匹配丰富化规则，得到目标字段的字段名；通过字段值生成函数的计算，得到目标字段值；根据目标数据概要把经丰富化处理的数据转换成序列化数据，实现数据规则的丰富化。

三是网络攻击深度检测：构建监测信息整合分析能力，通过流量数据、日志数据等输入，对所有的监测信息进行汇总整合，关联分析多个渠道的信息和线索，综合研判，持续监测响应流量和日志数据的威胁告警。实现入侵检测、僵木蠕毒检测、高级威胁检测、应用攻击检测、威胁情报、场景化、日志、资产风险、威胁建模等多维度的深度分析检测、追踪溯源、关联分析，以“全方位、总统筹”原则对流量和日志数据进行精准、严格的分析，整合多个来源的数据，形成安全威胁检测能力。

四是智能化挖掘分析：采用用户实体行为分析技术和机器学习技术，利用自动化手段，建立自动化分析机制，对所有监测数据进行汇总整合、分析研判，通过流量监测分析确定网络安全整体态势，验证安全策略和安全控制措施是否合理有效。基于对用户或实体的行为分析，发现可能存在的异常，从而识别不同类型的异常用户行为。异常用户行为可被视作威胁或入侵指标，包括分析异常行为、发现“内鬼”等。通过机器学习技术构建的检测模型可用于发现未知威胁和可疑行为，提高检出率，避免规则库依赖。将机器学习技术应用到攻击链分析的全过程中，可以为威胁溯源、追捕、攻击路径可视、安全可视提供支持。

（4）主机监测

构建主机监测能力，需要提升运行状态监测、主机行为监测、系统配置监测等能力。一是通过运行状态监测，实时监控重要资产的运行状态，及时发现安全故障。监测对象包括资产基本性能信息（CPU 利用率、内存利用率、端口流量、丢包率等）、资产可用性信息、资产健康状态、资产指标明细。二是通过主机行为监测，持续采集并监测主机安全环境变化情况；通过精细化的数据采集和系统监测技术，实时收集并提取业务主机上的进程创建、销毁事件，文件创建、删除、修改事件，网络连接事件，登录事件，以及网络流量、端口监听等信息。采集信息后，通过内置的多种异常行为分析建模工具，从用户行为、流量行为、操作行为等维度通过专家规则建模，对整个攻击过程进行入侵行为监测，实现对爆破、漏洞利用、信息发现、提权、WebShell、反弹 Shell、持久化等主流攻击方法的监测；通过多事件关联分析引擎，发现高隐蔽性攻击行为。三是通过系统配置监测，采用自动化工具配合人工检查的方式，对网络设备、安全设备、操作系统、数据库、中间件等的配置进行检测，使用安全配置核查工具或检查脚本工具，远程实现设备的安全检查。针对物理隔离或网络隔离的设备，使用检查脚本工具，补充完成检测工作。

（5）网络日志监测

在互联网出口、内外网连接处、内网重要节点设置监测设备，对全网、重要系统关键部位进行网络安全日志采集，全面收集网络安全日志，构建违规操作模型、攻击入侵模型、异常行为模型，强化监测预警能力。

一是网络攻击路径预测：采集网络与安全设备日志、主机日志、Web 日志等数据（涵盖系统层、网络层和应用层的态势要素数据），支持基于攻击链模型验证关联多步骤告警和日志，将零散、杂乱、隐蔽的高级攻击碎片线索还原成完整的攻击场景，识别攻击意图，预测攻击路径。

二是异常行为建模分析：利用相关图等相关性方法进行检测并扩充威胁列表，对已知攻击手段、组合攻击手段、未知漏洞攻击和未知代码攻击等网络安全威胁日志数据进行统计建模与分析。

三是攻击行为溯源分析：基于数据挖掘、图计算等技术对各类安全日志进行深度关联分析，以时间线的方式回溯主机失陷攻击的完整过程，包括攻击源、攻击手段、攻击入口、失陷时间等，关联展示失陷主机在内外网的攻击行为、异常访问行为、风险访问行为。

四是场景可视化分析：构建情境模型；根据知识情报和经验，采用机器学习、知识图谱和人工智能技术，基于实际攻击场景构建态势场景；根据网络状态及知识情报库的更新，不断进行场景的优化、迭代；针对海量的网络日志数据进行关联处理，展示攻击路径和攻击方式，为安全防护和事件处置提供支持。

（6）重要业务监测

构建重要业务监测能力，针对业务专网、核心系统、云平台等业务系统，采用入侵行为检测、僵木蠕毒监测、恶意文件监测、敏感信息监测、邮件攻击监测、APT 威胁监测、网络协议攻击监测、异常流量监测等方式，开展重要业务网络安全监测；利用自动化手段，建立自动化分析机制，对所有监测信息进行汇总整合，关联分析来自多个渠道的信息和线索，开展安全场景分析、网络威胁分析、系统威胁分析、用户异常行为分析并进行综合研判，为重要业务系统网络安全保护和事件处置等工作提供支撑。

（7）网络流量监测

构建网络流量监测能力，需要建设入侵行为检测、僵木蠕毒监测、恶意文件监测、敏感信息监测、邮件攻击监测、APT 威胁监测、网络协议攻击监测、异常流量监测等能力。利用多种手段、多个渠道，采取多种方式，组织内部力量和外部支持力量，开展 7×24 小时全方位实时监测，通过监测和审计重要内部网络的用户操作及网络行为，及时发现违规操作、蓄意破坏、病毒传播等直接危害网络安全的异常情况，准确追踪定位威胁源头，对网络异常行为或攻击意图进行识别，为安全防护、应急处置提供支撑。

一是入侵行为检测：基于对资产的动态监控，通过采集进程创建、命令执行、文件变更、系统任务、端口监听、网络连接、系统日志等多种资产关键事件，对入侵行为进行持续监控与扫描，提供完备的入侵检测能力。

二是僵木蠕毒监测：通过恶意文件检测特征库、沙箱检测技术、Shellcode 检测技术，多维度提取攻击行为，发现网络中的 CVE 漏洞利用、病毒感染、恶意代码传播、远控工具和恶意回连行为等威胁。

三是恶意文件监测：以静态检测和动态检测相结合的方式，通过动态执行对文件进行细粒度的行为检测，实现对未知恶意文件的检测。通过静态检测和动态检测对文件进行全面的过滤和分析，结合威胁情报和行为规则，对从网络流量中还原的文件进行精准的未知恶意文件检测。通过多种检测手段捕捉并分析文件中可能包含的恶意行为，从而发现高级威胁，以及网络中的漏洞利用行为、木马控制行为。沙箱检测可以提供更多的高级防逃逸技术，以避免攻击者绕过整个检测系统。

四是敏感信息监测：实现对敏感信息的精准识别、实时监测，对敏感信息进行全面综合分析，包括但不限于滋生的源头、传播的媒体、地域、信息类型、不同时段的传播规律、变化趋势等。

五是邮件攻击监测：对邮件协议进行深度分析，包括基于 WebMail 的漏洞攻击检测和基于邮件附件的恶意文件传输行为检测，从而识别 WebMail 漏洞利用、邮件欺骗、邮件恶意链接、恶意邮件附件、邮件钓鱼等威胁。

六是 APT 威胁监测：APT 攻击挖掘分析，针对边界突破、横向渗透进行 APT 攻击的识别、发现、溯源。提供流量行为管理、流量安全检测与追溯及网络全流量威胁检测能力；提供互联网应用系统 Web 漏洞与攻击识别、攻击取证、回溯分析等网络安全保障能力；利用零日漏洞等未知威胁检测 APT 攻击链，有效发现 APT 攻击及各种常见攻击；针对网络入侵攻击，尤其是 Web 应用攻击、隐蔽黑客控制，对攻击者广泛采用的 0day/*N*day 漏洞、渗透入侵等技术进行深度分析，挖掘网络中的已知和未知攻击威胁并进行关联分析，根据其对系统造成的实际影响做出判断并报警；对邮件协议进行深度分析，通过对已知和未知漏洞的扫描和动态分析，检测邮件内容及附件中是否包含 APT 安全威胁。

七是网络协议攻击监测：对双向全流量进行深度解析，提供全面的检测和预警能力。利用各种检测手段，发现网络流量中的恶意攻击和零日攻击，实现攻击性为的主动发现和预警；通过对内外网的流量镜像协议解析、文件采集、审计和还原，实现全协议审计；审计分析流量数据，详细记录所有的审计数据包，对目标网络进行流量采集，并对流量进行协议解析。对网络用户的行为进行分析挖掘，解析流量中的协议内容和协议类型，对用户应用的构成进行分析识别，实时监测应用会话，快速对协议行为进行定位分析。

八是异常流量监测：实现 DNS 流量检测，对 DNS 协议进行解析，识别并记录 DNS 协议异常，基于对 DGA 域名请求的识别能力，对 DNS 流量进行分析，检测僵木蠕感染主机、C&C 回连 IP 地址和域名等问题，有效定位网络内部已被僵尸网络或木马控制的主机；实现 DDoS 异常流量检测，对数据包进行分析，检测 SYN Flood、UDP Flood、DNS Query Flood、ICMP Flood、HTTP GET Flood、C&C 等 DDoS 异常流量。

（8）监测预警信息库管理

构建监测预警信息库管理能力，对主机监测、网络日志监测、重要业务监测、网络流量监测等产生的数据信息进行统一管理，形成监测预警的业务状态库、日志库、原始流量库等，具备多源异构安全数据的统一采集、存储与综合管理能力，对威胁分析所需各类安全数据进行统一采集、处理和存储，实现安全大数据的高效处理。通过业务状态库，实现安全状态、运行状态、数据流动信息的采集、存储与使用。通过日志库，实现网络设备日志、安全设备日志、网络链路日志等的存储与管理。通过原始流量库，采集、存储、使用和管理互联网出入口、内外网连接处、内网重要节点等位置的流量数据。

2.5.5 技术对抗能力

网络安全的本质是技术对抗，是攻防双方的谋略斗争、智慧较量和对抗反制过程。国家网络安全提档升级跨进新时代，对网络安全提出了新要求。

新时代网络安全最显著的特征是技术对抗，这要求我们树立新理念、采取新举措，大力提升防御能力和技术对抗能力，在技术对抗和斗争中赢得胜利。一是科学设计网络整体架构，采取分区分域策略，缩减归并互联网出口，强化网络边界防护。二是对网络应用进行集中化、集约化建设，落实统一防护策略。三是开展互联网暴露面治理，收敛暴露面，关停废弃老旧资产，识别未知资产。四是清除暴露在互联网上的敏感信息，监控特权账户，清理僵尸账户。五是部署探针和蜜罐等设备，模拟真实的业务场景，捕获攻击行为，及时发现和阻断攻击行为，有效反制攻击活动。六是全面收集安全日志，构建智能化的攻击模型，溯源网络攻击路径，对攻击者进行画像，发现 APT 攻击行为，为案件侦查、事件调查、完善防护策略和措施提供支持。七是加强安全教育培训，提高社会工程学攻击识别能力，提升全员安全防范意识，防范钓鱼攻击。八是采取纵深防御措施，落实区域边界隔离、接入认证、主客体访问控制等措施，建立网络访问规范，层层设防。九是落实互联网、业务内网等网络的边界监测措施，严防违规外联。十是加强精准防护，对物理主机、云上主机等进行安全加固，对各类终端系统进行集中管理，落实访问控制措施和白名单机制。十一是大力开展攻防演习和威胁情报工作，提升主动防御能力。

1. 管理制度

（1）建立攻防演习管理制度

建立攻防演习管理制度，提升技术对抗管理能力。演习的目的，一是及时发现和消除重大网络安全风险隐患，全方位感知网络安全态势，掌握关键信息基础设施安全保护状况；二是提高重点行业单位、社会力量与公安机关联合应对网络安全威胁的协调配合和应急处置能力；三是健全完善国家网络安全综合防护体系，以攻促防、强化备战，严密防范和有效应对敌对国家、敌对势力、敌对组织的网络攻击威胁。

攻防演习应设置裁判组、攻击组、防守组、技术支援组、专家组等，共同研究制定演习方案，严格落实“全程监控、全程录屏、全程录像、全程审计”的安全管控要求。演习开始前，需要搭建与调试实战攻防演习环境（实战攻防演习平台、实战攻防演习终端、实战攻防演习大屏等），编制攻防双方的操作规则、得失分规则、授权文档、保密协议，明确技术保障支撑工作等相关内容。技术保障支撑工作的主要目的是保证演习过程连贯。演习结束后，需要组织攻击方和防守方进行演习复盘总结。

（2）编制应急演练预案并进行演练

编制应急演练预案，验证应急预案的适用性。检验突发事件应急预案，提高应急预案的针对性、时效性和可操作性。强化监管部门、保护工作部门、运营者、网络安全服务机构之间的协调与配合。运营者应每年至少组织开展一次应急演练，以找出网络安全问题和薄弱环节，完善突发事件应急准备和应急机制，根据演练情况对应急预案进行评估和改进；建立和保持可靠的信息渠道及应急人员的协同性，确保所有应急组织都熟悉并能够正确履行其职责；锻炼应急响应队伍，提高应急人员在紧急情况下妥善处置突发安全事件的能力；加强培训，提高员工对突发安全事件的防范意识和应对能力，主动发现安全隐患和安全问题。

（3）制定安全准入管理和威胁情报机制

制定安全准入管理措施，提升网络安全接入控制能力。梳理互联网接入行为，对网络应用进行集中化、集约化建设。开展互联网暴露面治理，收敛暴露面，关停废弃老旧资产，识别未知资产，清除暴露在互联网上的敏感信息，加强特权账户管理，清理僵尸账户。坚持“情报引领安全防范”的理念，加强威胁情报工作，与保护工作部门、公安机关、安全服务机构等建立威胁情报机制，并落实具体措施。

2. 技术措施

构建技术对抗能力，需要实现相关技术措施的有效聚合和一体化管理。一是围绕关键业务的可持续运行，基于真实业务、测试环境或仿真靶场设定演练场景，定期组织开展本单位的攻防演练，及时发现并整改网络安全深层问题隐患，检验网络安全防护措施的有效性和应急处置能力。二是采用网络空间测绘技术，落实暴露面治理措施，发现面向互联网的资产、系统及相关漏洞，掌握本行业的资产暴露情况。三是采用攻击诱捕、识别、分析等技术措施，提升溯源分析能力，分析和处置监测发现的攻击活动，采取诱捕、干扰、阻断、加固等多种技术手段，切断攻击路径并快速处置攻击活动。四是建立威胁情报技术能力，掌握攻击的战术、方法和行为模式，了解潜在的安全风险和威胁，建立外部协同网络威胁情报共享机制，与权威网络威胁情报机构协同联动，实现跨行业、跨领域的网络安全联防联控。

（1）架构设计

运营者应组织建立攻防兼备的网络安全专门技术队伍，采取各种手段，阻击、反制和对抗网络攻击。图 2-12 给出了技术对抗管理能力设计。

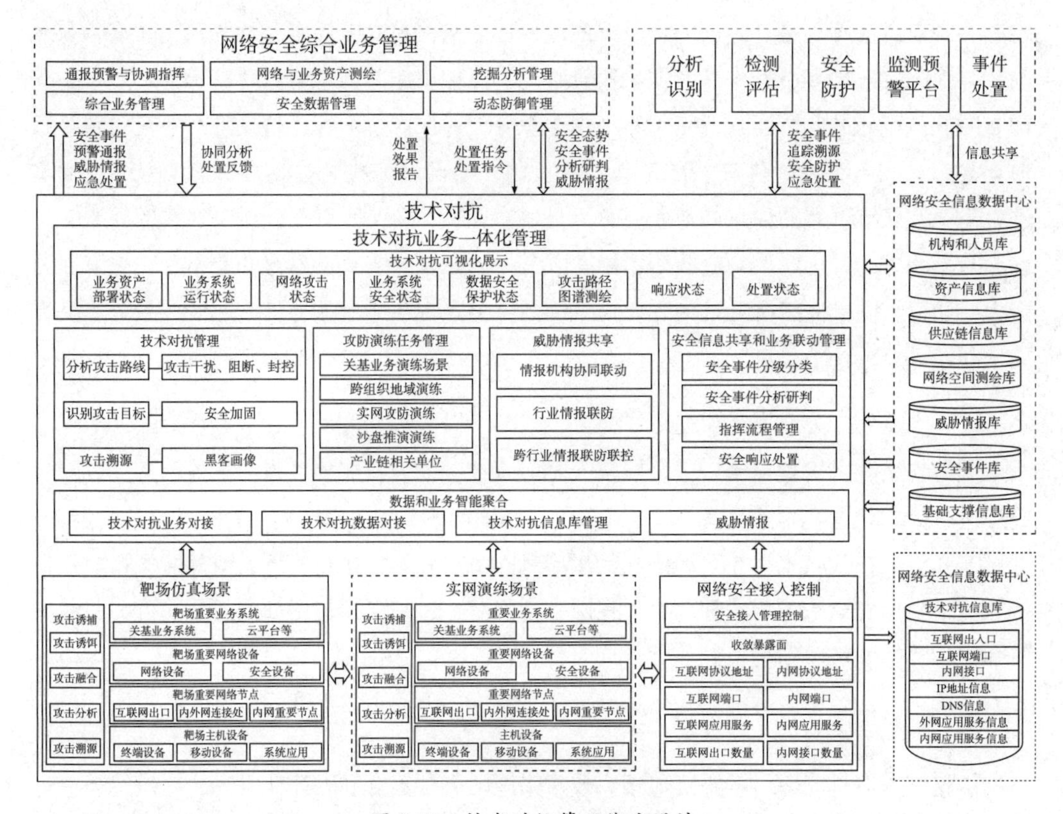

图 2-12　技术对抗管理能力设计

（2）一体化管理

构建技术对抗一体化管理能力，需要优化整合现有的攻防技术措施和新型技术手段，提供可视化展示、安全业务综合管理、数据和业务智能聚合等能力。通过可视化展示，实现业务资产部署状态、业务系统运行状态、网络攻击状态、业务系统安全状态、数据安全保护状态、响应状态、处置状态等的可视化及攻击路径图谱测绘。通过综合业务管理，实现技术对抗管理、攻防演练任务管理、威胁情报共享、安全信息共享和业务联动管理。通过数据和业务智能聚合，实现技术对抗业务对接、技术对抗数据对接、技术对抗信息库管理等能力，并与安全防护、事件处置、风险评估、分析识别等平台进行数据交互和业务对接。

技术对抗一体化管理能力主要包括以下方面。

一是攻防演练：开展攻防演练，提升技术对抗能力。围绕关键业务的可持续运行，设定演练场景，定期组织开展本单位的攻防演练，及时发现并整改网络安全深层问题隐患，检验网络安全防护措施的有效性和应急处置能力，以攻促防，增强网络攻防技术对抗和谋略斗争能力。针对攻防演练中发现的安全问题及风险，及时整改，消除结构性、全局性风险。关键信息基础设施跨组织、跨地域运行的，应组织或参加实网攻防演练；在不适合开展实网攻防演练的场景中，采取沙盘推演的方式进行攻防演练；将关键信息基础设施核心供应链、紧密上下游产业链等业务相关单位纳入演练范畴。

二是应急演练：应急演练的主要目的是发现、查找事件处置和应急预案方面存在的问题，提高应急预案的科学性、实用性和可操作性。通过应急演练，能够进一步明确应急相关方的职责，理顺工作流程、工作关系，提高信息共享、联动协调能力；加强保障，查找和发现应急队伍、物资准备、技术储备等方面的不足，并及时调整补充。定期组织应急演练，检验应急预案的可行性、应急准备的充分性、联动机制的协调性及技术队伍的处置能力，帮助相关人员进一步熟悉关键信息基础设施安全应急的目标、流程等。当行业关键信息基础设施发生重大网络安全事件或者被发现面临重大网络安全威胁时，运营者应立即启动本单位网络安全事件应急预案，固定和留存相关证据。

三是应急预案管理：关键信息基础设施安全应急预案，依据适用对象可分为关键信息基础设施安全总体应急预案、专项应急预案、现场处置方案。总体应急预案是应急预案体系的总纲，明确了各类网络安全事件的分类分级标准和预案框架体系，规定了应对网络安全事件的组织体系、工作机制等，为预防和处置各类网络安全事件提供指导。专项应急预案是按照总体应急预案的程序和要求，针对具体的网络安全事件或特定的信息系统制定的响应计划、方案，可细分为信息系统专项预案、安全事件专项预案、重大活动保障专项预案。关键信息基础设施应急预案是运营者在总体应急预案和专项应急预案的指导下，针对关键信息基础设施制定的适合本单位现场应急处置的操作办法或计划方案，它对总体应急预案、专项应急预案进行了延伸和细化，是关键信息基础设施运营者和安全服务机构针对关键信息基础设施开展网络安全应急响应的工作指南，实现了预案场景的管理、个性化预案的编排与协同、预案流程的管理。相关人员可根据不同的场景制定不同的应急预案，并为依据应急预案进行的应急响应演练提供支持；在战时，可依据应急预案快速调配相关资源，实现平时和战时的迅速切换。

四是应急演练管理：实现演练任务和演练方案管理。演练任务的管理包括演练任务的新增、修改、删除等。创建应急演练任务，设置任务的名称、时间、相关事件预案、演练要求；设置演练方案，包括演练时间、演练组织者、演练事件类型、涉及系统、演练目的、参演单位及相关联系人信息等。演练结束后，应进行总结，导入演练任务及相关单位的总结报告，由相关单位及专家对演练进行效果评估和任务总结，并上传总结报告，对不同演练任务和演练方案进行汇总呈现。

（3）靶场仿真场景

构建靶场仿真场景，需要提升构建大规模复杂训练环境的能力。通过实物构建与软件虚拟相结合的方式，将仿真网络设备、实装设备、虚拟网络、虚拟节点混合编排，对训练环境中大量的硬件设备和虚拟计算资源进行管控，构建大规模高真实度的模拟环境。此外，要具备快速构建训练环境的能力，以满足动态调整及还原与重构历史训练环境的需求。

（4）网络安全接入控制

网络安全接入控制主要包括安全接入管理控制、收敛暴露面等，目的是发现面向互联网的资产、系统及相关漏洞，掌握本行业的资产暴露情况，对修复进度进行跟踪，降低受攻击的可能性。

一是缩减和集中互联网出入口：各重要行业部门的分支机构在设计互联网出入口时应向上或就近归集管理，减少互联网出入口的数量，在互联网出入口部署安全防护设备；识别并减少互联网和内网资产的 IP 地址、端口、应用服务等暴露面，减少对外暴露本单位组织架构、邮箱账号、组织通讯录等内部信息，防止攻击者进行社会工程学攻击。业务收缩保护是指通过安全接入网关将重要业务收缩到内网中，对外隐藏网络拓扑，避免恶意扫描探测，同时，只有满足安全基线的终端才能访问业务。

二是加强域名管理：梳理互联网网站，压缩网站数量，排查历史域名，及时清除废弃域名，确保在线应用系统全部可管可控。

三是加强终端控制：部署终端统一管控措施，及时修补漏洞；强化用户管理，集中管控用户操作行为日志，加强特权用户设备和账号的自动发现、申领、保管；客户端收集终端安全环境信息并上报至网络安全接入系统控制中心进行分析，如果存在风险，则不允许接入业务，以保证业务安全。

四是数据泄密防护：针对重要数据和核心数据，通过代理网关访问敏感数据，确保数据不出内网；对一般数据，可通过终端虚拟数据沙箱进行保护。

五是清理老旧资产：建立动态的资产台账，掌握资产分布与归属情况；关停老旧和废弃系统，下线过期资产，清理无用账户。

六是收敛暴露面：杜绝在互联网公共存储空间（代码托管平台、文库、网盘等）中存放网络拓扑图、源代码、IP 地址规划等技术文档。运营者应及时了解本单位的资产在互联网上的暴露情况，确定收敛暴露面的策略，加强暴露面管理，包括 IT、OT、IoT 等数字资产的发现、资产脆弱性与修复管理、云上资产的发现和风险管理、远程办公服务管理、敏感数据泄露监测、第三方供应链资产管理、省市级单位与直属单位的资产管理。

七是加强 App 管理：根据移动业务需求，厘清现有 App 的状况，按照最小化原则归集建设；加强 App 和应用后端的安全检测与防护，严格控制信息外泄。

（5）攻击诱捕

网络攻击诱捕的主要任务是监测识别并分析攻击行为。在网络关键节点部署蜜罐、沙箱等攻击监测设备，识别和发现攻击情况，分析和处置攻击活动，包括分析攻击者、攻击源、攻击者行为、攻击能力、攻击策略、攻击路径、攻击方法、攻击工具、攻击目标等，采取诱捕、干扰、阻断、加固等多种技术手段切断攻击路径并快速处置网络攻击事件。及时对网络攻击活动开展溯源，对攻击者进行画像，为案件侦查、事件调查及完善防护策略和措施提供支持。从所有边界防护手段都有可能被绕过的角度设置系统的最后一道防线，在核心网络资产边界，根据攻击探测、横向攻击、纵向投放等攻击特征，规模化部署诱饵目标，以发现和诱捕攻击者，实现对攻击行为的实时准确（无误报）感知，对攻击源头进行实时追踪溯源，积极主动地进行全网应急响应。通过蜜罐组网、蜜罐诱饵构建高精度蜜网，对踩点探测、漏洞利用、渗透入侵、数据窃取、痕迹清理等攻击数据进行捕获，利用捕获的数据及威胁情报数据、攻防溯源数据，对攻击过程进行综合分析，对攻击者进行画像，利用画像数据进行应急处置和取证反制。基于虚拟系统搭建仿真业务环境，通过蜜网与真实业务系统的“混搭”，利用具有易被利用漏洞的虚假业务系统，诱导攻击者进入蜜网环境，采取攻击流量隔离、攻击行为记录、攻击特征提取、攻击源感染、攻击源追溯等威胁处置措施，实现如下目标。

一是发现攻击：不同于传统的特征码、行为特征等策略，网络欺骗策略利用多种欺骗技术吸引和诱导攻击者，使其访问欺骗系统故意暴露的虚拟的密钥、文档、主机、网络等，一旦这些正常用户难以触及的资源被访问，就说明系统正受到攻击。

二是粘住攻击：基于一系列欺骗手段，将网络攻击的矛头一步步引向欺骗系统部署的虚假环境，从而消耗攻击者的时间、精力和资源，降低其攻击重要真实系统的可能性。

三是释放攻击：在欺骗环境中，攻击者为了达到自己的目的，会大量暴露其攻击手段、方法和工具，这为防御方制定有效的防御策略甚至溯源反制赢得了主动。

四是溯源反制：攻击者暴露于欺骗环境中，处于防御监视的视野内，防御方可以主动释放追踪溯源工具或者通过分析攻击工具、跳板资源等手段追踪溯源，并在必要时进行反制。

五是入侵行为欺骗：识别异常请求，将其引导至沙箱进行捕获；分析攻击行为，降低攻击效率，并将攻击真实业务的请求重定向至诱捕页面，获取攻击者的指纹信息；提供适配常被利用的业务组件的边界防御能力，有效防御高级威胁使用的低频慢速爆破攻击。

六是攻击事件复现：蜜罐依托沙箱、诱饵对网络中未知的 APT、其他未知威胁和正在发生的攻击行为进行捕获，并对整个攻击事件进行复现，帮助网络安全管理人员掌握攻击轨迹和攻击细节，以及网络内部的安全漏洞和风险。

七是完整举证、快速溯源：通过欺骗防御技术，基于捕获的攻击者指纹特征，生成完整的攻击者画像并精准溯源；联动防火墙，快速封堵恶意行为。基于所识别的恶意网络行为，在终端进行恶意行为关联分析、进程链举证处置，从而实现对同类威胁的智能免疫。在发现真实的攻击行为时，立即响应，快速封堵，实现安全处置闭环，缩短响应时间。

（6）威胁情报

针对网络攻击、威胁和破坏活动，运营者应以保护关键信息基础设施、重要网络系统和重要数据安全为目标，大力开展网络安全威胁情报工作；加强综合分析研判，配合公安机关开展溯源固证和侦查打击等工作；及时获取情报线索，有力支撑网络安全重大决策、安全防护、信息通报预警、应急处置等重点工作。一是搜集开源情报，对境内外媒体网站、社交平台、即时通信工具、社区论坛、暗网等重点部位开展网络安全信息巡查，及时搜集涉及本行业、本领域的网络安全重大威胁、重大事件、重点国家和组织的突出动向等开源情报信息和事件线索。二是运用技术方法，及时发现攻击者、被攻击端、攻击方法、攻击路径等，实时掌握网络安全动向、攻击活动，获取情报和线索。三是加强威胁情报分析研判，及时对通过不同渠道获得的威胁情报和安全事件信息等进行关联分析和研判，评估威胁情报的真实性、时效性、可靠性和重要程度，形成有价值的情报，充分依托大数据资源和大数据分析挖掘技术，深挖情报线索。四是开展追踪溯源，充分利用各种数据资源和技术手段，对攻击者、被攻击者、网络安全事件进行画像，追踪查找攻击源头，固定证据，以支撑事件处置、侦查打击和安全防护。五是加强跟踪研究，积累和掌握攻击者的深层背景、人员构成、组织架构、战略战术、武器装备、网络攻击资源、技术手段、攻击目标、行动时间规律等基础资料，为及时获得重要威胁情报提供支撑。

构建威胁情报能力，需要利用各种威胁情报，识别外部攻击行为，定位与外部攻击行为有关的资产信息和漏洞，分析 IP 地址信誉、DNS 信誉、文件信誉等，实现被攻击资产分析、外部攻击识别、漏洞情报对比分析等，将安全情报数据与安全设备关联起来，快速、精准地定位关键信息基础设施的安全威胁隐患，提供防护手段或应对措施建议。

一是多源情报聚合：通过与云端威胁情报互联，实时更新情报数据，提供共享情报数据的 API，以及在本地导入威胁情报数据的能力。

二是安全态势呈现：通过安全情报、安全资讯、告警信息、资产信息等数据，在地图上展示威胁来源的物理位置，评估威胁风险等级，发布资产风险告警等。

三是情报详情展示：按照 GB/T 36643—2018《网络安全威胁信息格式规范》的要求展示情报详情和上下文，包括情报标题、情报概述、涉及的网络运营商（或者主管部门）、原始信息来源、情报来源、最早公开时间、告警级别、评分、行业、威胁分类、黑客组织或团体、参考信息、受影响的组织、攻击目标、利用手段、指示器、应对措施、更新日志、威胁主体信息等，帮助运营者更好地理解情报内容，进行下一步战略部署。

（7）技术对抗信息库管理

构建技术对抗信息库管理能力，需要实现互联网出入口、互联网端口、内网接口、IP 地址信息、DNS 信息、外网应用服务信息、内网应用服务信息的综合管理，为缩减和集中互联网出入口、加强域名管理、加强终端控制、数据泄密防护、清理老旧资产、收敛暴露面等业务工作提供支持。收集与使用靶场演练过程中产生的对抗数据，以及诱捕到的网络攻击方法、手段等信息，验证现有防护策略和技术措施的有效性，迭代提升网络安全防护能力和事件处置效能。技术对抗信息库还可以为实训演练和技术对抗提供素材，以提升关键信息基础设施从业人员的应急知识水平和实战能力。

2.5.6　事件处置能力

依据国家和行业的联防联控要求，建立网络安全事件管理制度，明确不同网络安全事件的处置与响应流程，建立通报预警及内外部协作处置机制；明确人员职责，建立并实施资产安全管理、安全配置管理、漏洞持续管理、补丁管理、安全策略管理、风险持续监测和安全事件响应处置闭环流程。按照国家网络安全事件应急预案的要求，制定网络安全事件应急预案并定期开展应急演练；建立安全事件上报制度，当发生网络安全事件时，应按照有关规定及时报告保护工作部门和公安机关。

1. 管理制度

（1）建立网络安全事件管理制度

网络安全事件管理制度应描述本单位内与事件管理有关的组织架构；参照《网络安全事件分类分级指南》，明确不同网络安全事件的类型、等级，以及特殊时期的网络安全事件报告、处置和响应流程；制定应急预案等网络安全事件管理文档。

（2）建立网络安全事件分类分级管理制度

运营者在建立本组织的网络安全事件分类分级管理制度时，应明确关键信息基础设施预警信息分级标准，并建设安全大数据分析研判能力。同时，运营者应参照《网络安全事件分类分级指南》等标准，明确预警信息分级标准。例如，将预警信息分为四级，分别对应于发生或可能发生特别重大事件、重大事件、较大事件和一般事件。

（3）完善网络和数据安全响应处置机制

运营者应参照《网络安全预警指南》，建立预警信息响应处置机制，明确不同级别预警信息的报告、响应和处置流程。网络系统的主管和运营部门接到网络安全预警信息后，应开展如下工作：分析研判相关事件或威胁对自身保护对象可能造成损害的程度；向上级部门和主管部门汇报研判结果；经上级部门和主管部门同意，采用适当的形式向相关用户发送预警或通告；启动应急预案。

（4）制定重大事件和威胁报告规范

运营者应明确重大事件报告流程和方法。当发生重大网络安全事件或者发现重大网络安全威胁，以及网络系统中出现大规模重要数据、大量个人身份信息泄露等特别重大网络安全事件时，运营者应第一时间向保护工作部门、公安机关报告，并立即开展应急处置，保护现场，留存相关网络日志、流量及攻击样本等证据，配合公安机关开展调查处置。

（5）制定网络安全事件应急预案

运营者应按照国家网络安全事件应急预案的要求，制定本组织的网络安全事件应急预案；每年至少组织开展一次应急演练，并根据演练情况对应急预案进行评估和改进；指导网络安全事件处置资源调度工作，为网络安全事件处置提供相应的资源；组建专门网络安全应急支撑队伍、专家队伍，确保安全事件得到及时有效处置，如在系统发生变更或者网络安全事件管理制度在实施、执行或演练中遇到问题时，及时修改预案并通报相关人员或角色；按规定参与和配合相关部门开展网络安全应急演练、应急处置、案件侦办等工作。

（6）建立通报预警及协作处置机制

建设内部沟通合作机制，加强管理人员、网络安全管理机构与内部其他部门之间的沟通与合作，定期召开协调会议，共同研判、处置网络安全问题；建设外部协作处置机制，建立和维护外联单位联系表（包含外联单位名称、合作内容、联系人和联系方式等信息）。对安全事件处置进行跨部门协调、资源管理、会商组织、预警通报和预案管理，使其符合国家联防联控相关要求，并及时将信息共享给相关方。根据行业监测预警和信息通报制度的要求进行监测预警与信息上报；根据保护工作部门的预警通报信息，及时处置安全事件和安全漏洞，上报处置结果。

2. 技术措施

构建事件处置能力，需要实现相关技术措施的有效聚合和一体化管理。一是构建自动化事件报告技术能力，协助生成事件报告。二是构建分析研判技术能力，为决策人员通过网络安全事件信息主动获取与呈报事件有关的情报信息，以及研判人员开展多部门或多地联合的网络安全事件研判等提供支撑。三是建立自动化编排响应技术能力，针对重大网络安全事件，通过编排可执行的数字化应急预案和可机读的威胁情报，结合事前应急演练，实现对预警响应流程和应急响应流程的全方位支撑，以及各类资源的统筹调度、情报共享、协同联动。四是采用电子邮件、数据平台、专用 App 等技术手段，及时通报安全事件及其处置情况。五是构建事件处置资源调度能力，落实应急队伍管理、装备管理、应急知识管理等，建立应急队伍库、处置装备库、应急知识库等。

（1）架构设计

图 2-13 为安全事件处置能力设计框架。事件处置需要整合包括单位、人员、装备、手段在内的网络空间治理资源，建立健全跨部门、跨地区、跨层级的网络安全指挥体系；需要快速调动专家资源对事件进行分析研判，根据事件等级，协同技术支撑单位、网络安全厂商、网络安全专家等，通过装备和手段支撑应急工作，保障网络安全；需要在重大安全事件应急响应、重大漏洞风险专项检查期间，快速调度相关资源，及时发现网络安全威胁，

高效处置网络安全威胁事件，并开展检查、处置效果综合评估等工作，增强行业关键信息基础设施的整体应急处置水平。事件处置通过事件处置服务总线，打通与检测评估、监测预警及技术对抗的业务协同接口、数据服务接口、通信接口，并实现接口的统一管理。

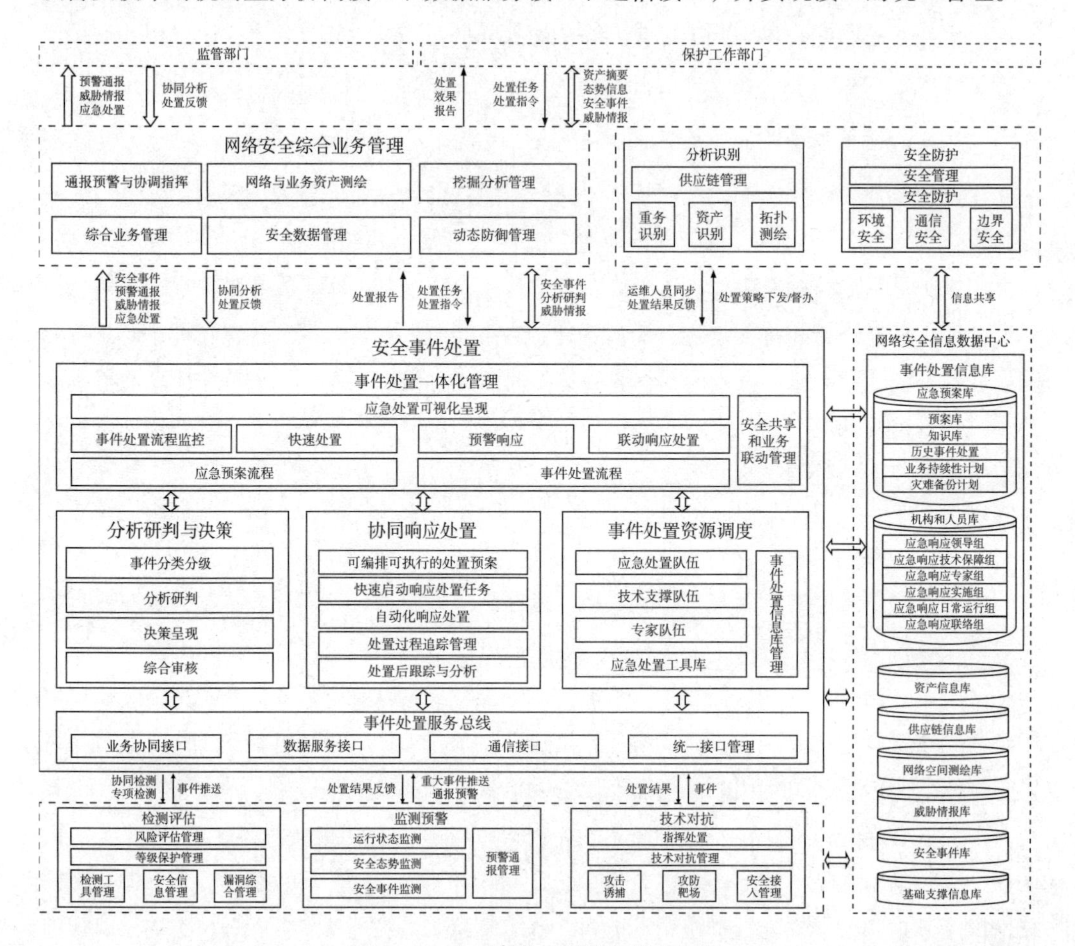

图 2-13 安全事件处置能力设计框架

（2）一体化管理

构建事件处置一体化管理能力，需要优化整合现有的技术措施和新型技术手段，实现事件处置管理、安全共享和业务联动管理、事件处置服务总线管理。事件处置管理包括应急处置可视化呈现、快速处置、预警响应、联动响应处置等。通过安全共享和业务联动管理、事件处置服务总线管理，实现与分析识别、安全防护、检测评估、监测预警、技术对抗等平台的数据交互及业务对接。事件处置服务总线从常态化安全运营需求出发，整合技术、工具、服务、流程等要素，打通网络安全预防、保障、监控、应急等流程，实现从被动、静态、单点的管理到主动、动态、整体的一体化事件管理的转变。

通过可视化方式实现事件处置一体化管理，对应急任务的网络安全监测情况、网络安全突发事件的发展情况进行实时展示，展示内容包括安全事件进展、影响范围、应急工作情况等。实现事件处置全流程监控，针对各类安全事件，启用相应的应急预案和事件处置流程，实现快速处置、预警响应及联动响应。通过安全共享和业务联动管理，共享事件处置结果数据，并与分析识别和安全防护环节进行业务互动，如联动关键信息基础设施的边界防护组件、主机监测响应组件，实现主动的边界封堵与恶意代码查杀。

（3）分析研判与决策

分析研判与决策通过事件分类分级、分析研判、决策呈现、综合审核等功能，提供分析研判辅助信息，为研判人员开展安全事件研判提供决策支撑。

一是事件分类分级：建立网络安全事件管理制度，按照国家有关网络安全事件分类分级规范和指南，梳理安全事件的等级和类型；根据不同的业务场景定制不同的预案，定义事件的等级和类型，从而确定不同等级和不同类型事件的处置指挥流程、处置要求等。依据《网络安全事件分类分级指南》，将事件等级分为特别重大事件、重大事件、较大事件、一般事件，将事件类型分为有害程序事件、网络攻击事件、信息破坏事件、信息内容安全事件、设备设施故障、灾害性事件、其他事件。

二是分析研判：决策人员可根据网络安全事件的情况主动获取与呈报事件有关的情报信息，为研判人员开展多部门或多地联合的安全事件研判等提供支撑。

三是决策呈现：根据研判结果，设置和管理触发事件决策呈报的内容和规则（如发布预警、启动应急预案、安全通报等），按事件的类型、等级、地区、单位、行业等维度设置呈报触发规则；根据业务需求和用户权限，对事件呈报规则进行管理；所有的呈报内容应集中管控。决策呈现的内容分为预警、通报、应急处置、重大活动安全保障任务等。呈报协同对常规性、业务性的任务进行统一规划、安排和指派，实现任务的新建、分解、落实、汇报等，对复杂任务、团队协作任务逐层分解和细化，以便更好地实施管控。

四是综合审核：对决策呈报及分析研判得出的结论和相关信息进行评估审核，确保其满足相关管理要求才能外发，保证应急指挥工作规范管理和有序开展。同时，基于事件危害等级、影响范围等，根据事件处置的分类分级标准，生成和发布不同等级的预警信息，并依托对预警任务的跟踪、反馈与记录，对预警处置效果进行评估。

（4）协同响应处置

协同响应处置具备可编排可执行的处置预案、快速启动响应处置任务、自动化响应处置、处置过程追踪管理、处置后跟踪与分析等主要功能。

一是可编排可执行的处置预案：针对重大网络安全事件，通过可编排可执行的数字化应急预案和可机读的威胁情报，结合事前应急演练，实现对预警响应流程和应急响应流程的全方位支撑，以及各类资源的统筹调度、情报共享、协同联动；为不同类型的安全事件定义个性化监控指标和视图，对事态发展进行实时监控，提高运营者在重大网络安全事件期间的应急响应能力。

二是快速启动响应处置任务：针对研判后的事件，依据事件级别等信息创建和管理事件处置任务，将相关处置任务和处置策略快速下发至受影响单位和相关责任人，并持续跟踪处置任务的状态。

三是自动化响应处置：安全事件协同响应管理基于编排与自动化响应技术，构建自动化分析、响应、处置脚本；一旦发现安全问题，立即启动预定义的脚本，快速将安全事件闭环处理，对不同类型的风险自动执行不同的处置流程。

四是处置过程追踪管理：依据资源库中的数据及预案，并利用预案中的手段、业务、组织、人员、系统，与资源调度系统有机整合，在任务期间全程监控预案进展，确保预案得到迅速执行、快速响应、及时反馈、有效追踪。

五是处置后跟踪与分析：针对处置完成的任务，总结经验并将其作为后续其他事件处置分析的参考数据，以提高事件处置效率。处置后跟踪与分析主要包括处置任务管理、处置状态跟踪、处置数据统计分析等能力。

（5）事件处置资源调度

事件处置资源调度实现事件处置信息库的动态更新与管理。通过对应急预案库的管理，及时更新预案库、知识库、历史事件处置情况、业务持续性计划、灾难备份计划等内容；通过对机构和人员库的管理，动态更新应急响应领导组、技术保障组、专家组、实施组、联络组、日常运行情况等内容。

事件处置资源调度系统支持多渠道对外发布信息，并对信息的接收情况和反馈情况进行跟踪，以提高信息下发与反馈的时效性、准确性；提供资源协调管理能力，保证资源及时到位；准确掌握资源信息，统一进行管理调度，帮助决策人员合理调度和分配应急资源。

事件处置资源调度系统的任务包括：组建专门网络安全事件应急处置队伍、技术支撑队伍、专家队伍，加强装备、工具、经费等保障；整合包括单位、人员、装备、手段在内的网络空间治理资源，建立健全跨部门、跨地区、跨层级的网络安全指挥体系；快速调动专家资源对事件进行分析研判，根据事件等级，协同技术支撑单位、网络安全厂商、网络安全专家等，通过装备和手段支撑应急工作，保障网络安全；在重大活动安保、重大安全事件应急响应、重大漏洞风险专项检查期间，快速调度相关资源，及时发现网络安全威胁，全面掌握威胁事件发展态势，高效处置威胁事件，并开展检查、处置效果综合评估等工作。

2.6　提升关键信息基础设施的数据安全保护能力

数据是驱动数字经济发展的新要素、持续赋能经济社会的新资产、推动传统生产要素聚变和裂变的新动能。数据构建、重组、更新了生产关系，深刻影响国家政治、经济和社会发展，已成为国家基础性战略资源。数据安全是事关国家安全、经济社会发展和广大人民群众利益的重大问题，对数据的获取、利用和安全保障能力已成为衡量一个国家综合竞争力的重要标志。关键信息基础设施承载着大量涉及国家安全和国民经济运行的重要数据和核心数据，具有价值高、类型丰富、应用场景多、流动路径复杂、保护难度大等特点。

2.6.1　关键信息基础设施的数据安全面临的形势和任务

当前，我国关键信息基础设施数据保护工作处于起步阶段，强化对关键信息基础设施所承载数据的安全保护能力成为国家网络安全的紧迫任务。

1. 充分认识关键信息基础设施安全保护中数据安全的极端重要性和紧迫性

（1）充分认识数字化建设面临的最大威胁是网络攻击

数据安全建设是一个复杂的系统工程。目前，国家正加快推进数字经济发展，加快建设数字政府、数字中国。数字化建设面临的最大威胁是网络攻击，数字化在促进我国经济发展的同时，给国家经济安全带来了风险与挑战，因此，要高度重视数据安全工作。

（2）充分认识数字政府建设中网络安全的复杂性

2022 年 6 月，国务院印发《关于加强数字政府建设的指导意见》（国发〔2022〕14 号）。这是适应国际国内形势变化、实施网络强国战略和大数据战略、引领驱动我国数字经济和数字社会建设的重大战略举措，对于提高政府管理效能和国家治理能力现代化具有重大现实意义。数字政府与传统政府相比，在职能转变、管理理念、服务能力、服务质量等方面都将发生质的变化和飞跃。数字政府的正常运转和顺利运行，严重依赖网络基础设施、信息系统的安全稳定运行及重要数据的安全，因此，要将数字政府网络安全作为一个复杂的系统工程去建设。

（3）明确关键信息基础设施安全保护中的数据安全保护重点工作

一是开展数据资产排查：对本机构产生、汇总、存储、加工、使用、提供的数据进行全面梳理排查，形成数据资产清单。二是建立数据分类分级制度：按照重要性等因素，数据可分为一般、重要、核心三个等级；各行业、各领域应制定数据分类分级指南和数据认定规则，开展数据分类分级工作。三是开展数据备案：按照有关规定和具体要求，将数据分类分级指南和数据认定规则、数据认定结果、数据目录清单等向有关部门备案。四是建立数据安全保护制度：按照法定职责，落实数据安全责任部门、人员，明确任务分工，从数据采集、存储、传输、处理、应用、提供和销毁等环节，加强数据全生命周期、全流程安全保护。五是落实重点保护措施：建立安全检测评估、安全审查、出境安全评估、安全风险监测、事件应急处置和报告及数据流转、交易、出境等管理制度，加强对第三方合作机构的管理。六是采取新理念、新技术，保护数据安全：使用多方计算、区块链等技术，按照“数据不出门、可用不可见”原则，采取建桥、建模、加密传输等新理念、新措施，实现“数据积极应用与确保安全”的目标。

2. 统筹开展数据安全保护、网络安全等级保护和关键信息基础设施安全保护

（1）基本原则

一是坚持依法保护，落实责任。认真履行法律赋予的责任义务，依法强化落实行业主管（监管）部门的主管责任、网络运营者的主体责任、公安机关的指导监督和保卫责任，全面加强重要数据安全保护、保卫和保障工作，依法打击危害重要数据安全的违法犯罪活动。

二是坚持有机衔接，协调推进。将落实数据安全保护制度、网络安全等级保护制度和关键信息基础设施安全保护制度有机衔接，根据网络安全保护等级、数据分级情况，结合已确定的重要信息系统，严格落实相应等级的安全保护管理和技术措施，严密防范和化解重要数据在收集、存储、传输、提供、使用、销毁等数据处理活动中的风险隐患。

三是坚持问题导向、实战引领。聚焦重要数据安全突出问题和薄弱环节，加强战略谋划和战术设计，提档升级各项措施，突出重点，整体防控，科学制定数据安全防护策略，实施重点保护，强化数据安全实时监测、风险评估、通报预警、攻防演习、应急处置和威胁情报等重要措施，重点保护涉及国家安全、国计民生的重要数据和核心数据安全。

（2）工作目标

一是数据安全保护责任有效落实。依法贯彻落实数据安全保护制度，推进各项重点工作，摸清核心数据、重要数据底数并建立目录清单，重点行业领域网络运营者全面落实数据安全保护责任义务。

二是数据安全综合保护能力明显提高。数据访问控制、身份鉴别、安全审计、入侵防范、安全加密、备份恢复等安全措施有效实施，数据安全防护能力、监测预警能力、应急处置能力、技术对抗能力等显著提升，有力应对网络战威胁。

三是数据安全综合防御体系日趋完善。以落实网络安全等级保护制度为基础，以落实关键信息基础设施安全保护制度和数据安全保护制度为重点，三个制度有机衔接，建立完善数据安全综合防御体系，有效防范数据安全重大风险威胁。

3. 将数据安全保护与网络安全等级保护和关键信息基础设施安全保护有机衔接，强化落实重点保护措施

（1）开展顶层设计和规划

结合网络安全等级保护和关键信息基础设施安全保护工作，行业主管（监管）部门编制本行业、本领域数据安全规划和行业标准规范，并组织本行业、本领域实施，网络运营者每年制定并实施数据安全保护计划。数据安全保护措施应与数字基础设施“同步规划、同步建设、同步使用”，并加大投入和保障。使用多方计算、区块链等技术，按照“数据不出门、可用不可见”原则，采取建桥、建模、加密传输等新理念、新措施，实现“数据积极应用与确保安全”的目标。

（2）开展数据分类分级工作

行业主管（监管）部门根据相关数据分类分级指南，制定本行业、本领域的数据分类分级细则，组织指导网络运营者全面梳理本行业、本领域的数据资源，开展数据分类和分级工作，识别一般数据、重要数据和核心数据，形成重要数据目录并按规定上报。在此基础上，梳理掌握数据资产，掌握第三级（含）以上信息系统、关键信息基础设施中重要数

据的存储、传输、使用等情况，形成相应的清单，打牢重要数据安全保护基础。

（3）数据安全保护制度与其他制度有机结合

在建立并落实数据安全保护制度的过程中，应与网络安全等级保护制度、关键信息基础设施安全保护制度密切结合，以深入开展网络安全等级保护工作为基础，以加强数据安全保护和关键信息基础设施安全保护为重点，将三者有机结合。存储、应用重要数据的信息系统，其安全保护等级不低于第三级；存储、应用核心数据的信息系统，其安全保护等级应为第四级；存储、应用大规模重要数据的数据中心，应确定为国家关键信息基础设施。

（4）落实重要数据安全保护责任

第三级（含）以上网络系统、关键信息基础设施的运营者，应确定数据安全管理机构和责任人，运营者的主要负责人为数据安全第一责任人。数据安全管理机构要依法落实数据安全保护职责，加强网络和数据安全保护工作的统筹协调和组织落实。行业主管（监管）部门、网络运营者应分别落实数据安全的主管责任和主体责任，建立并实施评价考核及监督问责机制。

（5）统筹规划重要数据安全保护措施

重要数据的安全保护措施不低于第三级信息系统的保护措施；核心数据的安全保护措施不低于第四级信息系统的保护措施和关键信息基础设施安全保护措施。在网络安全规划设计、工作部署、保护措施、保护要求、风险管控、安全建设和检验措施等方面，将数据安全与网络安全等级保护和关键信息基础设施安全保护的重点措施有机结合，统筹规划，协同落实。

（6）强化落实重要数据安全管理制度

网络运营者应依据相关法律法规和标准要求，密切结合网络安全等级保护管理要求，建立完善重要数据处理活动中的岗位设置、授权审批、资产、介质、安全建设、变更、应急预案、供应链和人员管理等重要数据安全保护制度，加强从数据采集到数据销毁的全流程、全生命周期数据活动管理规范化建设，落实重点管理措施，提升数据安全管理能力和水平。

（7）强化落实重要数据安全保护技术措施

网络运营者应依据相关法律法规和标准要求，密切结合网络安全等级保护技术要求，加强数据安全保护技术体系建设，强化落实访问控制、身份鉴别、安全审计、数据溯源、数据完整性和保密性、数据加密与脱敏、备份恢复和数据、监测与审计等数据安全保护措施，以及工具账户认证审计、批量操作动态授权、数据源头追踪、实时检测预警可疑行为、保护标记数据、集中监测和管控数据获取或使用行为等技术措施。

（8）开展重要数据安全检测评估

网络运营者应对重要数据安全问题隐患进行检测评估，及时发现数据在收集、存储、加工、使用、提供过程中的问题隐患；检测信息系统是否存在业务逻辑缺陷，防范重大数据泄露事件发生；针对重要数据、核心数据，每年至少开展一次安全检测评估。网络运营者可选择等级测评机构，将重要数据安全检测评估与网络安全等级测评、密码安全性评估或关键信息基础设施安全检测评估同步开展。

（9）制定数据安全建设整改方案并实施

网络运营者应根据安全检测评估、风险分析、事件分析、实战检验等发现的问题隐患，以应对大规模网络攻击为目标，制定数据安全建设整改方案并实施；持续完善和调整数据安全防护机制、安全策略、安全管理措施、技术保护措施，积极利用密码、可信计算、多方计算、区块链等新技术、新手段开展数据保护，确保核心资产、重要数据、核心数据得到有效保护。

4. 落实“三化六防”措施，建立重要数据综合防御体系，提升综合防御能力

（1）建立重要数据综合防御体系

立足应对大规模网络攻击威胁，采取加强型、特殊型保护措施，落实“实战化、体系化、常态化”及“动态防御、主动防御、纵深防御、精准防护、整体防控、联防联控”的“三化六防”措施，加强重要数据安全保卫、保护和保障，建立“打防管控”一体化的重要数据安全综合防御体系，大力提升综合防御能力和水平。

（2）开展数据安全风险分析研判，提升风险管控能力

对重要数据全生命周期各环节开展安全隐患识别、威胁分析、风险评估和风险管理，采取一系列风险管控措施，确保重要数据安全。一是分析外部网络攻击窃密风险，分析研判攻击源、攻击对象、攻击手段等。二是分析内部数据泄露风险，如是否存在管理和技术措施不到位等问题。三是从数据采集、存储、传输、使用、共享、销毁等环节分析风险。四是分析岗位人员、设备、网络、信息系统、技术外包、技术服务、云服务等方面的风险。

（3）落实安全监测和通报预警措施，提升发现和通报预警能力

一是将重要数据、第三级（含）以上信息系统、关键信息基础设施一并纳入监测范围，开展 7×24 小时网络安全实时监测，确保第一时间发现网络攻击、重大网络安全事件和重大风险威胁，着力提升监测发现能力。二是将重要数据列为通报预警重要对象，依托国家网络与信息安全信息通报机制，及时收集汇总各方信息，开展威胁分析和态势研判，及时通报预警。

（4）落实重大事件处置措施，提升应对突发事件的能力

建立数据安全事件应急处置机制，制定应急预案，针对不同类型、不同等级的数据安全事件和威胁，采取相应的应急处置措施。定期组织开展应急演练，针对应急演练中发现的突出问题和漏洞隐患，及时整改加固，完善保护措施。加强应急力量建设和应急资源储备，落实 7×24 小时值班值守制度，提升应对突发事件的能力。

（5）严格落实网络和数据安全事件及威胁报告制度

依法落实网络和数据安全事件报告制度，当发现网络攻击、重大网络和数据安全事件及重大威胁时，在确保案（事）件证据不被损毁的情况下开展应急处置，并同步第一时间向同级公安机关网安部门报告，配合公安机关开展案（事）件侦查调查和处置工作。各单位要统筹组织本单位、本行业、本领域认真履行报告责任和义务；对迟报、漏报、瞒报甚至造成案（事）件证据损毁、灭失的单位和个人，公安机关将依法追究其责任。

（6）落实供应链安全管控措施，提升防范供应链风险的能力

加强供应链安全管理，掌握涉及重要数据安全的供应链的情况，包括网络系统建设、运维、托管、外包，以及安全服务机构、人员、网络系统、工具装备等的情况。在重要数据采集、存储、传输、使用、共享、销毁等环节中，加强对服务商和产品供应商的安全管理和准入管理，签订安全保密协议，明确供应链的安全责任和义务，严密防范和消除化解供应链给重要数据安全带来的重大风险挑战。

（7）落实技术应对措施，提升技术对抗能力

清除暴露在互联网上的敏感信息；加强精准防护，对重要数据和数据库、云上重要数据等进行安全加固，落实加密、访问控制、双因素认证等措施；采取纵深防御措施，落实区域边界隔离、违规外联监测、接入认证、主客体访问控制等措施，实现重要数据层层设防；加强威胁情报工作，及时发现、捕获和阻断攻击；绘制网络空间地理信息图谱，开发

智慧大脑，实施“挂图作战”，构建以密码、可信计算、人工智能等为核心的网络安全技术保护体系，提升技术对抗能力。

（8）落实协同联动措施，提升联合应对能力

行业主管（监管）部门、网络运营者要构建协同联动、信息共享与会商决策机制，提升联合应对重大数据安全事件和威胁的能力。在机构内部，建立由多个部门参加的内部联合机制，同时，与行业主管（监管）部门、网络运营者、行业内上下级单位、直属机构建立纵向机制，与公安机关、合作单位、技术支撑机构建立横向机制，形成条块结合、纵横联通、协同联动的数据安全协同联动格局。

5. 加强数据安全监督管理，提升数据安全综合防控能力和水平

（1）开展数据安全检查和自查

行业主管（监管）部门和网络运营者分别定期开展行业检查和自查。检查和自查的主要内容包括：数据安全保护制度建设情况，数据分类分级情况，数据安全保护工作开展情况，责任制落实情况，数据安全管理制度和技术保护措施落实情况，数据安全事件应急处置、演习演练、事件报告情况，安全风险监测预警情况，数据安全保障情况，供应链安全保障情况，重要数据跨境流动情况，数据安全审查和出境评估情况，等等。针对检查发现的问题隐患，应及时整改。

（2）公安机关开展监督检查

公安机关对网络运营者的数据安全保护工作依法开展监督检查，对责任不明确、工作不落实、措施不到位的进行重点督导。针对重要数据安全案（事）件，公安机关开展“一案双查”：一是查清案（事）件情况；二是查清涉案（事）单位的数据安全问题和原因，对不落实数据安全保护法律责任和义务的，依法进行行政处罚，涉嫌违法犯罪的，依法严肃查处。

（3）依法防范和打击危害重要数据安全的违法犯罪活动

公安机关依法严厉打击网络入侵攻击、窃取重要数据，非法采集、获取、使用、提供、交易重要数据和公民个人信息，为违法犯罪分子提供帮助的违法犯罪活动，以及利用暗网售卖数据等违法犯罪活动。网络运营者应积极配合公安机关的行动，如实提供相关数据文件资料，并为公安机关的行动提供技术支持等。

6. 加强数据安全保障，提升综合保障能力和水平

（1）调动社会力量，加强联防联控

网络运营者应与互联网企业、网络安全企业、科研机构、高等院校等建立紧密的合作机制，在确保安全保密的前提下，充分调动社会力量，积极参与数据安全保护工作，加强联防联控，形成群防群治、可持续发展的数据安全保护态势。

（2）建立数据安全保障机制

网络运营者应建立数据安全保障机制，研究解决数据安全管理机构设置、人员配置、经费投入、安全措施建设等重大问题，落实专业人员、经费、装备等保障措施；通过培训、比武演练等方式，加强数据安全人才培养，提升岗位人员的数据安全保护能力。

（3）加强组织领导，狠抓落实

运营者应深入贯彻落实党中央关于数据安全工作的决策部署，切实提高政治站位，加强组织领导，将数据安全工作纳入重要议事日程；建立决策机制，认真落实各项保障措施，解决重大问题，确保数据安全保护工作有序开展。

（4）建立责任追究制度，落实安全责任

运营者应制定网络和数据安全责任制管理办法，健全完善网络和数据安全考核评价与责任追究制度，针对本单位发生的数据安全案（事）件的性质、严重程度和危害程度，确定问责范围，明确约谈、罚款、行政警告、记过、降级、开除等处罚措施，确保数据安全责任落到实处。

（5）加强安全保密，严肃工作纪律

运营者应严肃保密纪律，严格落实保密责任，严防在工作中泄露国家重要数据、核心数据相关信息，严防发生失泄密事件。

2.6.2 数据安全管理机制

建设关键信息基础设施的数据安全管理机制，应遵循《网络安全法》《数据安全法》《个人信息保护法》《关键信息基础设施安全保护条例》等法律法规，参照关键信息基础设施安全保护及数据安全相关国家和行业标准，结合关键信息基础设施运营者的实际情况，建立有衔接、易实施的制度体系。同时，应规范使用个人信息和重要数据的行为，切实保障数据安全和公民个人信息安全。

数据安全管理制度建设包括一个机构、一个框架、三套制度，其中：一个机构是指数据安全管理机构；一个框架是指数据安全管理制度框架；三套制度是指数据安全风险管理制度、数据分类分级管理制度、数据安全事件应急制度。数据安全应着重强化识别、管理、控制、保障四类能力，其中：识别能力是指面向数据处理活动各环节、各要素建立规范化的数据资产和数据流识别能力；管理能力是指依托数据识别，实现数据处理可见、关键节点可控、全过程审计溯源支撑的体系化能力；控制能力是指重点面向数据的访问和使用，建立有别于传统身份权限控制的增强型、动态化数据资源访问控制能力；保障能力是指针对数据收集、存储、使用、加工、传输、提供、公开、删除等环节的保护重点，设置与之相适应的、可提供数据安全保护功能的若干措施和能力，以去标识化、脱敏、分析研判等为重点内容。

2.6.3　数据安全管理机构设置

《关键信息基础设施安全保护条例》第十四条规定，“运营者应当设置专门安全管理机构”；第十五条在履行职责方面对专门安全管理机构提出了具体要求，其中第六款规定专门安全管理机构“履行个人信息和数据安全保护责任，建立健全个人信息和数据安全保护制度”。《数据安全法》第二十七条规定，“重要数据的处理者应当明确数据安全负责人和管理机构，落实数据安全保护责任”。《个人信息保护法》第五十二条规定，“处理个人信息达到国家网信部门规定数量的个人信息处理者应当指定个人信息保护负责人，负责对个人信息处理活动以及采取的保护措施等进行监督”。相关法律法规为数据安全管理机制建设、机构设置提供了指引。对运营者而言，还需要结合实际情况、实际问题，转变思路、创新机制，充分考虑机构设置和制度建设问题。

权责清晰的机构设置是开展制度建设的先决条件。围绕法律法规要求，结合数据安全的特殊性，关键信息基础设施运营者的数据安全管理机构设置应考虑以下三个方面。

一是相对固定。从法律法规的要求看，管理机构是一个常设实体机构，是本单位的数据安全保护工作责任部门，应履行数据安全管理责任。

二是注重衔接。对比《关键信息基础设施安全保护条例》《数据安全法》《个人信息保护法》的相关要求可知，关键信息基础设施运营者宜依托《关键信息基础设施安全保护条例》规定的“专门安全管理机构”，明确数据安全管理相关职责及相应的负责人和岗位角色，即数据安全管理实体可作为“专门安全管理机构”的下设分支，常态化承担相应的管理工作。此外，处理个人信息达到有关规定数量的关键信息基础设施运营者可依托数据安全管理实体，一并考虑指定“个人信息保护负责人”及相关管理团队。

三是适应数据安全管理的特点。数据安全管理最突出的特点是深度介入业务（数据处理活动），甚至需要通过改变现有业务运行方式达到管理效果，所以，应具有干预业务甚至决定业务目的、范围、方式的手段，同时配置及时发现业务运行过程中的数据安全问题的方法。尤其对关键信息基础设施运营者而言，其数据处理活动范围广、链条长、交互多，更关注数据的规范化使用和管理，所以，需要将安全制度要求甚至安全能力嵌入业务流程和业务系统的相关环节。相应的数据安全管理机构在落实安全管理责任的过程中应拥有更大的话语权、裁量权、协调权，并获得更多的资源保障；否则，数据安全管理制度落地将遇到很大的阻力，甚至难以达到数据安全管理效果。

关键信息基础设施运营者可结合实际情况，从两个方面重点考虑管理机构建设。一方面，依托管理机构建立全面的数据处理活动安全审批机制，涵盖收集、存储、使用、加工、传输、提供、公开、删除等环节，在发现重大数据安全问题和风险时，可对相应的处理活动“一票否决”；应将安全要素的审批、评估、评审放到各环节启动之前，如将安全审批作为新业务上线的必选项，将安全审批结论作为是否收集、使用、提供数据的前提。另一方面，有条件的关键信息基础设施运营者，可以考虑在业务系统中置入一体化数据管控方法或手段，以此为基础实现数据处理活动的集中管理。此类方法或手段也可作为数据安全管理机构规范化履职、常态化运行的工具、平台和抓手。

2.6.4 数据安全管理制度建设

关键信息基础设施运营者可采用“依法依规、衔接基础、兼顾特色、突出重点”的思路开展数据安全管理制度建设。依法依规是指严格按照法律要求，参照现有的国家和行业标准进行制度建设。同时，运营者宜在法律法规要求的基础上，研究制定自身的合规基准，并通过体系化的合规基准，向内部各业务部门、相关方统一传达法律法规要求及自身数据安全管理制度，避免单一部门、单一组织面临大量法律法规和技术标准要求时可能出现理解不到位、遗漏重要条款等情况。衔接基础是指数据安全管理制度应衔接网络安全管理制度，尤其在系统安全保障方面，应以网络安全管理为基础。兼顾特色是指在检测评估、监督考核等方面关注与网络安全相关机制的区别和联系。例如，数据安全（含个人信息）方面的检测评估、监督制度建设，应按照法律法规和相关国家标准的指引进行，部分机制可同步实施，但要关注与信息系统安全的区别。突出重点是指要围绕数据安全特有的制度要求（如相关法律中的分类分级、应急处置等要求），着力开展机制建设。

具体而言，关键信息基础设施运营者在开展数据安全管理机制建设时，应根据自身实际情况构建数据安全管理制度体系。

一是总体要求类制度。明确运营者开展数据安全管理工作的总体目标和原则，明确各部门的数据安全保护责任义务，同步考虑数据安全管理机构、负责人、关键岗位人员的责任、履职要求等内容。

二是数据分类分级保护制度。明确关键信息基础设施数据资产类型和等级的确定方法，根据不同的等级采取不同的安全保护措施（可与网络安全等级保护制度、关键信息基础设施安全保护制度同步考虑）。

三是数据安全风险管理制度。风险管理是基线防护的补充与支撑，有助于运营者及时发现问题隐患和危害，是当前实施针对性防护和持续改进数据安全管理制度的重要手段、重要支撑。运营者可根据本书提供的数据安全风险管理思路、要点、环节，将风险管理方法融入数据安全管理体系的各项制度和措施，也可单独设立风险管理制度，将其作为数据安全管理机构履职的重要抓手。

四是数据处理活动各环节安全要求类制度。此类制度可由多套制度组成，用于明确数据处理活动中收集、存储、使用、加工、传输、提供、公开、销毁各环节的安全要求，对重点管理环节（如收集、使用、加工、提供、公开等）设立审批机制和审计机制，对重要活动设立上线前评估审批机制。相关制度建设可与数据安全能力建设同步实施。

五是相关方管理类制度。此类制度可由多套制度组成：面向运营者外部的数据提供方（含个人主体）、数据接收方、数据处理委托方、数据处理受托方等，建立规范化管理机制，明确合同协议范本，重点对数据处理目的、方式、范围和安全保护措施等提出要求；涉及个人信息的，应制定个人信息处理规则，按照《个人信息保护法》的要求建立相应的制度；面向运营者内部的相关方管理，以涉及数据处理活动的人员管理为主，明确录用、上岗、离岗、安全保密协议和教育培训等方面的要求。

六是安全保护类制度。此类制度涉及安全监测、防护加固等方面的安全保护制度，可考虑与系统安全制度同步实施。在应急处置方面，应在网络安全应急预案的基础上，充分考虑数据安全应急要求。

七是衔接法律法规要求类制度。对数据出境、数据安全审查、数据安全风险评估等法律法规有特殊要求的事项，运营者应结合实际情况，主动预先考虑相关内容的衔接性制度建设。

2.6.5 数据分类分级管理制度

数据分类分级是数据安全保护的重要环节之一。在数据分类分级方面，《数据安全法》第二十一条规定，国家建立数据分类分级保护制度，根据数据在经济社会发展中的重要程度，以及一旦遭到篡改、破坏、泄露或者非法获取、非法利用，对国家安全、公共利益或者个人、组织合法权益造成的危害程度，对数据实行分类分级保护。《网络安全标准实践指南——网络数据分类分级指引》指出，数据分级主要从数据安全保护的角度进行，需要考虑影响对象、影响程度两个要素。相关法律法规、标准文件为关键信息基础设施数据分类分级机制建设提供了指引。

充分理解数据分类分级的目的和意义，是建立数据分类分级机制的前提。数据分类分级的目的和意义在于从安全视角对数据资源实施精细化管理和控制：数据分类是基础，通过分类实现对数据的便捷管理，同时确定数据级别；数据分级是结果，根据不同的级别采取不同的防护措施，实现对数据的安全保护。关键信息基础设施数据分类分级机制设计的关键环节如下。

1. 确定数据类型

运营者在对数据进行分类时，应根据数据管理和使用需求，结合关键信息基础设施的应用场景和已有数据的分类情况，灵活选择分类维度，对数据进行细化分类。一是按照数据描述对象分类，可分为用户数据（包括个人用户数据、单位用户数据、联盟团体用户数据等）、业务数据（包括产品数据、运营管理数据、合同协议等）、系统网络运行数据（包括网络配置数据、拓扑结构数据、系统配置数据、运行设备信息等）、安全保障数据（包括安全监测数据、系统日志信息、备份数据、漏洞信息、审计情况记录等）。例如，系统中的个人信息数据，数据类型为“用户数据-个人用户数据”。二是按照运营活动的上下游环节分类，可分为开发数据（包括组件开发数据、原型系统开发数据、安全集成数据等）、生产数据（真实运行环境中产生的所有数据）、测试数据（包括内部测试数据、第三方测试数据等）、运维数据（包括日志数据、报警数据、审计数据、系统监控数据等）、管理数据（包括人员管理数据、财务管理数据、业务流程数据等）、外部数据（外部系统向本系统提供的数据）。三是按照数据来源分类，可分为本地数据（自身业务系统直接产生的数据）、采集数据（通过对接下级业务系统直接采集的数据）、共享数据（其他系统提供的共享数据）、报送数据（系统对外提供的电子数据）、其他数据。

2. 明确数据属性

影响数据分级的要素，包括数据领域、群体、区域、精度、规模、深度、覆盖度、重要性、安全风险等。特定领域、特定群体、特定区域或者达到一定精度和规模的数据，一旦被泄露、篡改或损毁，可能直接危害国家安全、经济运行、社会稳定、公共健康和安全，这些数据涉及领域、群体、区域、精度、规模等数据属性。

数据是信息的存储、传输和记录形式，与信息一对一映射，能够反映人、物、事的状态。数据的各种属性就是反映这些状态的重要性的指标项。综合法律法规、标准文件对重要数据的描述，常见的数据属性包括业务范畴、群体对象、地区范围、精细度、规模、深度、覆盖度、重要性等。这些属性可以分为定量要素和定性要素。例如，精细度、规模、覆盖度等反映程度的属性，能够用具体数值或百分比衡量，通常属于定量要素；业务范畴、群体对象、地区范围、重要性等属性，可以对指标项进行限定描述，通过描述的类别判断其严重程度，通常属于定性要素；深度是刻画数据描述对象的隐含信息或细节信息的属性，通常在对数据进行统计关联分析、挖掘聚合等处理后得到，因此常作为衍生数据的分级要素。关键信息基础设施的数据，使用场景不同，属性也不同，有的常见于特定群体，有的常见于特定精度，运营者需要结合具体场景确定数据属性。

3. 从数据属性出发确定影响程度

影响程度是指数据一旦遭到篡改、破坏、泄露或者被非法获取、非法利用、非法共享，可能造成的危害。在分类分级过程中确定影响程度的途径、方式与在评估过程中不同，对安全风险的发生条件、可能性只做粗粒度的判断，即假设篡改、破坏、泄露等安全事件可能发生或不适用于当前场景。在这种情况下，从数据属性出发确定影响程度是一种相对明确的方法，影响程度从高到低可分为特别严重危害、严重危害、一般危害。

在判断影响程度时，应结合相关法律法规、标准规范，采取的判断基准主要从国家安全、经济运行、社会稳定、公共利益、组织权益、个人权益六个方面考虑，其中经济运行、社会稳定在某种意义上可视为风险管理中国家安全影响方面的扩展。一是在判断对国家安全的影响时，直接影响国家政治安全的，为特别严重危害；对国家安全相关重要领域造成严重威胁的，为严重危害；对国家安全任一相关领域造成直接威胁的，为一般危害。二是在判断对经济运行的影响时，严重危害社会经济发展的，为特别严重危害；直接影响国家经济运行状况和发展趋势的，为严重危害；直接影响市场经济运行秩序的，为一般危害。三是在判断对社会稳定的影响时，直接影响重要民生保障或造成大范围恐慌的，为特别严重危害；严重影响人民群众日常生活或引发社会矛盾激化的，为严重危害；直接影响人民群众、机构组织和公共场所生活秩序的，为一般危害。四是在判断对公共利益的影响时，直接影响重大公共利益的，为特别严重危害；可能直接危害公共健康和安全的，为严重危害；影响小范围公共利益的，为一般危害。五是在判断对组织权益的影响时，导致组织失去经营资格或重要业务无法开展的，为特别严重危害；导致组织短期失去营业资格或部分业务无法开展的，为严重危害；导致组织部分业务中断或产生利益纠纷的，为一般危害。六是在判断对个人权益的影响时，个人信息主体可能遭受重大、不能消除、无法克服的影响的，为特别严重危害；个人信息主体可能遭受较大、克服难度高、消除代价较大的影响的，为严重危害；个人信息主体可能遭受困扰，但可以克服的，为一般危害。

运营者在判断影响程度时，需要从数据属性出发进行具体分析。例如，地理位置信息被泄露，根据数据属性中数据重要性的不同，其影响程度也不同。如果该位置为非重要地点，则可能仅为一般危害；如果该位置为重点生产企业、重要目标场所或未公开的专用公路/机场等，则其一旦被恐怖分子、犯罪分子利用并实施破坏，就可能对国家安全、社会稳定造成严重危害甚至特别严重危害。再如，一定规模的健康生理状况信息被泄露，根据数据属性中数据规模的不同，其影响程度也不同。如果数据规模较小，仅为部分普通人员的健康数据，不足以推测出群体特征，则可能仅为一般危害；如果数据规模较大，如整个地区的民众健康数据，则其一旦被敌对国家和组织获取，就可能推测出特定地区的群体健康特征，并针对这些特征进一步采取威胁行动，对社会稳定造成严重危害甚至特别严重危害。

综上所述，运营者应综合分析数据属性，从风险事件对个人权益、组织权益、公共利益、社会稳定、经济运行、国家安全造成的影响出发，通过定性和定量相结合的方式，判断其影响程度。

4. 综合数据属性和影响程度确定级别

综合数据分级要素，如业务范畴、群体对象、地区范围、精细度、规模、深度、覆盖度、重要性等，根据数据一旦遭到篡改、破坏、泄露或者被非法获取、非法利用、非法共享，对国家安全、经济运行、社会稳定、公共利益、组织权益、个人权益造成的危害程度，将所有数据分成核心数据、重要数据、一般数据三个级别。

一是核心数据。当数据被泄露、篡改、损毁或者被非法获取、非法使用、非法共享时，可能直接对国家安全造成特别严重危害（如直接影响政治安全）或严重危害（如影响国家安全重点领域），或者可能直接对经济运行造成特别严重危害（如影响国民经济命脉），或者可能直接对社会稳定造成特别严重危害（如影响重要民生），或者可能直接对公共利益造成特别严重危害（如影响重大公共利益）的，属于核心数据。例如，覆盖重要特定群体的全部个体的数据，涉及的数据属性包括：群体对象为特定群体；重要性为重要；覆盖度为全部个体。综合考虑各种属性，该类数据重要性和覆盖度高，能反映重要特定群体的信息，甚至可用于推测该群体的特征，一旦泄露可能对国家安全、社会稳定、政治安全造成严重或者特别严重危害，应属于重要数据甚至核心数据范畴。

二是重要数据。当数据被泄露、篡改、损毁或者被非法获取、非法使用、非法共享时，可能直接对国家安全造成一般危害，或者可能直接对经济运行造成严重危害或一般危害，或者可能直接对社会稳定造成严重危害，或者可能直接对公共利益造成严重危害（如危害公共健康和安全）的，属于重要数据。例如，具有知识产权物项的设计原理、制作方法等信息，一旦被黑灰产业链获取售卖，或者被其他组织恶意获取使用，将导致市场秩序严重混乱，可能对国家安全、经济运行产生一般危害或严重危害，应属于重要数据范畴；关键信息基础设施的详细数据，包括网络结构、资产清单、大型设备型号配置等，一旦被不法分子利用，对关键信息基础设施进行网络攻击，造成系统瘫痪、数据泄露等，可能对国家安全、经济运行造成危害，应属于重要数据范畴。

三是一般数据。核心数据、重要数据之外的数据为一般数据。在通常情况下，当数据遭到篡改、破坏、泄露或者被非法获取、非法利用、非法共享时，可能对个人权益、组织权益造成危害，但不会危害国家安全、经济运行，或者可能对个人权益、组织权益造成危害，对社会稳定、公共利益造成一般危害的，属于一般数据。

按照国家法律法规和政策文件的要求，重要数据应采取目录制。对关键信息基础设施运营者而言，为方便结合场景对数据进行更加全面、细致的安全保护，可以根据实际情况进一步细分重要数据和一般数据。在实际操作中，部分行业领域（如工业、电信、金融等）已出台自己的分级规则，为方便行业实践，有些分级规则中的级别不止三个，粒度较细；部分企业已根据自身业务需要，初步对数据进行了级别划分。为方便实践，在遵循相关法律法规、标准文件提供的分级方法的基础上，运营者可以结合现有的数据分级规则，对重要数据和一般数据划分更多的级别，但无论采用何种级别描述方式，都应确保各级别分别与核心数据、重要数据、一般数据建立“多对一”的关系；如果存在某一级别的数据同时对应于核心数据和重要数据或重要数据和一般数据的情况，则应重新进行级别划分。

5. 根据级别确定保护措施

不同级别的数据，保护要求不同。在开展数据保护工作时，需要先对数据进行分类分级，再给不同级别的数据建立相应的全流程数据安全保护措施：一方面，应结合系统安全保障、供应链安全保护等方面的措施，强化包括系统、设备、相关方在内的数据处理环境安全；另一方面，应结合数据安全风险管理方针、数据安全机制建设、数据安全能力建设，完善数据保护措施，从而达到合法、正当使用数据及防范重要数据安全事件的目的。

2.6.6 数据安全风险管理制度

不同的风险管理流程虽在具体操作上存在一定差异，但在实施路径、框架和流程上基本一致。下面阐述数据安全风险管理的关键环节，即风险识别、风险评估、风险处置、改进与监控。

1. 数据安全风险识别

在 GB/T 23694—2013《风险管理 术语》中，“风险识别”一词的定义为“发现、确认和描述风险的过程”。实施数据安全风险管理，首先要进行风险识别。风险识别有助于运营者发现可能影响关键信息基础设施安全的原因、事件、内外部变化因素、威胁、可能的后果、漏洞等。开展风险识别，有助于运营者制定、改进、迭代风险管理计划，在风险事件发生时，可以快速控制或减轻风险带来的影响。数据安全风险管理方法应贯穿安全管理制度，与数据安全分类分级机制同步实施，从事件影响的角度识别和明确风险事件类别，进一步梳理问题与风险事件类别的关系。从事件影响的角度，数据安全风险可分为对国家安全的影响、对公共利益的影响、对组织权益的影响、对个人权益的影响四类。

一是在对国家安全的影响方面，数据与国家的经济运行、社会治理、公共服务、国防安全等密切相关，如果发生关键信息基础设施承载的核心数据、重要数据泄露或违规提供等风险事件，则国家数据主权可能受到侵害，国家安全、社会稳定、经济发展等方面可能遭受损失。

二是在对公共利益的影响方面，为了充分发挥数据价值、切实提供数据服务，关键信息基础设施的数据收集、共享、交换不可避免，这就意味着需要对数据进行采集、传输、加工等处理活动（这些数据可能包含海量的个人信息及特定群体、特定区域的信息等），同时应注意因权益分配不均等导致的风险事件。此类风险事件会给公共利益造成威胁，对民众的生活造成不利影响，严重的甚至会威胁公民的人身安全。

三是在对组织权益的影响方面，数据是关键信息基础设施运营者开展业务的支柱，如果发生数据丢失、泄露等风险事件，则不仅会给运营者造成业务运营异常、声誉受损、客户流失、财务损失等影响，还可能触发责任追究、行政处罚等监管动作，给运营者造成较大影响。此外，要考虑超范围收集、超权限加工等问题及造成的影响，以及在授权范围内因数据获取不足、加工未达到要求造成的影响。

四是在对个人权益的影响方面，数据安全事件的发生可能导致个人权利受到侵害、尊严丧失等，也可能直接导致个人财产损失；涉及敏感个人信息的数据安全事件，可能对个人实施有失公平或违背道德的行为，如歧视、身体伤害等。

2. 数据安全风险评估

运营者开展风险识别后，需要进行风险评估，以进一步分析并了解数据安全风险发生的条件、导致风险的问题等。通过确定风险发生的可能性及风险发生后对关键信息基础设施和数据安全的影响程度，确定风险的级别和优先处置事项，有利于在风险处理阶段有针对性地对不同的业务、设施、系统等开展风险控制。

3. 数据安全风险处置

针对识别评估的数据安全风险项，运营者需要研究并采取相应的处置措施，以减轻已识别的风险并防止其再次发生。风险处理的目的是选择并实施解决风险的措施。常用的风险处置措施有上报、规避、减轻、转移、接受等。

一是风险上报：在通常情况下，如果数据安全风险处理不在或超出关键信息基础设施运营者的管理范围或权限，就可以将风险上报。

二是风险减轻：运营者可以通过事先消除或减弱风险发生的条件降低风险发生的概率，或者采取预防措施减少因风险发生造成的损失（这是一种需要结合安全能力建设达成风险减轻的常用处理方法）。

三是风险转移：运营者可以通过合同、保险或其他方式将损失负担转移给第三方，如通过购买保险、担保书、向风险承担者支付费用等方式进行风险转移。采用此类方法处理风险需要注意：一方面，量化数据资产价值或量化数据安全事件损失是风险转移的前提条件；另一方面，尤其对运营者而言，经济损失的风险可能是可以转移的，但安全责任、安全保护要求是不能转移的。

四是风险规避：当风险潜在威胁的可能性极大、会造成严重后果且损失无法转移、无法承受、无法控制时（如涉及违法违规处理行为，或者可能造成核心数据、重要数据泄露等问题），运营者可主动采用风险规避措施，如主动停止数据处理活动、改变数据处理的方式或范围等。

五是风险接受：当风险潜在威胁的可能性极小，且后果和损失可以忽略不计时，运营者可根据成本等方面的实际情况，选择接受风险。

风险处置措施不一定适合所有风险情况，可能涉及一种或多种措施的组合，运营者可综合考虑自己的目标、可用资源、接受度等做出选择。需要注意的是，无论采取何种处置方法，如果风险事件已经发生，风险的关联问题已经产生，或者违反法律法规要求的情况已经出现，则运营者仍需要依据事件报告机制上报。

4. 数据安全能力改进与监控

不同的数据安全风险处理方式，可能会产生不同的结果，所以，运营者需要预判残余风险、监控次生风险。改进与监控是风险管理的重要组成部分，不仅能确保不同的风险处置措施有效且持续有效，也能帮助运营者持续跟踪风险处理情况并采取相应的措施，以提高关键信息基础设施的数据安全保护能力。

风险管理是一个连续动态的管理过程，需要通过监控风险处置措施的执行情况、有效性、偏差等，改进风险处置措施或者改变风险处置措施的选择。尤其对运营者而言，实施数据安全风险管理的前提是要明确自身对数据安全风险的承受能力，并尽可能在业务性能、数据安全事件涉及的数据规模和范围等方面形成量化指标。只有这样，才能有效制定并实施关键信息基础设施应对数据安全风险的措施，提升安全韧性，提高关键信息基础设施抵御数据安全风险的能力。

2.6.7 数据安全事件应急制度

在关键信息基础设施数据安全事件应对方面，既要注重与网络安全事件应对工作的一致性和衔接性，又要注意数据安全事件在防范对象、影响主体方面与信息系统安全事件存在一定差异，相应的应急机制的重点有所不同。在防范对象方面，信息系统安全事件的防范对象通常为网络攻击者，尤其在关键信息基础设施领域，要应对有组织、成规模的网络攻击事件，而数据安全事件的防范对象，不仅包括外部攻击者，也包括内部不合理、不规范的数据处理操作。在影响主体方面，信息系统安全事件会影响系统功能，甚至会破坏数据，而在关键信息基础设施领域，系统功能与设施属性的关联关系会引发一定的外溢效应。大部分关键信息基础设施的数据具有集中的特点，涉及国家、组织、个人等多个层面，在引发外溢效应的基础上，会直接影响所有的数据提供方和相关使用者。《数据安全法》第二十三条专门提出了数据安全应急机制要求："国家建立数据安全应急处置机制。发生数据安全事件，有关主管部门应当依法启动应急预案，采取相应的应急处置措施，防止危害扩大，消除安全隐患，并及时向社会发布与公众有关的警示信息。"可见，对关键信息基础设施运营者而言，数据安全应急机制应在充分考虑与现有网络安全应急机制衔接的基础上，找准数据安全应急的特点，研究制定数据安全事件应急预案，从事件报告、告知通知、应急支撑三个方面加以完善。

一是由于数据具有流动性，尤其对数据泄露事件（在某种意义上，当数据泄露时，危害和影响就已经发生），现阶段运营者自身没有有效手段迅速控制，只能依靠及时上报、及时通知利害关系方来降低危害和影响。

二是由于数据具有可关联、可衍生的属性，运营者从自身视角难以全面研判风险影响和衍生风险，需要依靠保护工作部门、公安机关和相关主管部门及时开展分析研判，尤其对重大数据安全事件，需要依托相关部门的力量，协同处置应对。

三是基于上述两点，目前攻击者掌握的数据及在黑灰产范围内售卖、提供的数据，一部分经过多重拷贝，难以追溯到"第一个"数据非法获取者，另一部分是由攻击者自身通过数据关联、富化得出的，涵盖不同泄露渠道的数据源。无论是以上述哪种非法手段获取的数据，从数据内容本身都很难溯源数据泄露事件，因此，需要结合数据安全管理机制和手段，设置追踪溯源机制。

1. 数据安全事件报告

《数据安全法》第二十九条规定："开展数据处理活动应当加强风险监测，发现数据安全缺陷、漏洞等风险时，应当立即采取补救措施；发生数据安全事件时，应当立即采取处置措施，按照规定及时告知用户并向有关主管部门报告。"《关键信息基础设施安全保护条例》第十八条也规定了运营者在关键信息基础设施发生重大网络安全事件或者发现重大网络安全威胁时，应当按照有关规定向保护工作部门、公安机关报告。

运营者应结合自身实际情况，对数据安全事件可能涉及的数据处理活动、利害关系人进行清晰的判断，为及时、准确地报告数据安全事件做准备。强化数据资产和数据流梳理，建立动态更新的、符合运营者数据处理活动实际情况的数据安全事件知识库，明确列出事件触发条件、事件发生环节、事件影响对象、事件补救措施等，为小时级事件报告提供规范化的处置支撑能力。

运营者需要依托数据安全事件知识库，结合数据分类分级机制，对事件实施分级管理，在分级管理过程中把握就高原则和预判原则。就高原则是指对同时涉及不同级别、不同规模的数据安全事件，或者一时无法判断级别的数据安全事件，按照其涉及的最高数据级别处理。预判原则是指对低级别的数据安全事件，要从危害影响的角度，重点判断其发展为高级别数据安全事件的可能。此外，可考虑通过历史经验教训总结和信息共享两种方式，持续更新数据安全事件知识库。

2. 数据安全事件告知通知

除特殊情况外，数据安全事件处理的一个重要要求是通知利害关系人。由于关键信息基础设施具有依赖性、关联性，涉及的数据来源广泛，所以，对运营者而言，应以防范衍生风险为出发点，先行建设相应的机制和措施。一方面，对利害关系人信息进行梳理。数据安全事件利害关系人范围较广，既涵盖数据来源方和数据接收方，也涵盖受数据使用、加工直接影响的相关方，其涉及的利害关系人，既包括个人，也包括组织。针对个人的通知，应按照《个人信息保护法》第五十七条的规定执行。另一方面，设置通知内容和流程，在相关法律法规要求的风险情况、危害后果、已采取的补救措施等内容的基础上，建立符合运营者自身情况的模板和审批流程。

3. 数据安全事件应急支撑

数据安全事件应急措施应在网络安全事件应急制度的基础上强化三个方面。一是协同处置：鉴于运营者仅依靠自身手段难以及时消解控制数据安全事件的影响，需要依靠保护工作部门、公安机关、有关部门协同应对数据安全风险，应根据事件类型和影响范围对资源进行协调。二是溯源措施：有条件的运营者应采取相应的机制和技术手段，围绕可能存在的泄露传播数据或情报的情况，建设用于发现是否涉及自身、从哪些环节泄露的技术手段，以便快速启动应急预案、采取补救措施、追究责任。三是进一步完善数据安全事件预防和责任追究机制：加强数据安全事件日常预防工作，做好数据安全检查、隐患排查、风险评估，提高应对数据安全事件的能力，对数据安全事件和问题隐患持续开展安全加固和整改；根据本单位的实际情况，建立数据安全事件配套制度，做到早预警、早发现、早报告、早控制、早解决，并定期组织应急演练；将责任追究机制纳入数据安全管理制度和手段建设的同步考虑事项。

2.6.8　数据安全保护能力

关键信息基础设施的数据安全保护能力很大程度上建立在系统的安全保护能力之上，尤其在安全监测、检测、基础防护方面，应考虑与系统安全保护能力一并建设。图 2-14 给出了关键信息基础设施数据安全重点强化能力框架。下面围绕数据安全的特殊需求，对数据安全的特有能力进行介绍。

1. 全环节数据识别能力

数据识别能力包括对数据资产和数据流的识别能力。资产是安全保护的对象，资产识别是厘清内容、衡量价值的重要手段。保障数据处理活动的首要途径是进行数据流识别，数据资产识别是数据流识别的前提条件。作为基础工作，识别关键信息基础设施中的数据资产和数据流是非常重要的。通过识别关键信息基础设施中的数据资产，可将支撑关键业务稳定运行所必需的设施和系统与其他信息基础设施分开，从而明确保护对象，确定保护范围。

数据资产包括以物理或电子方式记录的任何数据资源。对于关键信息基础设施的数据资源，应优先梳理能够提供各方面价值、具备较高安全保护优先级的数据。这里的数据资产不仅包括运营者拥有或产生的内部数据，还包括通过可靠、合法途径获取的数据。并非所有的数据都能成为价值型数据，运营者可根据自身业务特点，从业务数据中识别出有价值的数据作为资产。数据资产的识别，能帮助运营者全面掌握其所拥有的数据资产信息，对有价值的数据进行分类分级，从而对数据资产进行系统性、体系化的管理与治理。运营者可针对识别出来的数据构建数据资产目录，在数据资产目录的基础上开展数据分类分级、重要数据目录梳理等工作。数据资产目录能帮助运营者、数据管理者、分析人员等清晰地了解数据脉络，掌握数据资产的运行状态，提升对数据资产的管控能力，为业务运转起到良好的支撑作用，让数据在业务流转过程中更规范、更有效，促进数据的应用与共享。

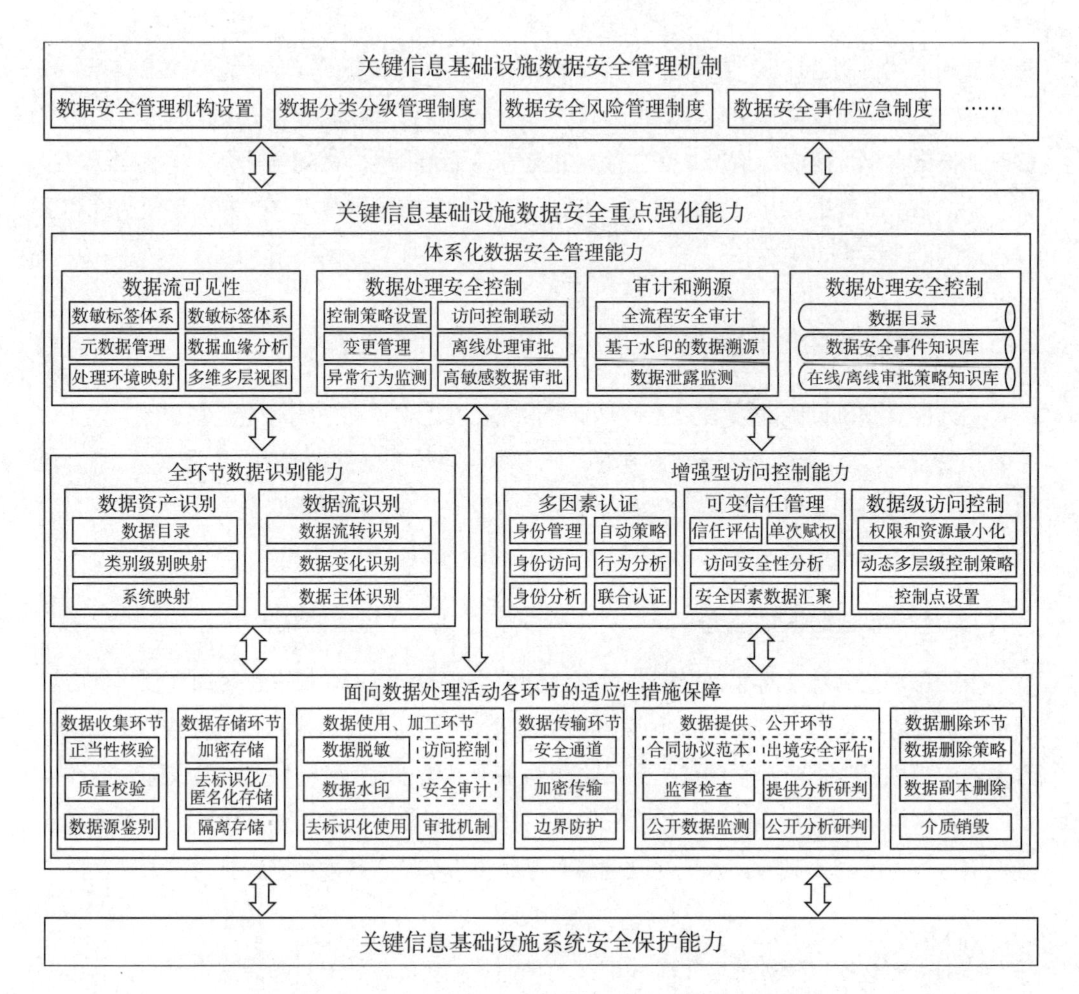

图 2-14 关键信息基础设施数据安全重点强化能力框架

为了清晰掌握数据资产的使用途径，可以从数据传递和数据流向的角度，以图形化的方式展示系统的逻辑功能、数据在系统内部的逻辑流向和逻辑变换过程，这个过程称为数据流识别。数据流识别的内容包括数据主体（如个人、组织、物体等）、业务系统、数据流向、数据变化（如经过业务系统或功能模块加工的数据）、新生成的数据等相关要素。

数据流识别可用于识别关键信息基础设施或业务系统正在执行的数据操作、数据操作正在处理的数据任务及数据的流转、流向。数据操作包括数据的收集、存储、使用、加工、传输、提供、公开、销毁等环节。在数据操作之间，可以用“箭线”说明数据的流转、流向。在“箭线”上可以用数字或字母对业务步骤排序，从而更加直观、准确地标识数据流。

运营者进行数据流识别，可分成两种情况：对已建成并投入使用的系统，通过数据仓库、数据目录中的结果数据逆向回溯数据流转和流向，最终识别出数据流主体（源头）；对正在建设或拟建设的系统，可根据数据操作正向分析数据的流转、流向。数据流图的种类很多，常见的有流程图、泳道图等。

2. 体系化数据安全管理能力

面向业务运行的数据管理技术、系统、平台具有权限管理、审计等安全功能，已被运营者广泛使用。同时，数据安全技术能力关注数据资源流动可见性、异常数据处理行为可感知性、不安全数据处理操作可控性和安全事件可溯源性。运营者可结合现有能力完善数据安全管理功能，有条件的运营者可考虑构建体系化的数据安全管理技术能力，涉及的关键能力如下。

一是动态记录、展示数据处理过程。数据流识别为数据资源流动可见性提供了要素、思路、方法和模型，但从常态化技术管理的角度，还需要通过技术能力实现数据处理过程可见。其一，需要建立统一的数据标签体系。运营者应制定数据标签技术规范，并在合适的位置放置数据标签。这一步通常需要对数据库、大数据平台甚至与应用接口有关的预处理、数据清洗功能做适应性改造，也可依托数据字典、元数据管理统一实施。数据标签有助于实现数据流转的可视、可控，应与数据分类分级机制同步设计。其二，需要围绕数据收集、使用、加工等环节，重点对数据融合、统计、析取等操作建立不同数据项、数据集之间的关联关系图谱，从而实现数据在运营者内部流转过程中的追溯能力（实现此能力的理念之一，业界称为数据血缘）。其三，依托数据标签和数据流识别，建立不同层级、不同维度的数据视图，如数据资产分布图、数据流图、数据血缘关系图等，并在此基础上结合安全能力设置，汇总、分析、展示风险隐患和异常数据处理操作。

二是建立数据安全管控业务流程，实现功能化部署。不同关键信息基础设施的业务场景、数据处理活动存在较大差异，其中可设置的安全管理功能点位也不同，在部分对时延要求极高的设施功能中甚至难以设置数据安全管理控制措施。在这种情况下，运营者可以根据实际情况灵活选择管控措施。运营者应建立在线业务数据安全管理规则，将制度规范要求内容策略化、规则化，以支撑在线业务常态化安全运转，进一步完善变更管理机制；针对数据处理的目的、方式、范围等可能发生变化的情况，设置可及时介入的安全管理机制和相应的策略。在满足在线业务处理安全管理要求的基础上，对难以实现在线安全管理的场景或其他场景，应从以下方面考虑技术能力设置：对时延要求不敏感的场景，宜结合访问控制和审计功能设置审批机制，将法律法规和标准规范要求、运营者内部数据管理制度等作为审批考量的重点，常见于离线数据使用、运营者内部跨部门提供数据、对外提供数据等；对有一定时延要求的场景，可结合增强型动态访问控制能力，设置数据访问、加工等方面的控制措施，逐步实现自动化分析判断能力，常见于数据访问、固定业务活动范围内的数据使用加工等；对时延要求极高的场景，虽难以设置功能级管控措施，但仍需要综合上线前评估、运行中监测、全过程审计来提升管理能力，为数据安全事件的及时响应和处置提供决策依据和技术支撑。

三是结合场景建立数据审计和溯源能力。一方面，运营者应将安全审计贯穿数据处理活动的收集、存储、使用、加工、传输、提供、公开、销毁等环节，保留完整的日志记录，尽量确保溯源数据能重现相应的过程。另一方面，为了应对数据以不同方式（通过协议约定提供等正规方式，或者发生数据窃取、数据泄露等安全事件）流出后的监督管理、安全事件应急、协同处置要求，运营者可使用适应业务场景的数据水印，以提升对数据接收方的监管能力和对事件的溯源能力。数据水印技术机制可考虑与数据标签体系同步实施。

3. 增强型访问控制能力

如何在数据资源开放共享的环境中保障数据安全是各行业关键信息基础设施运营者都需要研究的课题。从数据使用和访问的角度出发，传统的静态且封闭的身份与访问管理机制已无法满足运营者对数据安全的需求，由对身份、权限和授权的不当操作等导致的数据安全事件频发。造成此类现象的主要原因：一是传统的身份认证方式单一，而攻击手段多样，难以判断“身份”背后的真实访问主体；二是仅基于“身份”对某类数据的可访问权限、可使用权限进行判断的方法已无法满足新形势下的数据安全要求，还需要考虑目的、方式等因素，尤其对运营者而言，应结合自身实际考虑数据的安全访问、安全使用。

（1）多因素认证

在关键信息基础设施的复杂网络中，数据访问认证的概念不再局限于对单一账号或设备进行认证，多因素认证除了需要考虑身份可信，还需要考虑数据访问权限、目的、方式等因素，因此，可采用多因素身份认证与多因素数据访问认证相结合的思路开展验证。

一是多因素身份认证着力解决访问主体可信问题，需要对参与访问控制的主体（包括用户、设备、应用和接口等）进行全面的身份化，为其建立唯一的数字身份并设置所需的最小权限。在现代身份治理框架下，核心逻辑之一就是关注身份、账号、权限三个平面及其映射关系：为物理世界的人和物创建数字身份，并关联相应的身份生命周期管理流程；

梳理各业务系统账号和身份的属主关系，控制各账号的权限分配，实现基础授权。在完成访问主体身份化后，访问主体具有了相应的身份属性，复杂网络即可基于属性的访问控制为访问客体（网络、数据）设置其所需的最小访问权限。由此可见，身份化的访问主体与身份和访问管理密切相关。也就是说，以身份管理和权限管理为主体的访问控制提供基础数据，使用身份管理实现对各种身份化实体及身份生命周期的管理，利用权限管理实现对授权策略的细粒度管理和跟踪分析。

- 身份管理：对身份数据和访问权限的管理。身份是指对设备、用户、应用等实体的全面身份化，通过与政府、企业、组织单位等身份源的同步与聚合机制，形成统一身份库作为唯一权威身份源。权限是指主体与客体的访问关系，如为用户授予访问某个应用的权限。按照使用场景和管理的重点，身份管理可细分为身份识别、用户分类管理、用户目录管理和身份生命周期管理。
- 身份访问：管理员在身份系统中为用户建立数字身份后，用户可获取访问账号，使用该账号登录并访问资源。用户的访问过程分为认证和授权两步。认证是指具有身份的主体在访问资源前，需要通过认证服务进行身份识别。授权是指根据访问主体的身份指定相应资源访问权限的行为。用户、设备和应用只能访问获得了授权的应用、服务和数据。
- 身份分析：根据访问上下文的日志，结合身份权限数据进行分析，评估当前身份数据是否存在风险，以及当前访问是否存在风险。分析内容可细分为账号分析和权限分析。

身份管理、身份访问、身份分析是相互联系的：身份访问依据身份和权限数据判断当前用户是谁、是否有访问权限；身份分析依据访问日志和权限数据进行评估；身份分析发现的风险可用于访问控制，若发现当前访问是由攻击者发起的，则阻断攻击者的访问；基于身份分析结果，可以修改身份和权限数据，如发现用户权限不合理后撤销权限、发现账号被盗用后锁定账号。

二是多因素数据访问认证着力解决访问行为可靠性问题，需要根据数据安全需求，与动态访问控制措施共同实施。对关键信息基础设施数据安全需求而言，有多种方式可以辅助实现自动化判断，如访问目的、访问方式、多主体联合认证等。对敏感级别的较低数据，可依托运营者自身的数据安全管理制度，将规则策略化，以实现自动化判断；基于对安全的考虑，可进一步结合场景梳理访问方式，如接入方式、访问连续性、访问时间等，以判断是否属于异常访问行为，用户和实体行为分析（UEBA）技术是实现此类能力的技术方法之一。对敏感级别较高的数据，应采用多主体联合认证的方式：对时延要求不高的场景，可采用较为成熟的不同级别、不同管理角色的审批机制；对时延要求高的场景，可尝试预置规则，但需要根据数据敏感程度设置不同级别的监测和干预措施。

（2）可变信任管理

在多因素认证的基础上，运营者还需要考虑访问控制动态性的问题，即如何通过近实时的分析方法来确定授权的身份权限和访问行为可靠、可信。面向数据访问的身份画像技术是一种实现动态访问分析的措施。使用该技术，通常需要收集额外的安全设备信息，考虑的安全数据包括关联账号、常用设备、常用登录 IP 地址、常用时间、用户基本信息、用户活动信息、用户行为轨迹、风险事件等。通过信息的汇总分析，可具备按时间、设备类型、用户类型、风险事件等维度进行分类统计的能力，以及按时间线审计溯源的能力，多维度展示用户特征，为访问安全策略的制定和审计溯源提供执行依据。

可变信任管理结合动态访问控制设置了细粒度的信任度量机制，一种可参考的实现方法是采用定量方式（如信任评分）划分信任级别，并根据量化指标单次赋予权限。

（3）数据级访问控制

目前，无论是数据库、大数据平台自带的访问控制功能，还是安全设备的访问控制能力，已经可以部分实现对数据资源的访问控制，但要实现数据内容级的访问控制，运营者还需要结合自身的数据存储、使用、加工场景进行适应性改造，以支撑数据资源安全访问中“最后一公里”的控制。针对这一需求，运营者需要结合应用场景进行 API 级、甚至字段级的访问控制改造，以改变以往的库表级、权限级等粗粒度的访问控制状况。

增强级访问控制应以最细粒度为原则，根据数据分类分级机制和数据安全管理机制，结合预先配置的规则和动态多层级控制策略，确保访问主体可获取的权限为其所需的最小权限。

4. 适应性措施保障

数据处理活动的收集、存储、使用、加工、传输、提供、公开、销毁等环节的保护需求、保护重点不同，关键信息基础设施与其他提供服务的系统、平台在数据处理目的、方式、范围、必要性、适当性等方面也有一定差异。下面结合关键信息基础设施的特点，融合法律法规和技术标准的相关要求，对数据处理活动各环节提出保护与保障措施。

（1）数据收集、删除环节应注重质量和一致性

与其他提供服务的系统、平台不同，在通常情况下，关键信息基础设施的数据收集原则上已具备一定的正当性。对运营者而言：一方面，需要在收集环节根据法律法规要求及自身管理制度和功能设计，明确数据收集的目的、方式、范围和可能存在的合同协议范本，确定数据收集渠道、收集频率、外部数据源、相关系统等，以进一步确保数据收集的正当性，防止超范围收集；另一方面，应重点设计和设置保证数据质量和一致性的技术措施，包括但不限于建立数据预处理、转化、加载等方面的安全规范，对数据质量、数据收集设备进行安全监控（尤其对数据收集设备，要监控其安全稳定运行能力），从而及时发现设备被入侵、控制或异常运行等情况，防止未授权或仿冒设备接入，预防收集端的数据污染，建立确保数据真实性、准确性的措施和机制，对数据源进行鉴别和校验，同步考虑数据矫正措施的部署。

在数据销毁环节，运营者应围绕业务要求梳理存储期限，并结合法律法规要求，明确数据销毁、删除的审批机制，重点从识别确定应删除数据、明确数据删除与销毁过程、规范数据删除与销毁方式等方面进行制度设计，尤其对存储介质的销毁，要建立严格的管理和监督机制，对满足删除要求的数据应确保彻底销毁。

（2）数据存储、传输环节应注重技术防护

关键信息基础设施的数据存储通常包括运营者在提供产品和服务、开展经营管理等活动时对数据进行保存的全部过程，包括但不限于采用磁盘、磁带、云存储服务、网络存储设备等载体存储数据。在数据存储过程中，可能存在数据泄露、篡改、丢失、不可用等安全风险。关键信息基础设施数据存储和传输的重点是满足法律法规要求，加强技术防护措施。

一是存储位置和方式要合规。《网络安全法》第三十七条规定，“关键信息基础设施的运营者在中华人民共和国境内运营中收集和产生的个人信息和重要数据应当在境内存储。因业务需要，确需向境外提供的，应当按照国家网信部门会同国务院有关部门制定的办法进行安全评估”。运营者应根据法律要求，梳理自身的数据存储位置，包括但不限于云平台、大数据平台等，以确保存储位置和方式合规。

二是采取加密、去标识化等技术手段保护数据安全。在加密技术和去标识化方面，各国的数据保护法律法规都对个人信息的加密存储和传输提出了要求，以确保个人信息安全。例如，欧盟《通用数据保护条例》（GDPR）的序言和第 32 条规定，数据控制者和数

据处理者应该采取加密之类的措施来降低数据处理的风险，确保个人信息的保密性与完整性；我国的相关数据保护标准对重要数据、敏感个人信息和个人生物特征识别信息的存储提出了加密要求；对运营者而言，密码技术已成为保障数据安全的必选项之一，我国的《商用密码管理条例》对非涉密运营者采用商用密码进行保护提出了要求。

加密除了可以作为敏感数据传输与存储的安全保障技术，还可以作为去标识化和匿名化的技术。然而，由于去标识化和匿名化的使用场景与传统加解密技术不完全等同，即去标识化和匿名化在强调部分和全部场景下防止重新识别的同时，也强调相对开放的数据流转、使用，而加密技术中的密钥、映射表等可能使加密后的标识符复原，所以，即使采取了删除密钥、映射表等措施，使该标识符无法被还原，攻击者也仍有可能结合从其他地方获取的数据来识别特定的主体。运营者应结合实际场景，加强去标识化、匿名化等技术的应用。

去标识化是指通过对数据的技术处理，使其在不借助额外信息的情况下，无法识别或关联数据主体的过程，常用于个人信息处理。去标识化建立在个体基础之上，保留了个体的粒度，采用假名、加密、哈希函数等技术手段完成对个人信息的标识。目前，在不同的国家和地区，去标识化的定义和法律规定有所不同。在定义方面，最大的区别在于是否需要通过间接识别来防止重识别，对实现技术的规定则大同小异。我国《个人信息保护法》第七十三条第三款规定，“去标识化，是指个人信息经过处理，使其在不借助额外信息的情况下无法识别特定自然人的过程”。参照我国现有技术标准，常用的去标识化技术包括统计技术、密码技术、抑制技术、假名化技术、泛化技术、随机化技术等。

匿名化是指通过对数据的技术处理，使数据主体无法被识别或关联，且处理后的信息不能被复原的过程，常用于个人信息处理。根据《个人信息保护法》第四条“个人信息是以电子或者其他方式记录的与已识别或者可识别的自然人有关的各种信息，不包括匿名化处理后的信息”，以及第七十三条第三款“匿名化，是指个人信息经过处理无法识别特定自然人且不能复原的过程”可知，匿名化的信息不再属于个人信息。虽然去标识化和匿名化的含义和要求不同，但它们的技术实现手段大同小异。例如，欧盟 WP29 工作组的《05/2014 关于匿名化技术的意见》提出，匿名化技术主要有随机化、泛化等。匿名化技术可提供个人信息保障，并可用于生成高效的匿名化流程，但前提是其应用设计得当。

运营者在考虑对数据进行去标识化或匿名化处理时，应充分考虑场景、适应性和安全性的有效结合。一是应考虑进一步处理的法律依据和环境是否满足兼容性要求。匿名数据确实不属于数据保护立法的范围，而数据主体可能有权根据其他法律法规获得保护。二是应明确规定去标识化、匿名化流程的先决条件（背景）和目标，最佳解决方案应根据具体情况选择（可能需要通过不同技术的组合确定）。三是在使用去标识化、匿名化技术的同时，应加强管理手段的使用。例如，运营者需考虑匿名化的数据使用场景和目的、匿名化处理到什么程度才可以满足可用性、数据接收方具有的背景知识、重识别能力等。四是应定期进行评估，包括重识别风险评估、去标识化或匿名化处理效果评估、去标识化或匿名化集给数据主体带来的残余风险评估等，以保证去标识化、匿名化达到要求且在当前技术条件下不具备还原能力。可见，去标识化、匿名化不应被视作一次性行为，运营者需结合其他措施，持续跟踪场景需求，逐步完善数据安全技术保护能力。

三是严格区分隔离存储场景。为了确保数据存储安全，相关法律法规和技术标准在不同层面提出了对信息进行隔离存储的要求。一是需要隔离存储的信息，如：去标识化的数据与用于还原数据的恢复文件隔离存储；用于恢复或识别个人的信息与去标识化的信息分开存储；个人生物识别信息与个人身份信息分开存储；低级别的敏感个人信息在存储过程中出现敏感程度上升的，应采取分开存储或去标识化等措施降低存储敏感度。二是加强隔离存储安全管理，如果有恢复原始数据的需求，所采用的技术和方案应经过审批并留存相关记录。三是隔离存储时间最小化，即存储期限不应超过约定的存储期限或数据主体授权同意的有效期；超出存储期限后，应及时进行销毁或匿名化处理，防止数据销毁后被重识别、重关联、非授权使用和泄露。四是隔离方式，可选择逻辑隔离、物理隔离等。五是应定期进行存储位置及环境评审，及时处理不再需要的存储位置；若存储环境发生变化，应保持上下游环境安全策略（包括账号系统、访问控制、加密、审计等）一致，并对存储环境变化情况进行跟踪。

四是加强数据传输安全。在通常情况下，关键信息基础设施的数据传输涵盖运营者将数据从一个实体发送到另一个实体的全过程，按照传输模式可分为内部数据传输和外部数据传输两种，不同传输模式和不同传输对象之间采用的数据传输技术不同。内部数据传输包括运营者内部不同机构、部门、数据中心、系统、平台及相关处理者之间的数据传输，通常涉及互联网、VPN、本地局域网、物理专线等。在传输重要数据和敏感个人信息时：一要建立安全通道，在传输通道两端进行主体身份鉴别和认证；二要采用加密等安全措施加强传输通道的技术防护，保证数据在传输过程中的保密性、完整性、不可否认性，防范数据在传输过程中被泄露、篡改等安全风险，同时，加强密钥管理，以管理密钥的生成、存储、使用、分发、更新、销毁等；三要加强网络边界安全防护，制定分域防护策略，在不同的网络区域或安全域之间进行安全隔离。

（3）数据使用、加工环节应合理规范

关键信息基础设施的数据使用与加工，通常涵盖运营者在提供产品和服务、开展经营管理等活动时进行的数据访问、导出、展示、开发测试、清洗转换、汇聚融合、析取、统计分析等。数据的使用与加工不应超出采集时声明的目的和范围。运营者需要：一是加强鉴权过程安全保护，采用严格的身份鉴别措施，并按照最小授权原则进行访问控制，在对外提供服务时应采取严格的授权访问、使用和管理措施；二是根据数据分类分级机制进行不同类型和不同等级的数据使用加工安全保护，可采用数据脱敏、数据水印等数据保护技术，在数据清洗和转换过程中对重要数据、敏感个人信息进行完整性保护，并进行数据加密存储；三是将安全审计贯穿于数据使用与加工环节，保留完整的日志记录，保证溯源数据能重现相应的过程，将相关审计数据隔离存储；四是结合数据安全管理机制，围绕数据的使用与加工建立审批机制，留存审批记录。此外，多方安全计算、差分隐私等技术已广泛应用于数据使用与加工环节的安全保护，但这些技术如何与关键信息基础设施的应用场景结合还需探索。下面重点对数据脱敏、数据水印方面的技术能力进行描述。

数据脱敏技术在数据使用、加工及对外提供环节应用广泛。数据脱敏是指在不影响数据分析结果的准确性的前提下，在从原始环境向目标环境传输敏感数据时，通过一定的方法消除原始环境中数据的敏感性，并保留目标环境业务所需的数据特性或内容的数据处理过程。常用的数据脱敏方法有泛化脱敏、抑制脱敏、扰乱脱敏、有损脱敏等。根据数据脱敏的实时性和应用场景，常用的数据脱敏方式包括静态脱敏和动态脱敏。数据脱敏一般分为三个阶段：首先，识别数据库中的敏感字段信息；然后，采取替换、过滤、加密、遮蔽或删除等技术手段将敏感属性脱敏（数据脱敏使用的技术与去标识化和匿名化使用的技术在本质上是相同的）；最后，分析评价脱敏处理后的数据集，以确保其符合脱敏要求。

运营者在使用数据脱敏技术时，需要综合考虑各方面的因素。一要确保数据脱敏的有效性。数据脱敏结果正确且满足业务需要，无法通过脱敏数据得到敏感信息，防止使用非敏感数据推断、重建、还原敏感原始数据。对采用随机算法以外技术的脱敏技术，还需要确保脱敏数据可复现，即在这类场景中，对相同的原始数据，在配置相同的算法和参数的情况下，应得到相同的脱敏数据。二要确保数据脱敏的高效性。借助计算机程序实现脱敏自动化并可重复执行，在不影响有效性的前提下，尽可能平衡数据脱敏力度、费用、使用方的业务需求等因素，将数据脱敏工作控制在一定的时间成本和经济成本内，确保数据脱敏的过程和代价可控。三要确保数据脱敏的可配置性。由于不同场景的安全需求不同，数据脱敏的处理方式和处理字段也不尽相同。运营者宜根据场景、等级、类型等条件将脱敏方式规则化，以适应不同的脱敏数据处理需求，并结合数据安全管理制度，建立数据脱敏的审核、审计机制。四要注意区分脱敏场景。数据脱敏后，其使用价值可能降低或被消除，同时，部分数据脱敏后，其与其他数据的关联关系可能被破坏，因此，在采用脱敏技术时，应结合数据处理场景，区分保护环节，建立适当可控的回溯机制，防止因脱敏影响数据处理活动正常开展。运营者还应加强安全管理，采用类似于去标识化的隔离方式，将脱敏数据与用于还原数据的文件隔离存储，并确保敏感数据在未脱敏的情况下不会从机构流出。

数据水印技术也是关键信息基础设施在数据使用与加工环节经常采用的防护和追踪溯源技术。在开展数据安全防护工作的过程中，会有越来越多的数据通过网络使用、传输，部分重要数据即使在脱敏后仍然有巨大的社会价值与经济价值，需要采取额外措施辅助提升数据的可追溯性。在通常情况下，数据水印技术是在数据中植入水印标记的统称。采用数据水印技术，即可在数据交换和数据使用的分发共享、委托处理等环节标识数据的来源、分发对象、分发时间、分发途径及使用范围等。当发生数据泄露事件时，可通过植入的数据水印信息还原上述信息，达到追溯泄露途径、追责泄露人员的目的，从而避免同类数据泄露事件再次发生。

不同于文件级水印技术，数据水印技术采用的方法很多，可概括为三类：行级水印、列级水印和脱敏水印。安全视角的行级水印通常采用伪行水印实现，即在给某些外发数据添加水印时，添加人为生成的若干整行信息，并从中挑选一些字段植入水印信息（挑选的字段一般为身份证号码、电话号码等）。安全视角的列级水印通常采用伪列水印实现，即在分发数据中人为构造一列，并在其中植入水印。无论是行级水印还是列级水印，在配置时还应注意两个技术问题：一是在某种程度上会牺牲数据质量，并影响数据统计等使用与加工行为，在使用与加工环节运用数据水印时，需要考虑对正常数据处理活动的影响，并设置可控的校验措施；二是从技术对抗的角度，需要从抗识别性、仿真度方面提高水印的质量，以防止被攻击者识别。脱敏水印通常是指对行、列数据字段进行变形或置换，并将脱敏数据作为水印的过程，通常可选取包含敏感字段的行或列进行操作。

匿名化、去标识化、脱敏都是保护数据安全的手段，三者在技术实现上有相同之处，但使用目的和方式不同。在关键信息基础设施数据安全保护实践中，应理解三者的区别和联系，根据实际场景设置相应的技术措施。匿名化和去标识化技术的使用目的都是保护数据主体信息不被泄露、不发生授权范围之外的关联，区别在于匿名化强调不可还原性，而去标识化保留了重新识别的可能，但需要将用于识别的信息隔离存储并严格控制其使用。脱敏的范围比匿名化、去标识化广，其使用目的是保护包括数据主体信息在内的信息不被泄露、滥用。在通常情况下，脱敏后的信息用于访问和提供，在这些场景中也应强调不可还原性。

值得一提的是，虽然匿名化、去标识化已广泛应用于个人信息处理，甚至从某种意义上，此类技术的提出和发展源于个人信息安全保护，但从使用目的、方式、技术实现上，此类技术也可用于关键信息基础设施的数据安全保护，如对特定区域、特定群体、特定目标的匿名化或去标识化，可降低重要数据提供、公开环节的安全风险。一种典型的应用是在网络安全信息共享过程中，通过去标识化使被攻击主体的信息无法被识别或关联，并保留威胁信息。采用这种方式，既可以快速分发共享威胁信息，又可以在必要时通过重新识别的方式还原攻击过程。综上所述，运营者应拓展思路、创新机制，将匿名化、去标识化应用于个人信息保护之外的场景中，促进数据的安全使用与共享。

（4）数据提供、公开环节应加强分析研判

当数据处理活动涉及提供、公开环节时，对数据处理者、尤其对运营者而言，需要关注提供和公开的数据内容的适当性，其原因在于，数据一旦提供给接收方或者向社会公开，就意味着控制权的部分或全部转移，即数据的再加工、再提供等行为在一定程度上（数据提供场景）或完全（数据公开场景）脱离了运营者的控制。在应对此类情况时，应从监督管理机制、技术措施等方面考虑，其中最重要的是分析研判。

在监督管理机制方面，运营者应结合自身的数据安全管理机制建设情况，同步考虑数据提供和公开场景下的管理要求。一是规范数据提供相关合同协议范本，严格限制数据接收方的数据处理活动，明确责任义务要求（可要求数据接收方采用同等安全保护措施，并设置监督管理措施）。二是围绕数据的提供和公开建立审批机制，在数据提供活动中重点考察数据接收方的处理目的、方式、范围和安全保护措施，在数据公开活动中重点考察数据公开事权与内容的匹配度、数据来源的敏感性；对公开统计、预测、信息公示等数据，应加强分析研判，重点分析其对国家安全、公共安全、经济安全和社会稳定的影响，可能产生危害影响的不予公开。三是对数据接收方采取适当的监督检查措施，及时发现数据接收方可能存在的超约定范围处理数据、未按要求保护数据等问题隐患。四是对数据公开策略，应结合形势和要求的变化情况建立动态调整机制，及时防止因形势和要求的变化导致的不适宜的数据公开。在技术措施方面，运营者可结合实际场景，使用数据标签体系、数据水印技术加强对提供和公开的数据的安全管控，有条件的运营者也可逐步建立数据泄露情报获取方面的能力。

除上述建议采取的措施外，针对数据出境场景，运营者要严格落实《网络安全法》第三十七条、《数据出境安全评估办法》及《数据出境安全评估申报指南》等法律法规和文件的要求，确保数据出境活动的安全性、规范性。

2.7　提升关键信息基础设施的供应链安全保护能力

供应链是黑客攻击的重要跳板和桥梁，供应链安全是网络安全的最大风险点之一。近年来，我国逐步加强供应链管理，积极应对软件供应链安全攻击事件。相关网络安全法律法规和政策标准对网络产品的采购、使用、审查提出了明确要求，如 GB/T 36637—2018《ICT 供应链安全风险管理指南》针对关键信息基础设施、关键信息基础设施 ICT 提供方和运营者、ICT 供应链安全风险管理提出了体系化的框架和措施。

《关键信息基础设施安全保护要求》针对供应链安全保护提出要求，主要包括：应建立供应链安全管理策略，包括风险管理策略、供应方选择和管理策略、产品开发采购策略、安全维护策略等；应建立供应链安全管理制度，提供用于供应链安全管理的资金、人员和权限等资源，采购通过国家检测认证的设备和产品；应形成年度采购的网络产品和服务清单，建立和维护合格的供应方目录，可能影响国家安全的，应通过国家网络安全审查；应自行或委托第三方网络安全服务机构对定制开发的软件进行源代码安全检测，当使用的网络产品和服务存在安全缺陷、漏洞等风险时，应及时采取措施，消除风险隐患，涉及重大风险的应按规定向有关部门报告。

此外，要强化供应链安全管理，落实供应链安全管理措施，提升安全风险防范能力。一是加强供应链安全管理，从机构人员、资金保障、产品服务、风险管理、安全建设和安全维护等方面予以规范，并采取相应措施确保制度落实。二是加强供应链提供方安全准入管理，对服务方人员进行安全管理，签订安全保密协议，明确安全责任和义务。三是建立供应方目录，定期梳理和更新供应链企业、产品、人员清单。四是针对采购的产品或服务，要求供应方同时提供相关技术文档，并明确产品或服务的知识产权。五是建立风险处理和报告程序，当发生安全风险时，及时采取措施，消除隐患，涉及重大风险的按规定同时向有关部门报告。

2.7.1 软件供应链安全风险管理环节

供应链存在的风险包括：网络产品及关键部件生产、测试、交付、技术支持过程中的安全风险；网络产品和服务提供者利用提供产品和服务的便利条件，非法收集、存储、处理、使用用户相关信息的风险；网络产品和服务提供者利用用户对产品和服务的依赖，损害网络安全和用户利益的风险。

《ICT 供应链安全风险管理指南》给出了恶意篡改、假冒伪劣、供应中断、信息泄露或者违规操作、其他威胁等五类安全威胁。恶意篡改包括恶意程序、硬件木马、外来组件篡改、未经授权的配置、供应信息篡改等。假冒伪劣包括不合格产品、未经授权的生产、假冒产品。供应中断包括突发事件中断（人为的或自然的）、基础设施中断、国际环境影响、不正当竞争行为、不支持的组件等。信息泄露包括共享信息泄露和商业秘密泄露；违规操作包括违规收集或使用用户数据、滥用大数据分析、影响市场秩序等。其他威胁包括需求方风险控制能力下降、合规性差异挑战、全球外部管理挑战等。

针对软件供应链的攻击，不同于以前利用漏洞、权限等直接针对攻击目标的措施，而是通过篡改源代码、植入恶意代码、使用编译工具或封装工具、网站下载、存储介质捆绑等方式对供应链各环节进行攻击，达到提权、攻击、破坏的目的。目前，一些基础开源代码应用广泛，越来越多的开源代码库已成为网络攻击的目标。攻击者往往倾向于利用基础开源代码发动一次行动，造成多次攻击，而不是分别攻击每个应用。恶意开发者甚至可以故意创建恶意代码，让企业在不知情的情况下将恶意代码纳入其代码库，形成隐藏的风险。一旦不法分子利用开源软件的漏洞对电信、能源、交通等行业的关键信息基础设施发动攻击，就可能造成大范围的社会基础设施服务中断，使大量个人信息和重要数据面临泄露的风险。因此，运营者应从开发、交付、应用三个环节加强软件供应链安全风险管理。

1. 开发环节的软件供应链安全风险管理

开发环节涉及编程语言、开发环境、开发框架、测试环境、测试工具、封装工具等要素。运营者应加强开发环节的软件供应链安全风险管理，防止针对软件组成部分和软件环境的攻击。针对软件组成部分的攻击包括：源代码及软件依赖的工具、库、类、函数，未经检验测试就直接使用，容易被污染，或者其本身存在漏洞、后门，可信性、安全性、健壮性不足。针对软件环境的攻击包括：编程工具、打包工具、容器不安全，存在代码泄露和篡改风险；测试工具、环境不安全，存在代码泄露、恶意软件捆绑风险；封装工具不安全，造成恶意代码感染。

2. 交付环节的软件供应链安全风险管理

交付环节是指开发商、代理商、服务推广者等主体将开发的软件交付用户的相关环节，涉及下载网站、网盘、存储介质、在线通信工具等。运营者应加强交付环节的软件供应链安全风险管理，以及发布渠道、发布工具、发布下载的安全管理。针对发布渠道、发布工具不安全，未经检验检测，容易捆绑恶意代码，发布商缺少对软件发布的安全审核，传输途径、存储、发布等环节易发生篡改行为，持续交付、持续部署工具存在安全隐患，开源库和工具没有统一的发布渠道，以及多数开源库和工具未经安全审核就直接发布等问题，应提高发布渠道、发布工具的风险管理能力。在发布下载方面，第三方下载点、云服务、破解软件等的下载和安装都缺少对捆绑软件的审核机制，导致用户在不知情的情况下下载了存在恶意代码或后门的软件，造成捆绑攻击。针对发布站点的攻击，如域名劫持（DNS）、内容分发系统（CDN）缓存节点篡改等，会诱导用户下载存在恶意代码或后门的软件。因此，需要加强发布下载方面的风险管理能力。

3. 应用环节的软件供应链安全风险管理

应用环节包括软件下载、安装、使用、修复、升级、卸载等操作。软件来源不明确，安装工具不可靠，盗版软件，激活工具、注册机等工具存在风险，升级包未经认证，以及补丁包发布不正式等情况，存在一定的安全风险。攻击者可能通过中间人攻击替换升级软件或补丁包，或者通过第三方卸载工具残留的方式，对软件本身及其他软件的可用性造成威胁。因此，应加强应用环节的软件供应链安全风险管理。

2.7.2 软件供应链安全风险管理机制

《ICT 供应链安全风险管理指南》给出了 ICT 供应链安全风险管理过程，包括背景分析、风险分析、风险处置、风险监督和检查、风险沟通和激励，涵盖风险识别、风险分析、风险评价；提出了 ICT 供应链安全风险控制措施，包括技术安全措施和管理安全措施，涵盖物理与环境安全、系统与通信安全、访问控制、标识与鉴别、供应链完整性保护、可追溯性，以及制度、机构、人员、培训、供应链周期管理，管理要素齐全。落实《ICT 供应链安全风险管理指南》，对实现供应链安全风险管理具有重要价值。结合实践，本节提出以下供应链安全管理措施。

1. 完善供应链安全管理体系

制定完善软件供应链安全相关政策、标准、制度、流程，明确监管部门、需求方、供应方、第三方测评机构、技术支撑机构，建立软件供应链安全产业生态体系。明确国家软件供应链安全技术检测机构，加强网络安全专用产品安全检测认证。

国家网络安全职能部门应加强关键信息基础设施供应链安全管理和督促检查。保护工作部门应评估网络产品和服务投入使用后可能带来的国家安全风险，制定行业领域预判指南，建立采购清单定期采集报送机制，每年汇总行业领域运营者采购的网络产品和服务、云计算服务采购清单。运营者要采购通过国家检测认证的网络关键设备和网络安全专用产品；可能影响国家安全的，要通过国家网络安全审查。在采购网络产品和服务时，要明确供应方的安全责任和义务，在设计、研发、生产、交付等关键环节加强对供应方的安全管控，确保供应方不非法获取用户数据、不控制和操作用户系统和设备，防止供应链利用用户对产品的依赖谋取不正当利益。

2. 落实网络安全审查制度

加强软件供应链安全审查。在采购等环节，建立并维护类似于软件物料清单（SBOM）的清单，从软件全生命周期的角度加强软件要素管理，包括相关产品、服务、环境、工具的管控，涵盖软件调用的产品、服务、组件、接口、类、函数、说明许可、知识产权、运营情况。加强对核心网络设备、高性能计算机和服务器、大容量存储设备、大型数据库和应用软件、网络安全设备、云计算服务及其他对关键信息基础设施安全有重要影响的网络产品和服务的审查。

3. 防止开源软件法律风险

开源项目在应用过程中通常需要绑定相关许可证。开源许可证规定了开源代码的知识产权所有者对代码使用者的限制条件，包括是否允许用于商业用途、是否允许用于某些特定领域、是否允许专利授权等，用户选择使用其开源代码，就相当于默认接受相关限制条件。目前，国际上尚未形成统一的开源许可证体系，因此，监管部门、供应方和采购方要重视此问题。

随着开源软件行业的快速发展，国内虽然出现了一批开源组织和自建的代码托管平台，但仍难以撼动美国对开源软件的绝对主导地位，大部分开源代码事实上仍被美国控制。美国的属地管辖不仅增加了相关法律诉讼的成本，也让使用这些开源代码的企业和运营者在知识产权方面面临诸多不确定性，在可能涉及域外法律管辖时，相关的法律风险大幅提高。所以，需要加大自主创新投入，提高代码自主水平，推动构建国产开源生态。

4. 防范供应链断供风险

开源代码托管平台 GitHub 在官方声明中明确表示，相关产品遵守美国出口管理条例（EAR），包括禁止受制裁的国家和团体访问其服务、禁止其企业将服务出售或出口至部分受美国制裁的国家。在当前中美贸易摩擦尚未结束、美国对我国相关企业的制裁并未解除的大背景下，美国对其出口管制规定的不断调整，将导致开源软件因政治、外交、贸易等因素中断供应的风险增加。

5. 加强人才队伍建设

加强代码成分分析能力、代码审计能力、网络攻防能力。加强逆向分析、安全审计、技术对抗的多层次专业人才培养。在软件设计和开发领域，提升解决或防止缓冲区溢出、SQL 注入和跨站脚本等问题的能力。

2.7.3 供应链安全保护能力

提升供应链安全保护能力，可以从以下方向发力。

1. 完善国家软件代码安全漏洞库

建设知识库和平台，优化漏洞发现、报告、使用机制，加强软件源代码管理及后门、漏洞、缺陷管理通报机制建设，将人工智能、深度学习等技术应用于开源软件供应链漏洞挖掘领域，建立通用软件的安全补丁下载平台，保障开源软件供应链安全。

2. 软件供应链安全风险态势感知平台

构建软件供应链安全风险态势感知平台，加强监测预警，处置病毒、木马等。加强软件源代码安全审计，利用代码分析工具等准确识别网络产品中的开源成分，分析开源代码的安全性，为安全评估提供重要的支撑。加强关键软件应急能力建设，检验应急能力、替代措施。加强开源软件产品隐私数据保护，包括智能合约隐私保护技术，以及环签名、同态加密等技术。

3. 开源软件供应链可信组件资源平台

针对开源软件使用量大、使用范围广的特点，国家相关主管部门、权威测评机构和大型互联网企业要加强合作，共同推动开源软件供应链可信组件资源平台的建设及应用，跟踪供应链中的开源组件、许可证、漏洞及相关风险。开源软件的供应方应加强对代码质量、工具和环境的管理，实现开源软件资源安全可控，有效避免大量恶意开源软件代码、后门软件和缺陷代码的引入和扩散。

4. 加强开源软件供应链安全保护措施

应用程序签名是针对开源软件供应链的有效安全防护方法之一。通过镜像签名，任何接收端都能从镜像发布者那里获得一个签名，从而建立一个安全认证信号。这种关系能保证代码在开源软件供应链中不被篡改、添加或删除。通过镜像签名的安全扫描，可以创建一个用于连续监测各种 CVE 数据库的清单，其中包括镜像签名在开源软件供应链中每个环节的打包信息和版本信息。该安全扫描是不停循环的，在发现新的漏洞时会及时通知使用镜像签名的系统管理员或应用程序开发者。这样，安全信息就能动态维护和更新，在将代码部署到实际开发环境之前持续进行检查。

第 3 章　重要信息系统安全保护能力建设实践

本章在前两章的基础上重点介绍重要信息系统安全保护建设的实践案例，通过专网类、大系统类、大平台类、大数据类、工控系统类和新技术应用类重要信息系统安全保护实践及相应的案例，帮助读者进一步了解和掌握重要信息系统安全保护的方法和具体措施。

3.1　专网类重要信息系统安全保护实践

本节通过多个案例，对专网类重要信息系统安全保护实践工作进行深入讨论。

3.1.1　电网安全保护

1. 场景描述

电网是指由变电站、配电站、电力线路和其他供电设施组成的供电网络，包括输电、变电、配电和用电环节，用于连接发电厂和电力用户。根据国家有关要求，结合实际的生产经营情况，电网公司形成了包含生产控制类业务、管理信息类业务和互联网类业务的总体业务架构。生产控制类业务具有毫秒级响应、实时控制的特性；管理信息类业务具有实物资产种类多样、管理精细化的特性；互联网类业务具有业务种类繁多、交互复杂的特性。各类业务有力保障了电网公司生产经营体系的高效运转，同时与外部互联网进行物联、公众服务、第三方服务等形式的交互。电力系统业务架构示意图如图 3-1 所示。

在落实“双碳”战略部署的背景下，电力行业加速构建以新能源为主体的新型电力系统，深度融合低碳能源技术、先进的信息通信技术与控制技术，实现了源端高比例新能源广泛接入、网端资源安全高效灵活配置、荷端多元负荷需求充分满足，具有清洁低碳、安全可控、灵活高效、开放互动、智能友好的特征，能够适应未来能源体系的变革及社会经济发展，为建设能源强国奠定了基础。

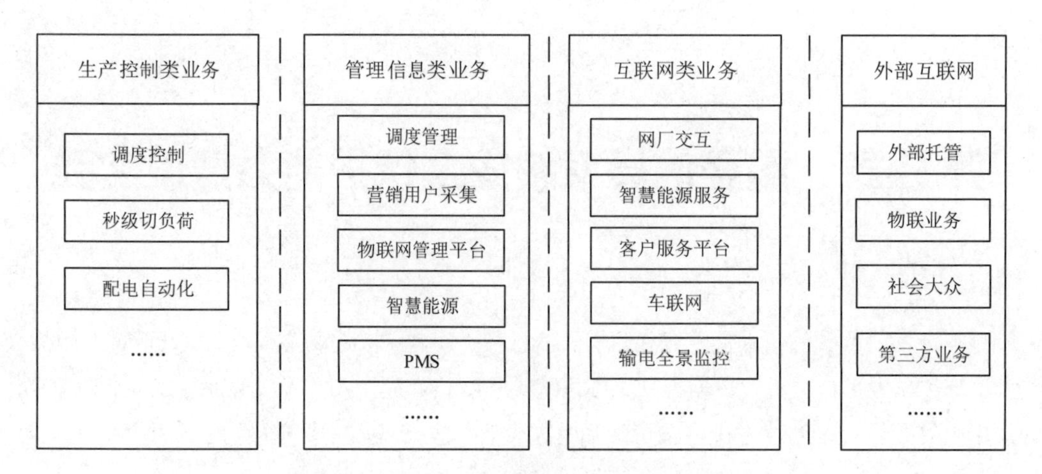

图 3-1 电力系统业务架构示意图

2. 安全防护需求及难点

电网是国民经济的重要命脉，也是其他重要信息系统的重要基础。电网业务系统的内涵和外延不断演进发展，海量的分布式电源及社会化的负荷聚合等平台的接入，以及更加开放的电力市场，使电网由传统的源随荷动模式转变为源网荷储深度交互模式，电力网络空间由相对封闭的专网转变为与互联网融合的广域网，这些都给电力安全生产带来了巨大的挑战。一是生产控制类业务安全防护需确保核心业务和网络不被入侵和控制；二是管理信息类业务安全防护需确保核心网络不被入侵、外围系统接入开放可信，并支持物联业务和终端接入；三是互联网类业务安全防护需确保公众服务类业务安全高效地运行。所以，电网公司需要构建更加开放可信的网络安全防护体系，以支撑电网安全生产、企业高效运营、优质客户服务。

电网安全防护的难点较多。一是电网的生产控制业务风险暴露面大幅扩展。随着海量的分布式能源、储能、电动汽车等交互式、移动式新能源设施及新型智能终端广泛接入，社会化资源及市场主体广泛参与，网络空间边界不断延伸，系统安全边界大幅扩展，导致部分主体直接部署在开放的、不可信的物理环境中，难以构筑安全“围墙”，边界安全风险陡增。二是企业管理经营业务的安全风险越来越高。现有电网的企业管理经营业务较依赖边界保护，无法有效应对攻击者利用业务系统及装备自身的安全漏洞进入系统本体，破坏业务程序、操作系统和硬件设施的攻击行为。此外，广泛存在于重要软件系统和装备中的第三方开源组件、国外元器件，存在断供、内置后门、供应链安全风险等潜在安全威胁。三是对外服务业务面临的新的攻击方式层出不穷。参与用电需求响应的第三方服务企业

（如家用电器服务商等）的产品朝着可通过互联网远程控制的方向发展，而攻击者入侵负荷聚合类平台后，可控制大量可调节负荷（形成群调群控风险），通过网络攻击破坏电网稳定。四是数据安全风险日益凸显。随着电力系统引入多元主体，数据流通共享、交叉访问、协同分析的需求剧增，在挖掘数字价值、发展数字经济的过程中，以获取数据为目的内外部攻击呈现递增趋势。同时，售电公司、电力用户等第三方主体直接参与电力中长期市场、电力现货市场，使电网调度计划的不确定性增加，存在恶意扰乱调度计划的风险。

3. 安全保护实践

（1）安全架构设计

电力系统网络安全防护架构示意图如图 3-2 所示。

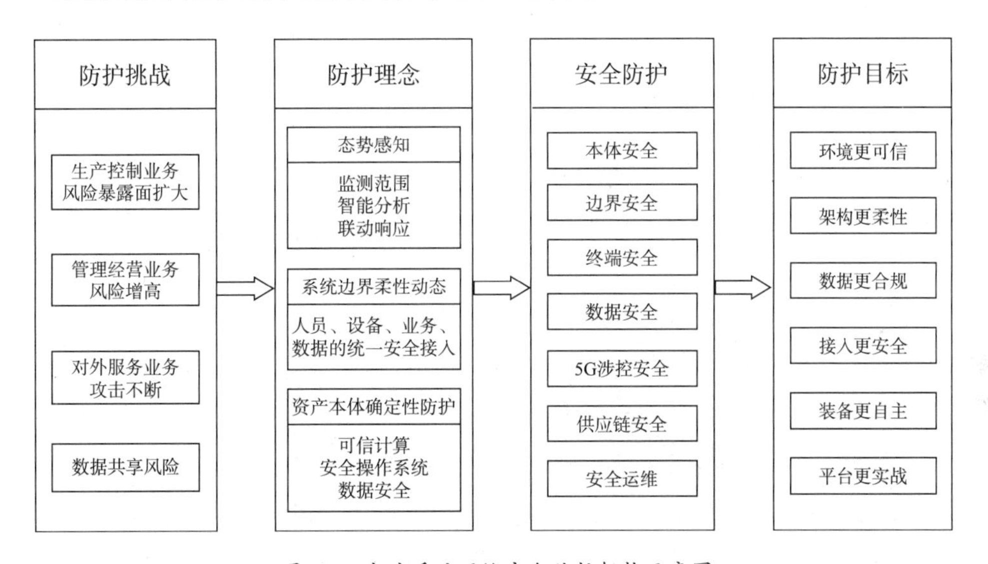

图 3-2　电力系统网络安全防护架构示意图

全面落实《电力监控系统安全防护规定》要求，坚持“安全分区、网络专用、横向隔离、纵向认证”的原则，保障电力系统安全。针对电力系统面临的主要安全风险，构建态势感知、系统边界柔性动态、资产本体确定性防护的防护理念，辅以本体安全、边界安全、终端安全、数据安全、5G 涉控安全、供应链安全、安全运维等技术手段，形成电力系统网络安全防护架构，实现环境更可信、架构更柔性、数据更合规、接入更安全、装备更自主、平台更实战的电力系统数字化安全防护目标。

（2）分析识别措施

通过建设统一权限管理、统一密码服务，构建网络、设备、应用的身份标识统筹管理体系及全场景、全环节的网络身份认证体系，为基于网络、设备、应用身份的动态访问控制奠定基础，实现身份认证机制在人机交互、物联交互、数据共享中的全场景覆盖，达到设备上线即可发现、设备接入就能识别身份、设备未注册就无法访问业务的防护效果。

（3）安全防护措施

一是本体安全。在主机、操作系统、中间件、应用软件等层面加强系统及设备自身的安全，优先采用自主可控、安全可信的产品及服务，使用可信验证等技术，加强关键服务器、业务前置、安全装置等重要设备的安全防护，建立可信的业务执行环境，杜绝恶意代码注入和执行，并满足网络安全等级保护 2.0 标准要求。

二是边界安全。部署软件定义安全专用装置，并通过容器化改造，整合移动类、视频类、采集类等安全接入能力，提供安全接入能力资源池，支持多种业务终端的统一安全接入认证。部署防火墙、入侵检测防御设备、应用层防火墙等硬件防护设备，通过建设边界软件定义网络安全能力，整合安全厂商的核心安全检测引擎，实现多种类、多品牌防护能力的软件化部署和集中管理。

三是终端安全。规范终端安全接入及检测标准，基于统一安全组件集成可信验证、数字证书、安全监测措施，强化终端设备的本体安全防护及监测能力，降低大量非可信空间终端接入带来的风险。

四是数据安全。加强重要和核心数据安全管理，严格把控对外提供数据的审批流程，采用数据加密、脱敏和隐私计算技术，确保数据合规共享。按照“明细数据不出中台”的原则，排查梳理互联网暴露资产，确保生产经营数据及分析结果数据不出网、不触媒，强化对研发过程、大数据分析过程及分析结果数据的管控，防范数据被窃取、泄露、非法使用对电网造成的不良影响。开展重要数据全环节、全生命周期风险分析与监测预警，不断完善数据安全合规体系。研究多方计算、同态加密、联邦学习等技术，以支撑数据开放共享。

五是 5G 涉控安全。采用 5G 切片、控制报文签名、通信数据加密、通信双向认证、设备可信免疫、安全监测等技术手段加强防护，以支撑配电自动化、分布式电源调控、精准负荷控制、配网区域保护等涉控新业态安全，保障 5G 无线专网所承载的电力控制类业务安全，防范黑客及恶意代码等对电力控制类业务的攻击和侵害。

六是供应链安全。加强核心技术装备自主可控，推进核心系统基础软硬件国产化替代。加强信息通信技术“断供”风险管控，建立供应链产品和企业的准入机制，落实供应商管理与评价机制，推进常态化运行管理，加强重要软硬件分销物流管控，实现供应链全环节可信可溯，防范供应链风险。

七是安全运维。对现有网络结构进行优化，使运维终端集中成域，采用安全运维网关作为唯一入口，实现运维过程的授权许可、实时监视、高危指令阻断、事后审计与溯源追责，防范运维人员无意或恶意删除或篡改重要文件、数据库及进行未授权操作等导致的业务异常，以及违规接入外设导致的系统感染恶意代码风险等。

（4）检测评估措施

依照国家对网络安全等级保护的要求，对新上线的业务系统开展系统定级，根据定级结果对业务系统开展等级测评和风险评估，实现业务系统上线时安全防护合法合规、运行时安全风险可控。建设企业级红蓝队等网络安全团队，加强网络安全尖端人才培养，强化实际作战能力，定期开展攻防演练，提升情报共享和技术对抗能力；建设研发仿真环境，深入挖掘业务安全隐患，及时发现并解决存在的风险，提升业务系统的技术对抗能力。

（5）监测预警措施

建设电力监控系统网络安全管理平台，以管控生产控制类业务系统；建设全场景网络安全态势感知平台，以管控管理信息类业务系统。在态势感知的广度上，感知能力进一步向新能源、新负荷、新装备、新应用延伸；在态势感知的深度上，从面向主机设备、网络边界的监测，逐步加深到对业务和数据的安全监测，实现覆盖全业务、全场景、全终端的网络安全监测感知预警。

（6）技术对抗措施

在态势感知平台全场景感知的基础上，结合智能化分析，融合基础库、实时监测数据，整合安全分析能力与响应措施，强化应对安全威胁的联动和编排能力。在监测到安全威胁时，可实现分级精准处置，对网络攻击行为联合实施反制，从而快速恢复业务，提升体系化运营效率和技术对抗能力。

4. 保护效果

电网网络安全防护经过近 20 年的发展，建成了“可管可控、精准防护、可视可信、智能防御”的网络安全防御体系，实现了网络安全核心技术突破，同时，筑牢网络安全“三道防线”，多次经受国家级的实战检验。在“十三五”“十四五”时期，电网网络未发生重要数据及客户敏感信息泄露事件，未发生由网络安全事件引起的电网安全事故，圆满完成了建党100周年、北京冬奥会、青岛上合峰会等重大网络安全保障工作，切实加强了电力重要信息系统安全保护，有效保障了电力系统的安全稳定运行和电力可靠供应，并推动构建新型电力系统，助力国家实现“双碳”目标稳步推进。

经过多年的探索和工程实践，电网网络安全形成的“安全分区、网络专用、横向隔离、纵向认证”十六字方针已成为我国重要工业控制系统网络安全防护体系的基础框架，是我国工业领域网络安全防护的基石，为国家的长治久安和社会稳定提供了有力保障。

3.1.2 政务网络安全保护

随着信息技术的发展和广泛应用，我国电子政务蓬勃发展，政务网络形态和架构不断发展变化，主要经历了四个阶段。第一阶段是机关局域网阶段。20世纪80年代末至21世纪初，一些政府部门在政务活动中意识到要将创新发展与信息技术结合，逐步探索运用计算机、网络及其他通信技术手段实现办公自动化，相继组建成立信息中心并规划建设以局域网架构为基础的电子政务信息系统。第二阶段是纵向专网建设阶段。2002年至2012年，以《国家信息化领导小组关于我国电子政务建设指导意见》（中办发〔2002〕17号）的发布为标志，政务部门业务电子化大幅推进，很多政务部门建设了纵向连接的省地专网，电子政务应用取得显著成效，但与此同时，“烟囱林立”现象突出，数据共享和网络联通难。第三阶段是统一电子政务网络统筹建设阶段。以《“十二五”国家政务信息化工程建设规划》（发改高技〔2012〕1202号）的发布为起点，国家强调统筹建设统一的电子政务网络，同时对部门专网提出明确要求，从专网开始向统一电子政务网络整合迁移。在此期间，政务内网和政务外网快速发展，对跨部门、跨地区的业务和系统的整合共享发挥了重要的支撑作用。第四阶段是智能集约的平台支撑体系建设阶段。以《关于加强数字政府建设的指导意见》的发布为标志，充分利用现有政务信息平台，整合构建结构合理、智能集约的平台支撑体系，政务网络成为支撑我国建设“整体协同、敏捷高效、智能精准、开放透明、公平普惠”的数字政府的重要底座和重要基础设施。

1. 政务网络安全的重要性分析

（1）政务网络的定义和范畴

《国家信息化领导小组关于我国电子政务建设指导意见》对电子政务网络进行了明确

的定义：电子政务网络由政务内网和政务外网构成，两网之间物理隔离，政务外网与互联网之间逻辑隔离。政务内网主要是副省级以上政务部门的办公网，与副省级以下政务部门的办公网物理隔离。政务外网是政府的业务专网，主要运行政务部门面向社会的专业性服务业务和不需要在内网上运行的业务。至此，我国电子政务网络的两网架构正式确立。

《国家信息化领导小组关于推进国家电子政务网络建设的意见》（中办发〔2006〕18 号）进一步明确了电子政务网络的内涵：国家电子政务网络由政务内网和政务外网组成。政务内网由党委、人大、政府、政协、法院、检察院的业务网络互联互通形成，主要满足各级政务部门内部办公、管理、协调、监督和决策的需要，同时满足副省级以上政务部门的特殊办公需要。政务外网主要满足各级政务部门社会管理、公共服务等面向社会服务的需要。此外，多年来在中央部门建设的纵向政务专网和省级政务部门统一建设的省、市、县纵向业务专网中，仍在独立运行的专网也属于政务网络的范畴。

（2）政务网络的特点

一是政务网络具有统筹性。政务网络由国家按照统一规划和统一标准规范分级建设，各行业主管部门的纵向专网由主管部门按照统一的标准规范统筹建设，省级业务专网由省级电子政务主管部门按照统一的标准规范统筹建设。因此，电子政务网络体现出极强的统筹性。

二是政务网络具有集约性。政务网络由原来的分头建设发展到现在的统筹建设，减少了中央部门和省级政务部门纵向业务专网的重复建设，体现出极强的网络集约性。政务网络通常是按云网一体化统一推进的，对跨部门、跨层级的政务业务大集中产生了积极的推动作用，体现出业务集约性。政务网络承载的业务量大，政务数据汇聚集中，体现出数据集约性。

三是政务网络具有公共服务性。政务网络面向各级政府部门提供政务服务，满足其经济调节、市场监管、社会管理和公共服务等方面的需要，是支撑数字政府建设的重要公共基础设施。同时，政务网络承载的各类政务服务面向企事业单位和社会公众提供公共服务。这些特点体现出政务网络极强的公共服务性。

（3）政务网络关键信息基础设施安全保护的重要性

一是《关键信息基础设施安全保护条例》对电子政务关键信息基础设施提出了明确的安全保护要求。该条例第二条明确指出，关键信息基础设施对象包括电子政务行业。政务网络关键信息基础设施连接众多政府部门，承载大量政务服务业务，流转和存储大量重要政务数据，一旦遭到破坏、丧失功能或者发生数据泄露，会严重危害国家安全、国计民生和公共利益。此外，该条例第四十八条明确规定，电子政务关键信息基础设施需按照条例规定履行网络安全保护义务，如果其运营者不履行条例规定的网络安全保护义务，则应依照《网络安全法》的相关规定予以处理。

二是政务网络的稳定、可靠、安全运行对数字政府和数字中国战略有重要的保障和支撑作用。《国民经济和社会发展第十四个五年规划和2035年远景目标纲要》明确提出加快数字化发展、建设数字中国的要求，强调“加快建设数字经济、数字社会、数字政府，以数字化转型整体驱动生产方式、生活方式和治理方式变革”，“将数字技术广泛应用于政府管理服务，推动政府治理流程再造和模式优化，不断提高决策科学性和服务效率”。政务网络作为数字政府的重要基础设施，目前已具备良好的基础，实现了省、市、县各级覆盖，对促进政务信息资源共享，加强一体化政务服务起到至关重要的作用。随着政务网络所承载应用的集约化程度越来越高、政务服务越来越丰富、政务数据规模和价值越来越大，政务网络的稳定、可靠、安全运行对数字政府和数字中国战略实施起到的支撑作用愈加关键。

三是当前严峻的网络安全形势对政务网络关键信息基础设施的统筹保护提出了更高的要求。当前，全球网络安全形势愈加严峻，网络攻击方式演进升级，网络技术对抗愈加激烈，安全漏洞、数据泄露、勒索病毒等安全威胁日益凸显。在利益的驱动下，网络攻击目标愈加精准，攻击者开始通过收集攻击目标的信息，瞄准政务网络等高价值目标实施攻击，给社会稳定运行和民众生产生活造成了严重影响。政务网络建设规模大、承载数据多，分级建设、各自管理的模式和参差不齐的安全防护水平导致政务网络保护难度增大，亟须通过关键信息基础设施安全保护提升整体安全防护水平。

2. 主要目标和依据

政务网络具有跨层级、跨地域、跨系统、跨部门、跨业务的特点，且承载大量的信息和业务系统，数据规模大、价值高。因此，对政务网络关键信息基础设施实施重点保护的需求越来越突出。

（1）主体和范围

一是保护工作部门的职责。电子政务行业主管部门和监督管理部门是负责关键信息基础设施安全保护工作的部门（保护工作部门）。例如，某单位的网信部门就是本单位的关键信息基础设施保护工作部门。各单位可按照《关键信息基础设施安全保护条例》的要求，根据本单位的实际情况确定保护工作部门。保护工作部门的职责主要包括制定关键信息基础设施认定规则、组织运营者完成关键信息基础设施认定、组织运营者完成关键信息基础设施变更、制定安全规划、制定安全监测预警制度、建立健全应急演练制度和定期组织应急演练等。

- 制定关键信息基础设施认定规则：保护工作部门结合电子政务行业的实际情况，参考电子政务行业网络设施、信息系统等对电子政务行业关键核心业务的重要程度，遭到破坏、丧失功能或者数据泄露可能带来的危害程度，以及对其他行业和领域的关联性影响等原则，编制电子政务行业关键信息基础设施认定规则，组织关键信息基础设施保护专家对认定规则进行评审，并在修改完善后报公安部门备案。
- 组织运营者完成关键信息基础设施认定：保护工作部门依据认定规则，统筹组织运营者完成本单位运营的关键信息基础设施的认定工作，并报公安部门备案。保护工作部门将认定结果通知运营者。
- 组织运营者完成关键信息基础设施变更：保护工作部门在对运营者上报的影响认定结果的关键信息基础设施进行重新认定后，将结果通知运营者，并通报公安部门。
- 制定安全规划：保护工作部门制定电子政务行业关键信息基础设施安全规划，明确保护目标、基本要求、工作任务、具体措施。
- 制定安全监测预警制度：保护工作部门建立健全电子政务行业关键信息基础设施安全监测预警制度，及时掌握关键信息基础设施的运行状况、安全态势，预警通报网络安全威胁和隐患，指导运营者做好安全防范工作。
- 建立健全应急演练制度和定期组织应急演练：保护工作部门按照国家网络安全事件应急预案的要求，建立健全电子政务行业网络安全事件应急预案，并定期组织应急演练；指导运营者做好网络安全事件应对处置，根据需要组织人员，提供技术支持。

二是政务网络运营者的职责。政务网络运营者一般是政务网络的建设和运营维护单位，承担关键信息基础设施的主体责任，如各政务部门的信息中心等。保护工作部门可根据实际情况指定各单位的政务网络运营者。

- 完成政务网络关键信息基础设施的识别认定：运营者识别本单位的关键业务和与其有关的外部业务，分析本单位关键业务对外部业务的依赖性及本单位关键业务对外部业务的重要性，梳理关键业务链，明确支撑关键业务的关键信息基础设施的分布和运营情况，在保护工作部门的统筹指导下，完成本单位政务网络关键信息基础设施的认定工作；当发生改建、扩建、责任主体变更等较大变化时，重新开展识别工作，及时将可能影响认定结果的情况报告保护工作部门，并更新资产清单。

- 制定关键信息基础设施安全保护制度和落实保护职责：运营者的主要负责人对关键信息基础设施安全保护负总责，领导关键信息基础设施安全保护和重大网络安全事件处置工作，组织研究解决重大网络安全问题。运营者应建立网络安全工作委员会或领导小组，由本单位主要负责人担任其领导职务，由一名领导班子成员作为首席网络安全官，专职管理或分管关键信息基础设施安全保护工作。运营者应设置专门安全管理机构（若一个运营者有多个关键信息基础设施，则专门安全管理机构可分别设置，也可统一设置），明确机构负责人及岗位，对专门安全管理机构负责人和关键岗位人员进行安全背景审查，建立并实施网络安全考核及监督问责机制。运营者应为每个关键信息基础设施指定一名安全管理责任人。专门安全管理机构参与运营者的网络安全和信息化相关决策。运营者制定适合本单位关键信息基础设施的网络安全保护制度，明确关键信息基础设施安全保护工作的目标，从管理体系、技术体系、运营体系、保障体系等方面进行规划，加强机构、人员、经费、装备等资源保障，以支撑关键信息基础设施安全保护工作。运营者可自行或者委托网络安全服务机构，每年至少对关键信息基础设施进行一次网络安全检测和风险评估，对发现的安全问题及时整改，并按照保护工作部门的要求报送相关信息。当关键信息基础设施发生重大网络安全事件或者发现重大网络安全威胁时，运营者应按照有关规定向保护工作部门、公安机关报告。运营者要优先采购安全可信的网络产品和服务，采购的网络产品和服务可能影响国家安全的，要按照国家网络安全规定进行安全审查；运营者在采购网络产品和服务时，要按照国家有关规定与网络产品和服务提供者签订安全保密协议，明确其技术支持和安全保密义务与责任，并对义务与责任履行情况进行监督。运营者应积极配合保护工作部门开展关键信息基础设施安全检查检测工作，并配合公安、国家安全、保密行政管理、密码管理等部门依法开展关键信息基础设施安全检查工作。

三是专门安全管理机构的职责，具体如下。

- 制度和岗位的确定：建立健全网络安全管理与评价考核制度，拟订关键信息基础设施安全保护计划，明确关键岗位（通常包括与关键业务系统直接相关的系统管理、网络管理、安全管理等岗位）。

- 人员审查与考核：安全管理机构负责人对关键岗位的人员进行安全背景审查和安全技能考核，符合要求的人员方能上岗。关键岗位应配备专人，并配备 2 人以上共同管理。
- 网络安全监测、检测与应急演练：组织推动网络安全防护能力建设，开展网络安全监测、检测和风险评估。按照国家及行业网络安全事件应急预案，制定本单位的应急预案，定期开展应急演练，处置网络安全事件。
- 工作考核与培训：组织开展网络安全关键岗位工作考核，提出奖励和惩处建议。建立网络安全教育培训制度，定期开展网络安全教育培训和技能考核（关键信息基础设施从业人员每人每年的教育培训时长不得少于 30 学时）。教育培训内容包括网络安全相关法律法规、政策标准，以及网络安全保护技术、网络安全管理措施等。
- 安全事件报告：履行个人信息和数据安全保护责任，建立健全个人信息和数据安全保护制度。对关键信息基础设施的设计、建设、运行、维护等实施安全管理。按照规定报告网络安全事件和重要事项。
- 人员变更管理：明确从业人员安全保密职责和义务，包括安全职责、奖惩机制、离岗后的脱密期限等，并与其签订安全保密协议。当安全管理机构的负责人和关键岗位人员的身份、安全背景等发生变化（如取得非中国国籍）时，或者在必要时，根据情况重新进行安全背景审查。当发生内部岗位调动时，重新评估调动人员对关键信息基础设施的逻辑和物理访问权限，根据评估结果修改访问权限并通知相关人员或角色。当人员离岗时，及时终止其所有访问权限，收回与身份鉴别有关的软硬件设备，进行面谈，并通知相关人员或角色。

四是政务网络关键信息基础设施的认定。政务网络关键信息基础设施的认定，应依据《关键信息基础设施安全保护条例》第九条的认定规则（网络设施、信息系统等对于本行业、本领域关键核心业务的重要程度；网络设施、信息系统等一旦遭到破坏、丧失功能或者发生数据泄露可能带来的危害程度；对其他行业和领域的关联性影响）开展。政务网络关键信息基础设施需要在《关键信息基础设施安全保护条例》的基础上，考虑政务网络的实际情况，满足以下条件：属于跨部门、跨地区的大型政务网络；承载诸多信息系统、政务服务；集合云平台、数据中心等核心业务及大量政务数据；一旦遭到破坏、丧失功能或者数据泄露，可能严重危害国家安全、国计民生和公共利益。

五是政务网络关键信息基础设施的识别。运营者应配合保护工作部门，在公安机关的指导下，按照相关规定开展关键信息基础设施的识别认定工作，围绕关键业务开展业务依赖性识别、风险识别，为开展安全防护、检测评估、监测预警、事件处置等环节的工作奠定基础。首先进行关键业务识别，然后识别出关键信息基础设施业务所依赖的信息系统资产并对其进行风险识别，最后制定关键信息基础设施资产的风险清单。关键信息基础设施的识别认定工作需要每年（周期性）开展，关键业务或系统发生变更后需要重新开展。

- 识别关键业务：政务网络的关键业务是政府单位或电子政务行业主营机构的核心业务，关键业务中断可能直接对整个政府单位、电子政务行业或者人民群众造成严重影响。电子政务行业主管部门组织识别并认定电子政务关键业务，包括关键业务链所依赖的资产，建立关键业务链的相关网络、系统、数据、服务和其他资产的清单。
- 识别关键系统：保护工作部门识别出关键业务后，要重点考虑关键业务与信息系统的依赖关系，开展关键系统的识别工作，梳理出支撑关键业务运行或与关键业务有关的信息系统或工控系统，对关键系统进行描述，并形成关键系统清单。
- 识别关键信息基础设施：在政务网络关键系统中，同一关键业务安全运行所必需的信息数据及其流经的信息化设施，属于同一关键信息基础设施。每个关键信息基础设施都有明确的安全保护责任主体。关键信息基础设施边界是关键信息基础设施元素（构成关键信息基础设施的网络设施、信息系统）的分界线，识别边界的目的是区分关键信息基础设施与运营者运营的一般信息基础设施，以加强对关键信息基础设施运行环境的安全防护。关键信息基础设施的识别工作通常由运营者开展，与关键系统的识别工作同步进行。运营者完成关键信息基础设施的识别工作后，需要形成详细的识别认定报告和关键信息基础设施清单，交给保护工作部门备案并上报公安部门。关键信息基础设施还包括其所在的安全运行环境和基础运行环境等。政务网络承载的应用，属于不同实体且符合政务网络关键信息基础设施认定规则的，可被识别为关键信息基础设施，由其责任实体作为运营者单独完成认定。
- 识别关键信息基础设施的安全风险：完成关键信息基础设施识别并形成资产清单后，运营者需要自行或通过第三方服务机构开展风险识别和风险评估。风险识别过程需要关联自身的脆弱性、面临的威胁、已有安全控制措施等。风险评估可参考《信息安全风险评估方法》开展。

（2）主要目标

完善政务网络关键信息基础设施安全责任体系，建立“主动防御、动态防御、纵深防御、精准防控、联防联控”的政务网络安全防护体系，构建政务网络安全常态化监测预警、预案演练、灾备恢复的安全管控体系，提升政务网络关键信息基础设施综合保护能力。加强安全检测、安全监测、应急响应与协同处置能力建设，保证政务网络设施不断网；加强供应链管理，构建政务网络关键信息基础设施备份容灾体系，保证政务网络设施不停服；落实外防内控，保证政务网络数据不泄露。

一是落实关键信息基础设施安全保护主体责任制。通过明确国家主管部门、政务网络关键信息基础设施保护工作部门、政务网络运营者三方的职责，完善政务网络关键信息基础设施安全责任制度，从而完善安全责任体系。政务网络保护工作部门要明确政务网络关键信息基础设施安全保护工作的目标，从管理体系、技术体系、运营体系、保障体系等方面进行规划。政务网络运营者要加强机构、人员、经费、装备等资源保障，制定适合本单位的政务网络关键信息基础设施安全保护计划，经审批后通报相关人员。政务网络关键信息基础设施安全保护计划应每年至少修订一次，或者在发生重大变化时修订。

二是形成政务网络关键信息基础设施安全体系化防护能力。以有效应对动态、多变、高强度的网络攻击为目标，提升动态防御能力；以及时主动发现、处置网络安全威胁为目标，提升技术对抗能力。按照网络安全等级保护“一个中心、三重防护”的理念，打造政务关键信息基础设施网络安全纵深防御体系。结合政务关键信息基础设施的实际需求，实施精准防护，构建网络安全综合防御体系，形成协同联动、高效统一的整体防护能力。在国家网络安全联防联控机制下，构建政务网络安全联防联控体系，提升应对网络攻击的能力。依托国产密码技术，为政务网络关键信息基础设施的安全可靠运行提供全面高效的密码支撑。

三是形成敏捷、健壮的政务网络关键信息基础设施安全管控能力。按照“实时、协同、高效”的原则，提升政务网络安全事件的监测发现、预警响应、分析研判和应急处置能力，打造政务网络灾后快速恢复能力，实现政务网络、数据、业务的灾后快速恢复，健全关键信息基础设施安全管控体系。

四是落实网络安全等级保护制度的重点要求。按照公安部相关文件，认真对照落实重点措施，深入实施政务网络安全等级保护制度。

（3）主要依据

政务网络安全保护的顶层设计，以贯彻落实“三化六防”为准则和指引，全面、系统地落实网络安全等级保护制度、关键信息基础设施安全保护制度、数据安全保护制度和相关标准要求，构建覆盖政务网络所有资产的网络安全综合防控体系。

一是落实“三化六防”要求。政务网络建设深入贯彻“三化六防”要求，坚持“体系化、实战化、常态化”理念，政务网络关键信息基础设施落实“动态防御、主动防御、纵深防御、精准防护、整体防护、联防联控”措施，不断提升综合防御能力。

二是落实关键信息基础设施安全保护制度的重点要求。按照公安部相关文件，认真对照落实，深入实施政务网络关键信息基础设施安全保护制度。

三是落实信息系统密码应用基本要求。按照《商用密码应用安全性评估管理办法》《政务信息系统密码应用与安全性评估工作指南》《信息系统密码应用基本要求》的相关密评规定，定期开展政务网络关键信息基础设施密评工作，加强密码应用安全评估，提高身份鉴别、数据安全、访问控制等方面的密码应用技术能力与管理能力，建设规范、可靠、完整、主动防御的政务网络安全密码保障体系。

3. 管理体系建设

政务网络关键信息基础设施安全保护管理体系建设包括安全建设管理、安全运维管理和供应链管理三个方面的工作。

（1）安全建设管理

在政务网络关键信息基础设施建设、改建、升级等环节，确保网络系统的定级结果经过有关部门的批准，将备案材料报主管部门和相应的公安机关备案。组织相关部门和安全专家对安全整体规划及其配套文件的合理性和正确性进行论证和审定，经过批准才能正式实施，实现政务网络安全技术措施与关键信息基础设施工程建设同步规划、同步建设、同步使用。根据网络安全保护等级选择基本安全措施，依据《关键信息基础设施安全保护要求》等国家标准和风险分析结果补充并调整安全措施，采取加强型和特殊型保护。根据保护对象的安全保护等级及与其他级别保护对象的关系进行安全整体规划和安全方案设计，设计内容应包含密码技术相关内容，并形成配套文件。可采取测试、评审、攻防演练等多种形式对安全措施进行验证，也可通过政务网络关键业务的仿真验证环境予以验证。

（2）安全运维管理

严格控制变更性运维，经过审批才可改变连接、安装系统组件或调整配置参数；在操作过程中应保留不可更改的审计日志，操作结束后应同步更新配置信息库。严格控制运维工具的使用，确保优先使用已在本单位登记备案的运维工具，若确需使用未登记备案的运维工具，应在使用前通过恶意代码检测等测试，经过审批才可接入并进行操作；在操作过程中应保留不可更改的审计日志，操作结束后应删除运维工具中的敏感数据；定期验证防范恶意代码攻击的技术措施的有效性。严格控制远程运维的开通，在运维前与维护人员签订安全保密协议，保证所有与外部的连接均得到授权和批准，经过审批才可开通远程运维接口或通道；定期检查是否存在违反规定无线上网及其他违反网络安全策略的行为。保证政务网络关键信息基础设施的运维地点位于中国境内，若确需在境外运维，应符合我国相关规定；在操作过程中应保留不可更改的审计日志，操作结束后应立即关闭接口或通道。

（3）供应链管理

建立包括风险管理策略、供应方选择和管理策略、产品开发采购策略、安全维护策略在内的政务网络关键信息基础设施供应链安全管理策略。建立政务网络供应链安全管理制度，提供用于供应链安全管理的资金、人员、权限等可用资源，形成网络产品和服务年度采购清单。采购经国家检测认证的网络关键设备和网络安全专用产品（符合法律、行政法规的规定和相关国家标准的要求）；可能影响国家安全的，应通过国家网络安全审查。建立和维护合格供应方目录，选择有保障的供应方，规避因政治、外交、贸易等非技术因素导致产品和服务供应中断的风险。强化采购渠道管理，保持所采购网络产品和服务来源的稳定性或多样性。对定制开发的软件进行源代码安全检测，及时采取措施，消除风险隐患；涉及重大风险的，应按规定向有关部门报告。

明确网络产品和服务提供者的安全责任和义务，要求其对网络产品和服务的设计、研发、生产、交付等关键环节加强安全管理，声明不非法获取用户数据、不控制和操纵用户系统和设备、不利用用户对产品的依赖性谋取不正当利益或者迫使用户更新换代。网络产品和服务提供者必须签署安全保密协议，协议内容包括安全职责、保密内容、奖惩机制、有效期等。网络产品和服务提供者应对网络产品和服务的研发、制造过程涉及的实体所拥有或控制的已知技术专利等知识产权，获得十年以上授权，或者在网络产品和服务的使用期内获得持续授权，同时提供中文版的运行维护、二次开发等技术资料。

4. 技术体系建设

政务网络关键信息基础设施安全保护技术体系建设包括网络边界隔离与互联防护、定期检测与实时监测、预警通报与协同应急等方面的工作。

（1）网络边界隔离与互联防护

一是政务网络分区分域隔离。

- 分区分域与跨网边界强制隔离。依据重要性、部门等因素，按照方便管理和控制的原则划分政务网络区域，为各政务网络区域分配 IP 地址。对涉及实时控制和数据传输的政务网络系统使用独立的网络设备组网，在物理层面实现与其他数据网及外部公共信息网的安全隔离。避免将重要政务网络区域部署在网络边界处。在重要政务网络区域与其他政务网络区域之间采取可靠的技术隔离手段，如网闸、防火墙和设备访问控制列表（ACL）等。特别是在只有数据交换、非实时网络联通和非实时数据联通需求的网络边界处，要用网闸进行强制隔离。
- 暴露面收敛。采用 VPN 接入控制措施，通过“VPN+准入认证”双层认证、VPN 权限清理、VPN 账号清理等技术手段，识别并缩减政务网络资产的 IP 地址、端口应用服务等暴露面。加强互联网接入与出口管理，梳理业务机房、办公网、承载网等政务网络的互联网出口，归并重复的互联网出口，减少互联网出口的数量。排查暴露面资产，减少对外暴露组织架构、邮箱账号、组织通讯录等内部信息，防范社会工程学攻击。不在代码托管平台、文库、网盘等公共存储空间存储可能被攻击者利用的网络拓扑图、源代码、IP 地址规划文档等。

二是政务网络接入与互联防护。

- 政务网络接入互联策略。在与专网等公共信息网络接入和互联的过程中，制定有针对性的政务网络互联安全策略。针对不同等级的政务网络，要在其边界之间形成互联策略。针对不同政务业务系统、不同区域、不同运营者，要建立并完善基于关键信息基础设施的不同粒度的政务网络互联策略。对非授权设备私自连接内部网络的行为进行检查或限制；对内部用户非授权连接外部网络的行为进行检查或限制，当发现非授权设备私自连接内部网络或内部用户非授权连接外部网络的行为时进行有效阻断。限制无线网络的使用，确保无线网络通过受控的边界设备接入内部网络。采用可信验证机制对接入政务网络的设备进行可信验证，保证接入政务网络的设备真实可信。

- 政务网络访问控制策略。在政务网络边界或区域之间部署访问控制设备，并启用访问控制策略。在政务网络访问控制策略中设定源 IP 地址、目的 IP 地址、源端口、目的端口和协议等有效的配置参数。政务网络访问控制设备的最后一条访问控制策略应为禁止所有网络通信。删除多余或无效的政务网络访问控制策略，保证不同政务网络访问控制策略之间的逻辑关系及顺序是合理的。对同一用户，保持其身份和政务网络访问控制策略等在不同政务网络安全等级保护系统中、不同政务业务系统中、不同政务网络区域中是一致的。确保访问控制设备的政务网络访问控制策略能够对进出政务网络的数据流进行基于应用协议和应用内容的访问控制。根据政务网络访问控制策略设置政务网络访问控制规则，默认除允许通信的情况外，受控接口拒绝所有通信。删除多余或无效的政务网络访问控制规则，优化政务网络访问控制列表，并保证政务网络访问控制规则数量最少。对源 IP 地址、目的 IP 地址、源端口、目的端口和协议等进行检查，以允许/拒绝数据包进出。根据会话的状态信息，为进出数据流提供明确的允许/拒绝访问的能力。
- 政务网络数据交换控制策略。在政务网络边界，通过通信协议转换或通信协议隔离等方式进行数据交换，以确保跨越网络边界的访问和数据流通过边界设备提供的受控接口进行通信。对不同安全保护等级的政务系统之间、不同业务的政务系统之间、不同区域的政务系统之间、不同运营者运营的政务系统之间的互操作、数据交换和信息流向进行严格的控制。对未授权设备进行动态发现及管控，只允许经过运营者授权的软硬件运行。

三是政务网络通道传输保护。对政务网络通道传输采取安全保护措施。在不同局域网之间进行远程通信前，基于密码技术对通信双方进行验证或认证。在通信过程中，采用校验技术和密码技术对数据进行加密，基于硬件密码模块对重要通信过程进行密码运算和密钥管理，确保政务网络通信过程中数据的完整性和保密性，包括但不限于鉴别数据、重要业务数据、重要审计数据、重要配置数据、重要视频数据和重要个人信息等。政务网络无线接入设备应开启接入认证功能，支持采用认证服务器或国家密码管理机构批准的密码模块进行认证。

（2）定期检测与实时监测

一是政务网络关键信息基础设施定期检测。

- 关键信息基础设施风险检测评估。部署政务网络漏洞扫描系统，或者委托网络安全服务机构，每年至少进行一次针对政务网络关键信息基础设施安全性的检测评估，对发现的问题及时整改。若涉及多个政务网络运营者，应定期组织或参加跨运营者的关键信息基础设施安全检测评估，对发现的问题及时整改。检测评估的内容包括但不限于网络安全制度（国家和行业相关法律法规、政策文件及运营者制定的制度）落实情况、组织机构建设情况、人员和经费投入情况、教育培训情况、网络安全等级保护制度落实情况、商用密码应用安全评估情况、技术防护情况、数据安全保护情况、供应链安全保护情况、云计算服务安全评估情况（适用时）、风险评估情况、应急演练情况、攻防演练情况等，尤其要关注关键信息基础设施跨系统、跨区域的信息流动情况及其资产的安全防护情况。在政务网络安全风险抽查检测工作中，运营者应配合提供政务网络安全管理制度、网络拓扑图、重要资产清单、关键业务链、网络日志等必要的资料及相应的技术支持；针对抽查检测工作中发现的安全隐患和风险建立清单，制定整改方案，并及时进行整改。

- 关键信息基础设施变更检测评估。当政务网络出现改建、扩建、责任主体变更等较大变化时，运营者应自行或委托网络安全服务机构进行检测评估，分析关键业务链、关键资产等方面的变更情况，评估变更给关键信息基础设施带来的风险变化；关键信息基础设施在依据评估的风险变化及发现的安全问题进行有效整改后方可上线。此外，运营者应部署资产安全测绘系统，定期对政务网络关键信息基础设施开展资产测绘扫描，及时更新资产清单；根据资产的重要程度对资产进行标识管理，确定资产防护的优先级；根据资产的价值选择相应的管理措施，并对信息的使用、传输和存储等进行规范化管理。
- 网络模拟检测。针对特定的政务业务系统或系统资产，在经有关部门批准或授权后，采取模拟网络攻击的方式检测政务网络关键信息基础设施在面对实际网络攻击时的防护和响应能力。
- 政务网络关键节点检测。在政务网络关键节点处检测、防止或限制从内部和外部发起的网络攻击行为。采取技术措施对网络行为进行分析，实现对网络攻击行为、特别是新型网络攻击行为的分析。当检测到网络攻击行为时，记录攻击源 IP 地址、攻击类型、攻击目标、攻击时间等；当发生严重入侵事件时及时报警。在政务网络关键节点处部署防恶意代码产品和防垃圾邮件产品，对恶意代码进行检测和清除，对垃圾邮件进行检测和防护，及时对恶意代码防护机制和垃圾邮件防护机制进行升级和更新。

- 政务网络可信验证。基于可信根对政务网络通信设备的系统引导程序、系统程序、重要配置参数及政务网络通信应用程序等进行可信验证，并在应用程序的所有执行环节进行动态可信验证，在检测到其可信性受到破坏后报警，将验证结果形成审计记录送至安全管理中心，并进行动态关联感知。

二是政务网络关键信息基础设施实时监测。针对政务网络或系统的基础环境，以一定的接口或方式采集日志等网络安全数据，关联分析并识别发现安全事件和威胁风险，进行可视化展示和告警，存储产生的数据，帮助运营者掌握整体安全态势。

- 监测接口连接情况。在政务网络边界、政务网络出入口等网络关键节点处部署攻击监测设备，根据监测目标和监测对象，选择适用的监测接口并对接口进行可用性评估；根据确定的接口类型，配置接口参数；通过接口连接监测对象和采集环境，以发现网络攻击和未知威胁。对关键业务涉及的系统进行监测，对监测信息采取保护措施，防止其受到未授权的访问、修改和删除。
- 监测数据采集情况。根据监测对象的类型，明确要采集的政务网络数据的类型；选择采集接口和采集方式，获取、收集政务网络监测数据，全面收集政务网络安全日志；构建违规操作模型、攻击入侵模型、异常行为模型，强化监测预警能力，为监测数据分析提供源数据。
- 监测数据存储情况。部署政务网络流量日志存储系统，根据采集数据的类型选择数据的存储方式，将数据分类存储在相关数据库中，如系统信息库、元数据库、原始数据库、主题数据库、资产信息库、运维服务库、统计报表库等。
- 监测数据分析情况。部署政务网络协议分析系统，根据政务网络监测对象的业务分析要求明确分析目的，选择合适的政务网络数据分析工具和方法，采用自动化机制对政务网络关键业务涉及的系统的所有监测信息进行整合分析，以便及时关联资产、脆弱性、威胁等，分析政务网络关键信息基础设施的安全态势。将政务网络关键业务运行涉及的各类信息进行关联，并分析整体安全态势。分析不同存储库的审计日志并将其关联，如将多个政务信息系统内多个组件的审计记录关联、将政务信息系统的审计记录与物理访问监控信息关联、将来自非技术源的信息（如供应链信息、关键岗位人员信息等）与政务信息系统的审计信息关联、将政务网络安全共享信息关联等。通过安全态势分析结果判断政务网络安全策略和安全控制措施是否合理有效，在必要时进行更新。

- 展示与告警。将采集的政务网络监测数据和分析结果通过接口传输到展示平台进行展示，根据安全事件的级别、严重程度、合规性、风险等因素判断告警级别并触发相应的告警信息。

三是政务网络关键信息基础设施安全审计。部署政务网络综合安全审计系统等平台，对重要的用户行为和安全事件进行审计，审计范围要覆盖所有用户。审计记录包括日期、时间、用户、事件类型、事件是否成功及其他与审计有关的信息。采取政务网络审计措施对审计记录进行保护和定期备份，避免其受到未预期的删除、修改或被覆盖等。对远程访问用户和互联网访问用户的行为单独进行审计分析。相关日志数据留存时间不少于六个月。

（3）预警通报与协同应急

一是政务网络关键信息基础设施预警通报。

- 政务网络关键信息基础设施安全事件预警。将监测工具设置为自动模式，当发现可能危害政务网络关键业务的迹象时自动报警，并自动采取相应措施，降低政务网络关键业务被影响的可能性。例如，恶意代码防御机制、入侵检测设备、防火墙等，以弹出对话框、发出声音、向相关人员发送电子邮件等方式报警。对政务网络安全共享信息和报警信息等进行综合分析、研判，在必要时生成内部预警信息；对可能造成较大影响的，按照相关要求进行通报。政务网络内部预警信息的内容包括基本情况描述、可能产生的危害与危害程度、可能影响的用户与范围、建议采取的应对措施等。持续获取预警发布机构的政务网络安全预警信息，分析、研判相关事件或威胁对自身网络安全保护对象可能造成损害的程度，在必要时启动应急预案。采取措施对预警进行响应；当安全隐患得到控制或被消除时，应执行预警解除流程。
- 政务网络关键信息基础设施安全事件通报。当发生有可能危害政务网络关键业务的安全事件时，应及时向保护工作部门、公安机关等安全管理机构报告，并组织研判，形成事件报告。及时将可能危害政务网络关键业务的安全事件通报给可能受其影响的内部部门和人员，并按照规定向供应链涉及的与事件有关的其他组织通报安全事件。

二是政务网络关键信息基础设施协同应急。

- 政务网络威胁情报联防联控。建立政务网络威胁情报共享机制，组织联动上下级单位，开展政务网络威胁情报搜集、加工、共享、处置工作。建立外部协同政务网络威胁情报共享机制，与权威网络威胁情报机构协同联动，实现跨行业、跨领域的网络安全联防联控。

- 大型网络事件应急预案及演练。运营者应在国家网络安全事件应急预案框架下，根据政务网络的特殊要求制定应急预案，并在应急预案中明确：一旦信息系统中断、受到损害或者发生故障，需要维护的政务网络关键业务功能，以及信息系统遭受破坏时恢复关键业务和恢复全部业务的时间。在进行应急处置时，运营者应与所涉及的政务网络运营者内部相关计划及外部服务提供者的应急计划协调，以确保应急处置的连续性要求得到满足。运营者应定期对政务网络安全应急预案进行评估和修订并持续改进，每年至少组织开展一次本单位的应急演练。跨组织、跨地域运行的政务网络关键信息基础设施的运营者，应定期组织或参加跨组织、跨地域的应急演练。
- 政务网络灾后快速恢复。构建政务网络关键信息基础设施备份容灾体系，制定政务网络灾难的恢复计划、恢复流程，以及恢复预期、责任和沟通渠道，为政务网络各业务打开通道。在重大突发事件发生后，通过数据备份系统和异地灾备体系迅速恢复网络、通信、带宽、接入和互联，保证政务网络设施不断网。对数据可用性要求高的，应采取数据库异地实时备份措施，对业务连续性要求高的，应采取系统异地实时备份措施，以确保关键信息基础设施一旦被破坏，可及时进行恢复和补救。加强政务网络关键信息基础设施供应链管理，保证政务网络设施不停服。按照事件处置流程和应急预案进行事件处理，将政务网络关键业务和信息系统恢复到已知状态。在事件发生后，尽快收集证据，按要求进行政务网络信息安全取证分析，并确保所涉及的应急响应活动被适当记录，以便日后分析。取证分析工作应与政务网络业务连续性计划协调。处理完成后，采用手工或自动化机制形成完整的政务网络安全事件处理报告。

3.1.3　某行业省级业务专网安全保护

1. 场景描述

某省级业务专网（如图 3-3 所示）是承载某行业全省一体化应用服务体系的基础运行环境，为省、市、县三级信息化建设提供通信传输、应用部署、数据存储、业务发布、共享交换、网络安全等共性支撑能力。

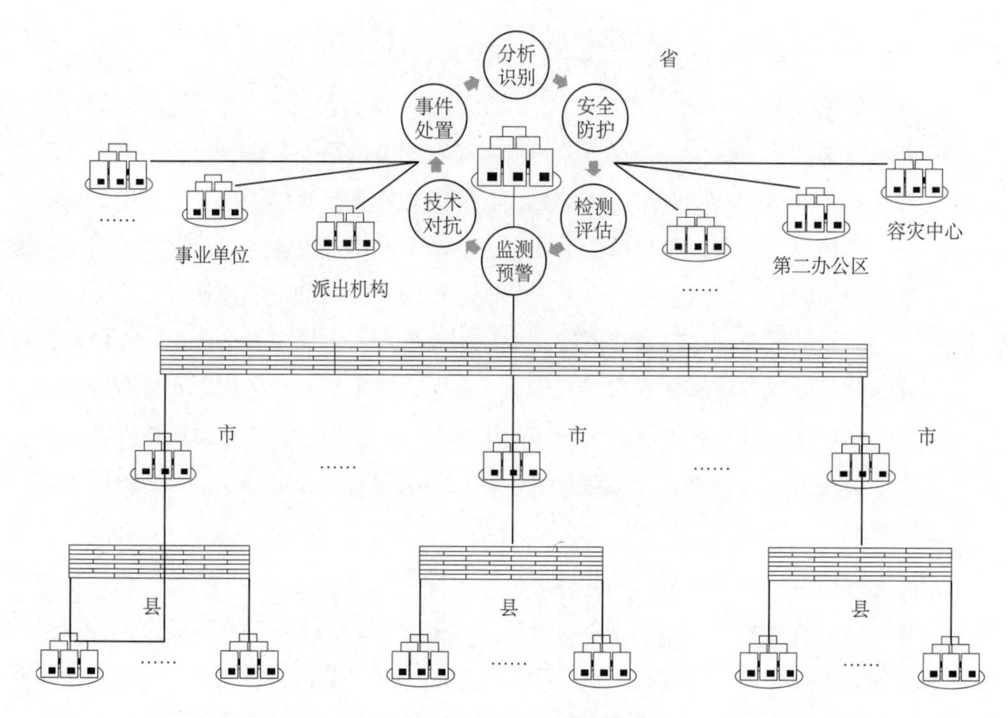

图 3-3　某省级业务专网逻辑框架

依托于业务专网的可靠承载，监测评价、监管决策、政府服务三大应用体系得以安全、稳定运行。业务专网一旦遭到破坏，可能导致重要数据、个人信息及业务敏感数据泄露，或者一体化应用服务体系丧失功能，将严重危害国家安全、国计民生、公共利益。

该省信息中心整体统筹，组织下属各单位全面落实网络安全等级保护 2.0 系列标准要求，坚持业务专网整体安全、技术与管理并重、分级与多层保护、动态管理等原则，按照“一个中心、三重防护”的要求，构建全省业务专网整体安全管控体系。

该省级业务专网按照《关键信息基础设施安全保护条例》的要求，在网络安全等级保护制度的基础上实行重点安全保护。该省级信息中心需要组织各单位进一步落实公安部提出的网络安全保护“实战化、体系化、常态化”和“动态防御、主动防御、纵深防御、精准防护、整体防控、联防联控”的“三化六防”措施。

2. 安全防护需求及难点

根据该省级业务专网安全现状，其存在以下安全防护需求及难点。

（1）安全管理责任制尚待强化

人员调动、离职等，导致网络安全组织机构经常发生变化。定义组织机构的相关文件未能及时更新和发布，导致业务专网全网开展应急演练、事件处置、安全重保等工作不顺畅。现有网络安全管理制度对安全人员的违规情形不做追究或处罚较轻，很难约束部分安全运维人员不作为或工作不力的行径，导致业务专网重大问题隐患久拖不改，形成恶性循环，存在较大风险。因此，需要健全安全管理责任制和问责制度，厘清安全管理责任。

（2）安全防护综合能力亟须提升

业务专网的部分网络区域缺少边界防护措施，或者边界防护策略粗放。同时，部分网络区域边界仍使用仅具备包过滤功能的防火墙，难以应对来自应用层的攻击。业务专网的部分服务器和终端未安装安全保护软件或恶意代码查杀软件，业务专网已有的终端安防护软件仅基于静态规则匹配算法，难以抵御无文件攻击、模仿攻击（Mimicry）、勒索病毒攻击等新型网络攻击及跨重启、跨长时间窗口的 APT 攻击。业务专网中存在大量终端违规连接互联网的情况，难以监管。针对专网内部业务系统和数据的内网攻击持续不断。这些攻击往往跨越层级，难以溯源，容易导致业务数据泄露。业务专网内部有大量服务器账户仍使用默认账户名和弱口令，并且屡禁不止，导致服务器失陷事件和用户越权访问服务器的行为层出不穷，存在极大安全隐患。

（3）安全大数据融合处理能力不足

业务专网的安全设备产生了大量日志。海量复杂的日志包含多种告警信息。在不同级别的告警信息中，哪些对当前业务具有破坏性尚不确定，设备是否对一些高级隐蔽的攻击进行了告警也不确定。面对多种告警信息和海量复杂的日志，缺少把有用告警信息和日志数据聚合并还原成攻击故事链的技术手段，安全检测与响应尚未流程化，攻击溯源分析能力不足，很难准确发现已发生的安全事件，更难发现高级攻击威胁。

（4）安全运营和安全运维效能不佳

业务专网的各类安全设备和产品分别用于解决专项问题，各自为政、各自为战，缺乏统筹，导致安全事件的响应与闭环处置需要大量人工参与（分析各类安全设备和系统），流程烦琐、操作困难、耗时长，即使安全运维人员对安全事件进行了处置，也无法对处置效果进行有效验证。90% 以上的安全运维工作是简单、重复、低效的，而这些工作几乎耗尽了安全运维人员的精力，安全运维质效难以提升。

3. 安全保护实践

（1）安全架构设计

该省按照国家网络安全法律法规和相关政策的要求，坚持问题导向、实战引领，树立极限思维、底线思维，提档升级业务专网的网络安全防护措施，分别从技术体系、管理体系、保障体系、运营体系等方面入手，夯实并提升网络安全保障能力（如图 3-4 所示）。

一是增强技术体系。全面落实网络安全等级保护 2.0 系列标准，以“一个中心、三重防护”为基础，加强“一个中心”建设，建设网络安全综合管理平台，提升分析识别、检测评估、监测预警、技术对抗、事件处置等技术能力，进一步完善跨层级网络安全管理平台之间的级联对接和协同联动，并针对网络安全新形势、新挑战，增加部分安全防护设备设施，补齐网络安全防护短板。同时，建设网络靶场、攻防演练平台等设施，开展安全实训和沙盘推演等活动，通过技术措施持续增强网络安全队伍的技术对抗能力。

二是规范管理体系。重新审视并更新网络安全组织机构，完善网络安全领导体系、工作体系，结合实际工作需要迭代更新网络安全方针策略、管理制度及配套的操作规程。

三是健全保障体系。强化安全培训和人才队伍培养，以网络靶场平台、攻防演练平台为抓手，组织开展实战演习和攻防竞赛，持续提升网络安全队伍的攻防技战术水平。同时，积极组织省、市、县三级攻防演练，定期组织应急演练、安全评估等工作。

四是强化运营体系。在安全运营工作中，以保障体系和管理体系为基础，以网络安全综合管理平台为主要技术平台，全面落实全省业务专网的“三化六防”措施，使全省业务专网持续处于安全状态。

（2）管理与保障能力提升

一是优化安全组织机构。由省级部门统筹组织，梳理和盘点全省业务专网安全运营运维人力资源情况，根据实际工作需要优化组织架构，进一步明确各级业务专网安全人员的岗位职责与分工，加强组织领导，统筹开展网络安全等级保护、关键信息基础设施安全保护、数据安全保护、个人信息保护等工作。出台业务专网网络安全管理办法，建立网络安全管理责任制和问责制度，明确违规情形和问责事项，确定问责范围，明确处罚措施。

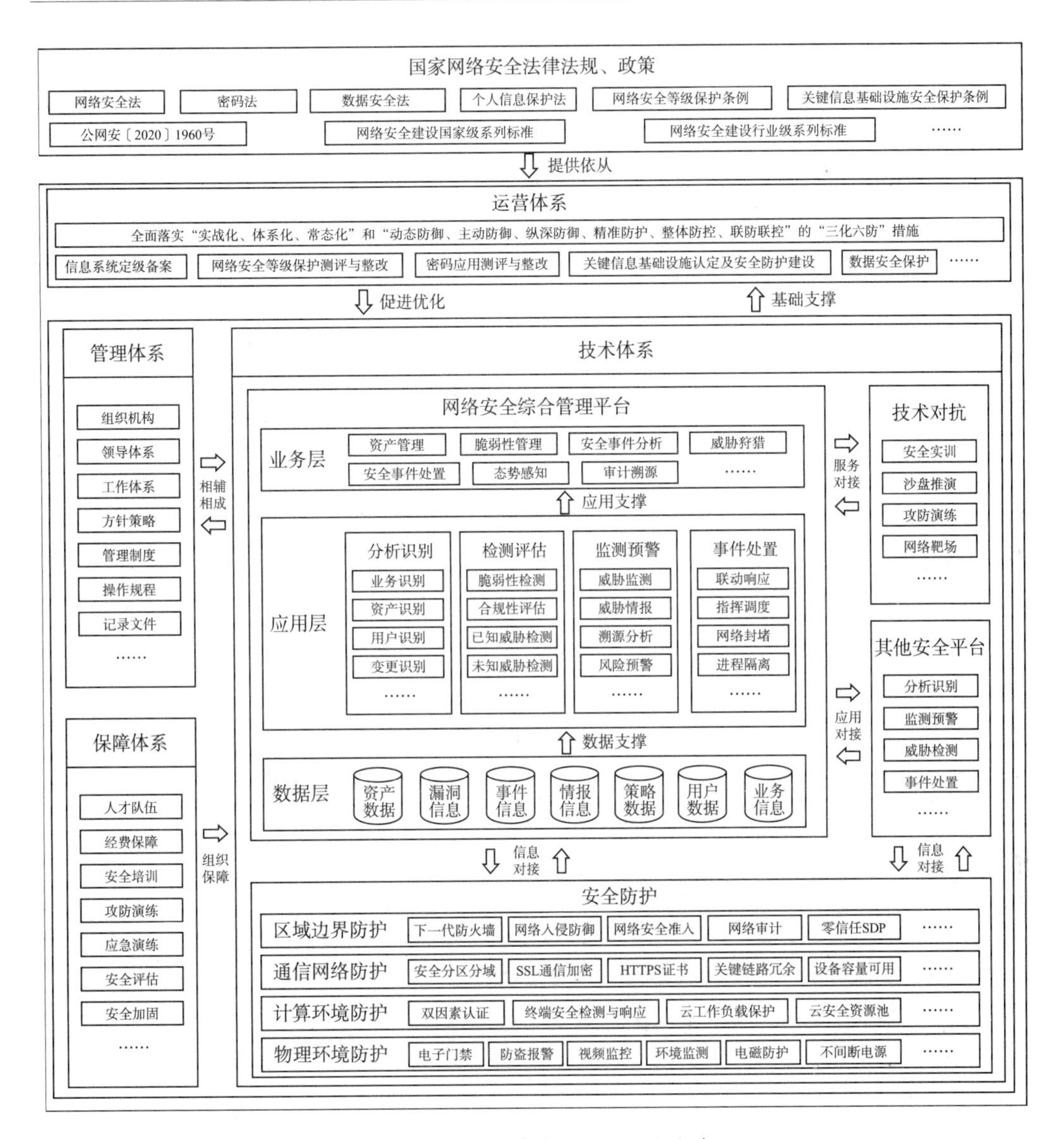

图 3-4　某省业务专网安全保护框架

二是优化安全管理制度。由省级部门根据《网络安全法》《数据安全法》《个人信息保护法》《网络安全等级保护条例》《关键信息基础设施安全保护条例》等法律法规的要求，结合本行业、本领域网络安全工作实际，进一步完善安全管理制度体系，制定相关操作规程和指导文件，出台业务专网网络安全建设规划，针对业务专网整体网络安全保障需求编制建设指南并组织实施。

三是加强安全教育培训。由省级部门定期组织全省网络安全保障人员的安全培训与考核工作：培训内容包括网络安全法律法规、网络安全等级保护系列标准、网络安全知识与攻击技战法、网络安全意识等；统一组织培训考核，确保全部网络安全保障人员能够及时、充分地知悉网络安全保障要求，并提升网络安全意识和技能水平。

四是注重应急演练效果。面对网络安全新形势、新挑战，及时迭代完善网络安全应急预案并定期组织演练，利用网络安全综合管理平台、编排工具构建自动化的事件响应处置流程，在演练过程中对协同配合机制进行磨合，验证并提升“人机共智”的应急响应效果，提升网络安全事件应急响应与处置水平。

（3）技术与运营能力优化

一是完善分析识别能力。以网络安全综合管理平台为抓手，通过资产识别模块完成全网的业务识别、资产识别、用户识别、变更识别，形成能够动态管理和更新的数字资产清单，并将其作为网络安全检测评估、监测预警、安全防护、技术对抗和事件处置的基础。采用网络扫描与探测、流量分析检测、终端代理采集、数据库导入、人工录入、API 调用等相结合的方式获取业务专网的资产信息，做到业务专网全网资产“底数清”“情况明”。

二是增强安全防护能力。按照“一个中心、三重防护”要求，从整体上构建业务专网安全防护能力，及时补充新技术、新功能，进一步强化业务专网网络安全防护技术体系。优化业务专网整体网络架构和分区分域策略，强化网络区域边界安全防护措施，按需补充下一代防火墙、网络入侵防御等边界防护设备，保证跨越重要网络区域边界的访问和数据流通过受控接口进行通信，严谨地设置最小化的访问控制权限，确保重要网络区域安全。强化终端的安全防护能力，统筹全网终端与服务器部署终端安全检测与响应设备，依靠 IOA 泛化行为规则提高已知和未知高级威胁攻击检测能力，准确地识别来自系统内外的攻击行为，查杀恶意代码，提升应对无文件攻击、模仿攻击、勒索病毒攻击等新型网络攻击及跨重启、跨长时间窗口的 APT 攻击的能力。补充违规外联监测与管控措施，定时检测全网终端和服务器的非法外联行为，并通过对服务器和终端进行重启、关机、断网、隔离、警告、上报等实现阻断，禁止业务专网的终端和服务器违规外联。采用零信任理念与技术框架重构业务访问安全体系，打破信任和网络位置的默认绑定关系，按照“人员可信、用户可信、终端可信、应用可信、数据可信、权限可信、连接可信”的要求，通过强身份验证、持续安全信任评估、动态精细化访问控制等技术措施，降低资源访问过程中的安全风险。为登录服务器的用户提供双因子身份认证机制，提高登录用户的身份可信度，降低来自内外部非法访问者的身份欺诈及来自内部的隐蔽的网络侵犯。按照网络安全法律法规要求，以及相关国家标准、行业标准，落实数据分类分级和全流程安全保护措施，遵循“同步设计、同步建设、同步运行”的数据安全建设原则，建设“可视、可控、可管、可追溯”的数据安全防护体系。

三是提升检测评估能力。网络安全综合管理平台对所有监测信息进行汇总整合，按照关联关系将终端的系统事件和网络的流量数据连接起来，并将真实环境中发生的所有事件绘制成威胁图谱，检测到攻击行为后，在威胁图谱上进行自动化溯源分析，快速定位攻击点；通过影响面分析，全面掌握攻击者已经控制的主机和系统的范围，以确保可以根除攻击者对内部网络造成的影响；通过攻击链分析，了解攻击者是通过何种漏洞、配置错误或者社会工程学方式进入的，并及时对相关脆弱点进行加固，防止同样的攻击再次发生。

四是强化监测预警能力。在业务专网安全区域边界、网络核心区域、内网重要节点部署采集探针，对全网、重要系统、关键部位进行流量采集。同时，网络安全综合管理平台与防火墙、终端检测和响应系统、云工作负载保护平台、安全准入系统等进行数据对接，深度聚合网络和终端的安全数据并进行关联分析，将大量告警信息聚合成事件，从而精准发现问题，减少告警数量，准确发现攻击事件，屏蔽业务专网的安全碎片化问题，实现集中风险监测预警。

五是提升技术对抗能力。部署网络靶场、攻防演练平台，依托网络靶场构建教学实训平台、安全竞赛平台。依托网络靶场、攻防演练平台开展网络安全实训、攻防演练、安全竞赛，持续提升网络安全队伍的技术对抗能力。通过组织沙盘推演，针对网络攻击手段方式的变化情况和当前防护重点，提升预防和控制网络安全突发事件的能力和水平，检验并完善网络安全防护体系和应急预案。

六是提升事件处置能力。依托网络安全综合管理平台实施“挂图作战”，通过资产测绘、画像与定位、可视化表达、地理图谱构建、行为认知和智能挖掘等核心技术，将威胁信息、安全防护、监测预警、应急指挥、事件处置、安全管理等业务上图。网络安全综合管理平台通过标准 API 与安全组件联动，以人工或自动化的方式获取网络安全威胁告警信息，快速生成安全事件并按照既定的模板和流程进行自动处置，将处理动作下发至联动组件，完成对告警事件的处置，从而提升响应处置的速度与准确性。例如，网络安全综合管理平台联动下一代防火墙完成对恶意 IP 地址的封禁、解封操作，联动终端安全检测与响应系统对恶意进程进行封禁、关闭、隔离等操作。

4. 保护效果

该省级业务专网的网络安全建设，充分贯彻落实了《网络安全法》《网络安全等级保护条例》《关键信息基础设施安全保护条例》等法律法规的规定，以及国家网络安全主管部门出台的相关政策，以“三化六防”为指导思想，以风险管理为导向，对省、市、县三级业务专网进行了整体防护设计，有效地融合了全网安全技术、工具、人员能力、流程制度等安全要素。

该省级部门全面统筹组织业务专网的安全保护工作，通过增强技术体系、规范管理体系、健全保障体系、强化运营体系，构建了一个适用的、良性的、有效的、可扩展的网络安全综合防控体系。

3.2 大系统类重要信息系统安全保护实践

本节通过多个案例，对大系统类重要信息系统安全保护实践工作进行深入讨论。

3.2.1 某大型业务信息系统安全保护

1. 场景描述

某大型业务信息系统是基于导航短报文通信、互联网和移动通信三网合一，融合各类应用终端、个人定位终端及车载、船载等终端之间信息转换互通而构建的业务系统。该系统由基础支撑系统、运营管理系统、数据处理系统、通信接口组成，结合地图服务为注册入网用户提供远程定位、位置信息共享、短报文信息转发、SOS 报价、数据传送等功能，可以对注册入网的终端进行信息管理，为用户提供信息查询、设备管理服务，调阅、指挥调度和管理、通播、组播、单播功能，以及天气、交通等信息增值服务，并在提供空间信息的基础上，提供大数据分析、智能决策、安全应急、指挥调度等基础服务，属于国家关键信息基础设施。

该系统的短报文通信数据只能在中国大陆使用，主要对用户的数据传输进行监督管理，结合地图服务为用户提供位置、轨迹管理、电子围栏等服务，并依托运营商的短信通道搭建手机短信网关，提供信息转发等增值服务。该系统的总体业务示意图如图 3-5 所示。

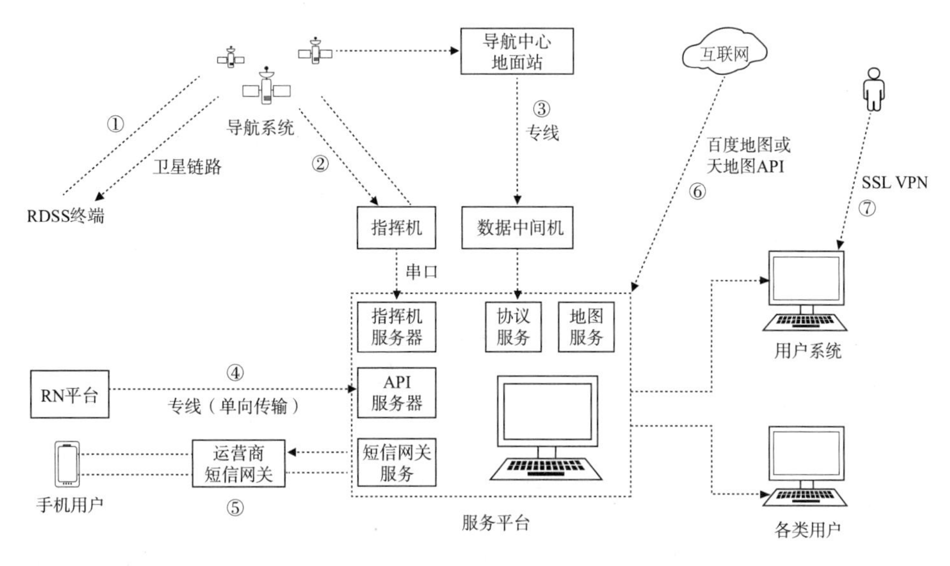

图 3-5　总体业务示意图

该系统的业务数据接收和推送主要依赖导航系统、运营商短信网关、专网、互联网进行，详情如下。

① RDSS 终端需要配备 SIM 卡才可以正常使用，而 SIM 卡的申请为实名制且需要相关部门审批。RDSS 终端通过卫星链路互相收发数据。

② 指挥机拥有 RDSS 终端的全部功能，必须配备指挥卡才能正常使用。指挥机可以通过串口与服务平台的服务器连接，将接收和发送的数据存储到服务平台中。

③ 专线是由总站发起的、与企业建立点对点连接的专线网络，主要传送平台用户 RDSS 终端收发的经过内容验证的数据。专线的接收端使用防火墙策略和数据中间机中转数据，并推送给平台。

④ RNSS 终端的数据主要由其他应用系统通过单向传输专线推送到平台 API 服务器。防火墙的安全策略限制传输数据的端口和 IP 地址，同时对数据传输过程采取加密、Token 认证等措施。

⑤ 相关终端产生的位置信息、业务数据，通过平台自建的短信网关服务推送到运营商短信网关，由运营商短信网关转发给手机用户。平台自建的短信网关服务与运营商短信网关采用接口推送、防火墙策略控制数据的上行和下行通道，实时对数据传输情况进行监测，一旦发现异常行为就发出提示并报警。

⑥ 业务开展依赖地图服务，因此要通过互联网调用百度地图或天地图 API。在整个过程中，采用防火墙策略、IP 地址白名单、数据单向传输等安全策略，对地图服务接口进行可信验证。

⑦ 该系统包含运营管理系统、业务系统、数据推送服务等。运营管理系统为内部开展日常运营的后台系统，用于 SIM 卡信息管理、计费记录、值班管理及相关报表统计等，外部用户不能通过网络访问它。业务系统为入网用户提供授权范围内的终端位置、轨迹、电子围栏等服务，但前提是用户已通过 SSL VPN 验证。

2. 安全防护需求及难点

由于该系统接入的 RDSS 终端有数十万个，API 推送的 RNSS 终端超 1000 万个，系统每秒可并发处理的动态位置、短报文、行业业务信息等实时信息达数百条，信息下发至终端需要在几秒内完成，集中存储的重要业务数据、个人关键信息等近 1000TB，所以对安全运行有很高的要求。

一是数据全生命周期安全管控。数据全生命周期安全管控主要涉及两类数据，一类是用户敏感信息，另一类是用户的 GPS 数据。为了确保数据安全，需要对这两类数据的使用、加工、传输、提供和公开等关键环节进行严格控制，并采取加密、脱敏、去标识化等技术手段进行多维度防护。

二是信息技术应用创新。随着近年来各类安全事件、核心技术封锁事件的发生，加快推进信息技术应用创新和国产自主可控替代刻不容缓。因此，需要围绕加快推进网络信息技术国产自主可控替代计划，逐步开展网络安全和信息化领域的国产化替代工作，加大国产自主产品应用力度，构建基于安全可控环境的安全保障系统和应用体系。

三是 APT 攻击防范。在日常的运营中经常会遇到隐蔽性较强的 APT 攻击。为了应对 APT 攻击，要有相应的流量监控手段做到及时发现，要有配套的安全设备做到及时阻断，要有相应的日志支撑安全人员进行应急处置和溯源，达到及时止损和技术对抗的目的。

该系统的安全防护难点如下。

一是海量的安全告警信息导致真正的风险事件很难被发现。面对日趋严峻的外部威胁，系统所有者投入大量成本，采购了防火墙及态势感知、日志审计等安全设备，这些安全设备每天都会产生海量的安全告警信息。虽然态势感知、SIEM、SOC 等分析平台可以对数据进行一定程度的整合分析，但在多源、多厂商设备数据接入的情况下，系统无法很好地进行深度关联分析，以致很难从中发现真正需要及时处置的威胁事件，而当真正的攻击发生时，仍需动用大量人力去分析，花费大量时间去处置，且往往损失已经造成了。

二是安全建设碎片化，联动响应能力不足。防火墙、主机检测与响应、态势感知等都是独立的安全产品，如防火墙只负责网络边界的访问控制、主机检测与响应只负责安全计算环境的威胁检测。这些安全产品各自为战，没有形成整体联动能力，也没有进行有机整合，同时，安全策略有效性难验证、难优化、缺乏联动响应能力等导致安全管理割裂，无法有效地自动识别威胁。

三是用户接入类型多，物联网防护能力欠缺。物联网感知层设备具有碎片化的特点，传统的 IT 信息系统防护手段无法直接作用于物联网系统，尤其是感知层，90% 以上的物联网系统处于无防护（暴露）状态。如果暴露的物联网遭受攻击，就会出现运行异常，从而影响业务运营；更严重的是，物联网设备可能因遭受攻击而转变为“僵尸网络”，攻击信息系统，给信息系统造成重大危害。

3. 安全保护实践

（1）安全架构设计

为了全面提升重要信息系统安全保护能力和水平，应按照“统一规划、统一标准、统一管理、统一投资、统一运营、统一建设”的核心思想，围绕业务安全防护和保障需求，进行关键信息基础设施安全管理、技术及运营体系建设。关键信息基础设施安全保护从国家法律法规遵从性、网络和信息系统安全保障体系建设现状、安全能力对标等方面着手进行分析和对比，严格遵循《网络安全法》《密码法》《数据安全法》《个人信息保护法》《关键信息基础设施安全保护条例》等法律法规，确立了包括安全管理、安全技术、安全运营等方面的总体安全架构（如图 3-6 所示）。

安全总体架构需要满足以下要求。

一是围绕网络安全总体策略，从领导指挥体系、安全制度、安全规划、责任落实等维度构建关键信息基础设施安全保护管理体系，形成上下联动的管控模式，同时实现内外部的信息共享、指挥协同。

二是结合实际技术需求，聚焦关键信息基础设施安全保护对象，制定网络安全技术体系总体框架。围绕网络安全总体策略，从技术维度构建关键信息基础设施安全保护技术体系，形成上下联动的管控模式，同时实现内外部的信息共享、指挥协同。

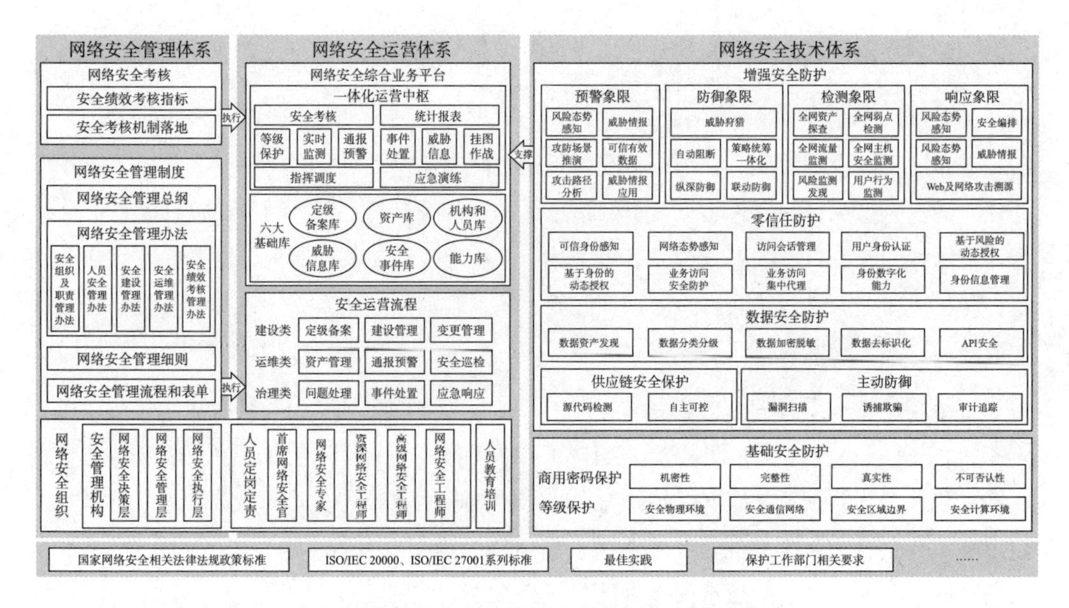

图 3-6　关键信息基础设施安全保护总体安全架构

三是结合实际运营需求，从运营团队、运营流程、运营平台三个方面建立并完善运营体系，围绕网络安全总体策略，从安全运营维度构建关键信息基础设施安全运营体系，形成上下联动的管控模式，同时实现内外部的常态化管控。

（2）重点防护措施

一是分析识别。通过部署资产管理平台，纳管全量动态数字资产，实现业务、数据、平台等层面数字化资产的清晰化、动态化管理和更新，并提供资产信息和资产的风险状态信息。资产风险评估涉及资产的重要性、资产的脆弱性、资产受到的攻击威胁等多维度信息，可全面实现数字资产的全生命周期精细化管理，以及从业务到基础设施的可视化监控。

二是安全防护。

- 安全管理：严格落实国家相关法律法规，建立网络安全责任制和责任追究制度，健全领导责任制。将关键信息基础设施安全建设作为“一把手工程”，进一步健全组织机构，落实首席网络安全官制度并明确职责分工，编制关键信息基础设施网络安全保护计划，开展顶层设计。
- 完善安全制度体系：在现行网络安全等级保护管理制度的基础上，以关键信息基础设施安全保护、商用密码应用安全、数据安全为重点，结合实际业务需求，完善并落地具有多层架构的安全制度体系。

- 鉴别与授权：建设新一代零信任安全体系。新一代零信任安全体系的本质是以身份为中心的动态访问控制，其核心技术以身份为中心，加强业务安全访问、持续风险评估和动态访问控制，其核心组件包括可信代理、动态访问控制、身份分析、身份与权限管理。通过这些技术和组件，构建动态可信的安全访问平台，在访问主体和访问客体之间形成安全桥梁，确保在业务架构下主体对客体的业务和数据的访问安全可信。
- 供应链安全：针对重要信息系统，从软件资产、供应商、内部管理制度、合同、供应商选择与审核标准等方面进行全面的风险评估，并根据评估结果完善供应链安全管理评估机制；通过代码审计工具，结合人工审核，在代码扫描结果的基础上进行分析，对软件漏洞进行分级、排查、定性及确认，并对发现的软件漏洞进行修复。加速推动安全可控软硬件产业生态建设，聚焦核心技术，逐步完成 CPU、操作系统、数据库及网络安全专用产品等核心技术的“信创”国产化替代。
- 数据安全防护：通过部署数据资产管理平台、API 网关、数据库加密网关、数据脱敏系统、数据分类分级系统等，建立覆盖数据采集、传输、存储、处理、共享、销毁的全生命周期安全管控措施，确保每条数据来源清晰、流向合规、使用正当。同时，结合数据安全服务，解决数据安全“最后一公里”问题。
- 个人信息保护：仅采集和保存系统业务所必需的个人信息，通过访问控制策略和数据脱敏技术防止个人信息被非授权访问和使用，及时删除或销毁不再使用的个人信息。

三是检测评估。为了检验安全防护措施的有效性，运营者每年可自行对重要信息系统开展漏洞扫描、配置检查和渗透测试，从而及时发现各种潜在的高危漏洞和安全威胁。运营者可委托具备相关资质的第三方安全服务机构，依据《网络安全等级保护基本要求》《信息系统密码应用基本要求》等标准，每年开展一次网络安全等级测评，检验重要信息系统的合规性；通过商用密码应用安全性评估，验证重要信息系统采用的商用密码技术、产品、服务的合规性、正确性和有效性。

四是监测预警。依据国家和行业相关标准规范，研发并部署采用安全大数据技术架构的网络安全综合业务平台，获取关键信息基础设施网络环境中的业务数据、设备日志、告警信息等安全要素，创建丰富的场景化威胁模型与智能化关联分析模型，实现对网络安全态势的全面感知、主动防护、风险预测，为研判、决策、预警通报及指挥等工作提供有效支撑。网络安全综合业务平台包含等级保护、实时监测、通报预警、事件处置、威胁信息、指挥调度、应急演练、安全考核、统计报表等业务模块，并通过与保护工作部门、公安机关的相关平台对接，实施“挂图作战”。

五是技术对抗。部署攻击诱捕系统，以发现内网安全事件，监听并记录所有入侵和扫描行为，捕获未授权的连接行为，结合协同分析和应急处理能力，快速发现异常，实施有针对性的防御措施，并为攻击反制提供证据。开展真实环境下的实战攻防演习，从而有效地检验关键信息基础设施的安全防御能力，发现安全问题及风险，并打造具备实战能力的网络安全人才队伍。

六是事件处置。依据国家和行业网络安全事件管理政策及标准，建立通报预警和事件管理等机制，明确事件管理的组织机构，以及不同类别、级别及特殊时期的网络安全事件管理流程，落实事件管理责任。当发生重大网络安全事件，或者发现重大网络安全威胁及业务中断级别的攻击行为时，应第一时间向保护工作部门和公安机关报告，并向受影响的机构和单位通报；同时，立即启动应急预案并开展应急处置，保护现场及相关证据，将关键业务和信息系统恢复到已知状态。

4. 保护效果

一是实战对抗、以攻促防。重要信息系统安全防护体系的最终效果以实战效果为准，而实战效果以能力为准。因此，可依附网络安全运营中枢，建设攻防靶场，建立周期性的攻防演练机制，从攻防的视角进行安全设计和安全运营并检验效果，在实战中不断提升网络安全防护能力。

二是持续运营、动态优化。网络安全日常运营是关键环节。通过建设规范化、流程化、常态化的运营保障体系，网络安全综合业务平台能够整合安全技术与工具，形成基于日常运营、通告下发、重保协同、应急响应等的工作场景，设置人员职责、工作内容、协同机制等运营流程，并通过应急演练、安全培训、红队检测等方式持续提升事件应急处置能力，形成“预测—防御—检测—响应”的安全运营闭环机制。

三是深度耦合、容灾抗毁。在安全防护体系设计中，应充分考虑信息系统生命周期，结合信息系统实际运营情况，实现安全防护与信息系统深度融合，并确保所设计的安全方案及措施不影响系统的正常运行；同时，为系统提供容灾抗毁能力，在各种恶劣情况下确保核心业务和应用不中断、重要数据不被破坏。对数据全生命周期进行安全管控，存储系统中的 GPS 数据，通过 API 安全网关、数据库加密网关、数据脱敏系统及数据库审计等安全措施，从数据录入、数据存储、数据访问和访问记录四个维度进行安全防护。

3.2.2　重要行业应用系统安全保护

1. 安全保护需求

各行业的众多业务应用系统是社会信息化发展的基础，它们承载了政府事务、文化传播、通信交流、会议会商、生活娱乐等互联网基础服务，已成为政府运转和人民生产生活的重要组成部分。其中，直接影响国家和人民群众生命财产安全的核心应用，也就是应用类重要信息系统，承载了一个行业或一个地区的核心业务，其正常运行是核心业务开展的根本保障。应用类重要信息系统面临的网络安全形势严峻，对网络安全的要求高，是网络安全保护的重点。针对应用类重要信息系统，应在纵深防御的基础上，以安全防护和应用融合为主线，充分利用大数据分析、机器学习、深度学习等先进技术，推动实现其运行过程中的全天候、全方位实时监测预警和响应处置。

针对纵向大系统的安全保护，需要加强纵深防御和态势感知能力建设。在纵深防御方面，要科学合理地划分应用类重要信息系统的网络区域，对重要信息系统网络与外部网络的边界进行安全隔离，增强公众服务类网站的安全防护和访问控制，对不同安全保护等级的系统、不同业务系统、不同区域之间的互操作和数据交换进行严格的控制，对域内重要信息系统的业务进行适度隔离，实施业务系统之间、系统内具有不同功能的主机组之间的细粒度访问控制。在态势感知方面，实现网络全流量数据、日志数据、威胁情报等安全信息的采集和融合分析，对全网进行监测预警，实时掌握安全事件的发展态势。

2. 纵深防御

应用类重要信息系统的安全应建立在完善的网络安全纵深防御体系之上，主要包括网络安全分区、边界隔离安全、公众服务域安全、前置交换域安全、内部业务域安全、运维管理域安全等。

（1）网络安全分区

根据网络的结构，应用类重要信息系统从外到内可划分为外联网接入区、广域网接入区、数据中心区、园区网四大安全区域。外联网接入区是信息系统与外部单位和系统进行互联的区域。广域网接入区是信息系统与行业广域专网或国家电子政务外网的连接区域。

数据中心区是应用类重要信息系统的核心区域，其中部署了云计算平台、存储系统、数据库及业务应用服务。数据中心区根据应用的类别，可划分为公众服务域、前置交换域、内部业务域和运维管理域等安全域。园区网为单位内部各办公终端的接入网络。

（2）边界隔离安全

边界安全主要是指重要信息系统网络与外部网络的连接区域的安全，包括外联网接入区安全和广域网接入区安全两部分。

针对外联网接入区，将根据不同的接入网络部署相应的下一代防火墙，结合各接入网络的业务特点有针对性地配置访问控制策略，从而实现外联网接入区的边界隔离。在外联网接入区的汇聚节点配置相应的流量安全检测设备，对外联网接入区可能存在的安全威胁进行深度检测。与此同时，在外联网接入区部署相应的数据泄露防护设备，对通过网络传输的数据进行内容分析和识别，并根据策略对违规内容进行审计、告警及阻断；涉及重要数据传输的，可采取信道加密的技术手段。

针对广域网接入区，可部署下一代防火墙，根据广域骨干网的应用情况有针对性地配置访问控制策略，实现广域网接入区的边界隔离。同时，可利用防火墙、安全网关等边界设备，采用商用密码算法，实现广域骨干网传输加密功能。

（3）公众服务域安全

针对公众服务域内的各类网站，在下一代防火墙的基础上增加应用防火墙，从而在其对外提供服务的过程中实现安全防护和访问控制。针对云平台，通过安全组、云安全资源池等技术，实现以整个业务系统为单位或以业务系统主机功能组为单位的安全域划分与隔离，对南北向流量进行访问控制。通过在虚拟机上部署主机防火墙，实现以虚拟机为单位的网络微隔离，对东西向流量进行严格的访问控制。部署网络入侵防御系统，监测公众服务域与其他区域之间、公众服务域内部不同单元之间的流量，以发现入侵攻击行为并实时告警阻断。部署网络安全审计系统，监控并记录公众服务域内的业务访问操作、运维管理操作，实现高风险操作告警、安全事故追踪溯源。

（4）前置交换域安全

部署网络隔离与数据交换系统，实现数据的跨网交换共享。部署网络入侵防御系统，监测前置交换域与其他区域之间、前置交换域内不同单元之间的流量，以发现入侵攻击行为并实时告警阻断。部署网络安全审计系统，监控并记录前置交换域内的业务访问操作、运维管理操作，实现高风险操作告警、安全事故追踪溯源。

（5）内部业务域安全

部署下一代防火墙，实现内部业务域按需以整个业务系统为单位或以业务系统主机功能组为单位的安全域划分与隔离。实施细粒度的访问控制措施，严格限制不同业务系统之间、同一业务系统内不同主机功能组之间的互访。针对云平台，通过安全组、云安全资源池等技术，实现南北向访问控制。通过在虚拟机上部署主机防火墙，实现东西向流量控制。部署网络入侵防御系统，监测内部业务域与其他区域之间、内部业务域内不同单元之间的流量，以发现入侵攻击行为并实时进行告警阻断。部署可信应用代理组件，并与部署在运维管理域的可信访问控制台、身份认证中心结合，验证终端设备、人员身份、应用身份的可信度，实现应用层的动态访问权限控制。

（6）运维管理域安全

部署下一代防火墙，实现运维管理域按需以整个业务系统为单位或以业务系统主机功能组为单位的安全域划分与隔离。实施细粒度的访问控制措施，严格限制不同业务系统之间、同一业务系统内不同主机功能组之间的互访。部署网络安全审计系统，监控并记录运维管理域内的业务访问操作、运维管理操作，实现高风险操作告警、安全事故追踪溯源。此外，可根据重要信息系统的实际情况，建设物理隔离的带外运维管理网络，确保运维环境安全，提高运维效率。

3. 业务融合的全方位态势感知

应用类重要信息系统会面临多种形式的海量网络攻击，因此准确发现威胁是保证业务运行安全的重要内容。但在实际应用中，态势感知系统和安全监测设备每天都会产生大量告警信息，很难提高告警准确率、降低漏报率。在多年探索的基础上，本书提出以安全信息采集为基础、以业务融合为主线的监测预警体系构建方法。该方法能有效检测业务异常行为，提高应对未知威胁的能力。

（1）安全信息采集

安全信息采集主要采集网内和网外与重要信息系统安全有关的各类数据信息，并将其汇集起来，采用大数据分析技术进行存储和分析。由于数据采集对象和来源及相关设备的部署位置不同，数据采集主要分为全流量数据采集、日志数据采集、威胁情报采集等。

全流量数据采集针对重要信息系统及相关系统和网络的全部流量进行数据采集，通过在网络内部的关键节点进行流量镜像，将镜像流量送至旁路部署的流量采集器进行全流量还原和检测。流量采集检测设备分析获取的镜像流量并生成标准化日志，完成高级威胁攻击检测，同时为追踪溯源提供本地数据支撑。这些日志包括 TCP 会话日志、HTTP 头部信息及事务日志、邮件传输行为日志、文件传输日志、登录行为日志、SSL 证书协商日志、FTP 控制通道日志。采集全流量数据之后，使用以下技术进行流量还原。

- 端口匹配：根据协议与端口的标准对应关系及 TCP/UDP 端口进行匹配。这种方式的优点是检测效率高，缺点是端口容易被伪造，因此需要在端口检测的基础上增加一些特征检测的判断和分析能力，以进一步分析数据。
- 流量特征检测：流量特征的识别大致分为两种。一种是标准协议的识别，由于标准协议规定了特有的消息、命令和状态迁移机制，所以通过分析应用层的专有字段和状态就能精确地识别协议；另一种是未公开协议的识别，一般需要通过逆向工程分析协议的机制，直接或在解密后通过报文流的特征字段识别通信流量。
- 行为特征分析：对那些不便还原的数据流量，可通过行为特征进行分析。这种方法不试图分析出链接上的数据，而是根据链接的统计特征（如连接数、单个 IP 地址的连接模式、上下行流量的比例、数据包发送频率等）区分不同类型的应用。

流量初步分析主要使用流量采集器对全量镜像流量进行检测，并初步形成原始的入侵告警信息。流量初步分析使用特征库匹配、会话关联等技术手段，有效地分析流量中的已知远程漏洞利用、SQL 注入、口令扫描等攻击行为，并形成原始的入侵告警信息。告警信息经日志采集器汇聚后，输入大数据存储与分析平台。

日志数据采集主要采集网络安全设备及应用系统本身的日志等数据。日志采集器用于收集网络内部各类设备或系统的日志。在主机侧，可在相应的主机上部署主机防护软件客户端，利用该客户端进行主动采集，也可直接将主机日志文件发送至日志服务器。在应用侧，可通过接口把应用运行过程中的业务访问、服务状态、关键参数、文件变更等数据主动发送至消息总线或日志服务器。

设备日志主要包括交换机、路由器、防火墙、入侵检测系统、网络审计系统、防病毒系统等网络安全设备和系统在运行过程中产生的数据。主机日志主要包括主机进程信息、注册表信息、IP 地址访问信息、文件操作系统信息等。这四种日志可覆盖主机中可能存在的信息，包括 IM 文件传输、邮件日志、DNS 访问审计、证书、操作系统、终端进程、IP 地址访问审计、U 盘使用、驱动程序、安装的软件等方面的信息。应用日志包括应用系统自身的访问日志、错误日志、文件日志、中间件日志等，有error、warn、info、debug、trace五个级别，是安全分析的重要基础数据。

外部威胁情报数据主要包括黑客、APT攻击组织在攻击活动中使用的各种网络基础设施信息及紧急漏洞信息等，包含域名、IP地址、URL、漏洞描述、影响范围，可对常用的攻击工具、攻击手法、攻击目标、覆盖行业进行准确的描述。通过威胁情报，运营者一方面可以发现高级威胁，另一方面可以快速结合相关情报进行攻击定性，从而避免出现传统安全设备只知告警而不知危害的情况。

（2）业务融合监测预警

根据重要信息系统安全监测预警业务的需要，可采用分布式处理和计算技术，构建具备“海量存储”“高效处理”“批流一体”等特征的大数据平台，以形成集数据导入/导出、数据存储、数据处理、数据管理、安全防护等能力于一体的完善的大数据平台，为各类数据的关联融合分析系统提供基础数据、计算能力、存储资源。

运营者可依托大数据平台，在业务运行基本情况和业务运行数据的基础上，结合第三方机构的安全威胁情报，对本单位网络内的实时流量、安全日志、业务日志、资产信息等进行深入的分析挖掘，以快速检测出本单位网络内可能存在的安全威胁或攻击事件；对已发现的网络安全事件进行溯源分析，帮助本单位的安全运维人员掌握网络安全事件的影响范围、攻击方式、传播途径等信息，实现全面的网络安全威胁感知。

运营者可充分与业务实际融合，开发自主可控的算法模型。该模型涵盖扫描、漏洞利用、文件上传、控制外联、数据窃取、合法用户利用等关键环节，能够从异常情况出发，发现针对重要信息系统的重点攻击行为，提高应对零日攻击的能力。

为了方便安全监测人员及时发现安全风险，帮助安全决策人员及实时掌握安全事件的发展态势，运营者可采用可视化技术，集中呈现本单位网络可能遭受的安全威胁或安全攻击，从资产、威胁、攻击事件等多个维度，集中展示本单位网络内可能存在的安全漏洞，以及非法外联情况、僵木蠕毒等的分布状况，为安全运维人员处理安全事件提供支撑，同时为网络安全决策提供数据支持。

4. 保护效果

业务应用系统是社会信息化发展的基础，承载了可能直接影响国家和人民群众生命财产安全的应用类重要信息系统。业务应用系统通过分区和边界隔离实现了不同安全保护等级的网络、不同业务系统、不同区域之间的安全互联，通过提升运维管理能力实现了各类审计信息和安全策略的集中审计分析，从而在信息系统面临的威胁环境发生变化时，及时调整策略，对非法操作进行溯源和固证。

应用类重要信息系统的安全保护体系通过安全信息采集、安全信息感知、安全事件分析、安全事件预警等模块构建安全信息汇总枢纽，形成安全事件调查处置、实时安全态势感知等能力，从而提升对安全风险的监测能力，实现全局安全风险监测预警，为业务应用系统的正常运行提供根本保障。

3.3 大平台类重要信息系统安全保护实践

本节通过多个案例，对大平台类重要信息系统安全保护实践工作进行深入讨论。

3.3.1 云平台安全保护

1. 场景描述

随着数字化转型的深入，数字化业务爆发式增长，人工智能、大数据、5G 等新技术不断取得突破，IT 所支撑的对象和面临的风险均发生变化，IT 支撑系统在技术架构和能力建设方面需要与时俱进。某大型国企深入开展数字化转型，着手建设全网统一的基础云平台，使全网用户都可以在云平台上申请资源和服务。该云平台能够有效集中管控全网资源，优化资源配置，缩短资源交付周期，有力支撑企业各业务场景和应用的快速构建与迭代升级；全面提升用户体验，实现数字化技术与业务的深度融合；提升企业生产、经营、管理的效率和质量，促进业务生态系统的构建。随着承载的业务越来越多、越来越重要，该云平台成为安全防护的重点。

在安全防护体系建设方面，该企业已基于传统网络架构、业务系统等，建成较为完善的安全防护措施，并通过防火墙、Web 应用防护、抗 DDoS、VPN 等产品，实现了网络层安全接入、安全检测防护等基本能力。在云环境中，网络环境是复杂、弹性和动态变化的，针对云平台的安全政策要求与其他系统和平台不同，导致现有的防护措施无法解决云内安全等新的安全问题，无法满足集团和国家层面对云平台的安全合规要求，也无法实现构建安全稳定的统一云管理平台这一目标；而云平台厂商自带的云安全能力主要是基于云计算技术本身及原厂业务场景设计的，与该企业所在行业的安全防护标准体系存在差异，无法满足该企业的安全防护要求。因此，该企业开始探索并加强云平台的安全保护。

2. 安全防护需求及难点

在多云管理分区模式下，目前该云平台横向分为五个区，纵向包含网、省、市、站多级架构，安全管理和运维工作量巨大且复杂，管理的碎片化问题亟待解决。在安全标准方面，该云平台部署地域广、承载业务类型多、业务安全诉求区别大，因此，网络安全设施的标准难以统一，IaaS、PaaS、SaaS 安全能力参差不齐。在技术方面，异构兼容、编排调度、协同响应是云上安全服务平台面临的重大挑战，而该云平台缺少异构兼容的生态化服务管理能力，难以形成标准化的安全服务能力。在国家重大活动安全服务保障方面，该云平台汇集多个部门的业务，事件响应与处置需要多方协调，响应时间、处理效率难以提高，缺少快速解决问题的自动化手段。该云平台的安全防护需求如下。

（1）网络安全业务综合管理需求

云平台的网络安全态势感知及合规管控，均涉及云数据中心基础设施、云平台、业务开发部门、网络安全部门等，故需要建设云安全中心，对云平台上租户侧、监管侧和运营侧场景中的多种安全数据进行收集和分析，提供安全运营可视、监管决策、态势呈现等能力，实现云平台安全状况可视、可控、可管。

（2）安全能力聚合与云化安全能力构建需求

云平台区别于传统数据中心，其资源调度灵活，弹性计算能力强，应用系统与基础资源随着业务系统变化而面临新的挑战，因此，云安全能力需要实现资源服务化，并提供安全识别、安全防护、安全检测、安全响应等全栈全时的安全能力。针对不同厂商的云基础设施安全能力不一致、不同业务的安全防护标准不统一的问题，需要构建统一的云安全服务平台，使各安全组件通过标准接口及开放接口对接到云安全服务平台；实现异构安全资源池及其上第三方安全组件的统一纳管、编排调度，并对接到云安全中心进行管理、决策与可视化，形成云平台整体服务能力分层解耦、异构兼容、集中管理的云安全服务化建设模式。

（3）安全信息共享与联防联控需求

该云平台对接集团安全态势系统，并将其作为安全运行工作的安全信息汇聚中心、安全分析中心、安全指挥中心。集团安全态势感知系统实时采集云上和云下的各类安全数据，根据安全策略建立数据分析模型，对安全数据进行集中分析，识别安全威胁，实现安全风险的智能感知和动态研判；建立事件处置流程，结合协同处置机制，实现对安全事件的快速处置；以可视化的方式呈现全局安全态势，提供可视化分析及决策支持。

3. 安全保护实践

云平台的基础安全层以安全资源池模式部署，与云资源池松耦合。安全资源池与云基础资源池以解耦模式构建，通过云安全管理平台与主流云平台厂商深度集成，提供以云业务为中心的安全服务能力。安全资源池支持广泛的引流模式，并支持 SDN 和传统网络。安全资源池采用近源安全理念进行防护，即分别在云平台的生产网和备份网中部署一套安全资源池，并与安全运营中心对接，其部署拓扑示意图如图 3-7 所示。

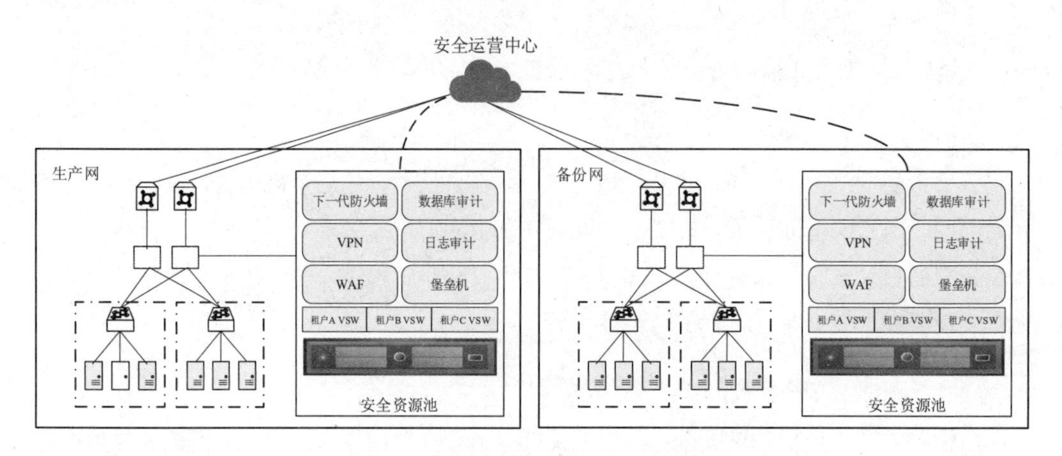

图 3-7 安全资源池部署拓扑示意图

在安全技术方面，通过部署云平台安全资源池及对接安全运营中心，形成了包含下一代防火墙、入侵防御、主机安全的技术对抗能力，以及数据库审计、运维审计、网络行为管理、日志审计等安全审计能力；结合安全运营中心，形成了涵盖态势感知、安全编排、安全事件关联分析、检测与响应等能力的安全技术体系。

在安全管理方面，该企业成立专门的云平台安全运营团队，并制定了涵盖安全评估、安全巡检、攻防演练、应急响应的一系列安全管理制度，为云平台日常运行、业务上线、事件处置等安全运营工作确立了一套完善的标准规范，确保云平台稳定且可靠地运行。云平台安全体系的一个具体实践如图 3-8 所示。

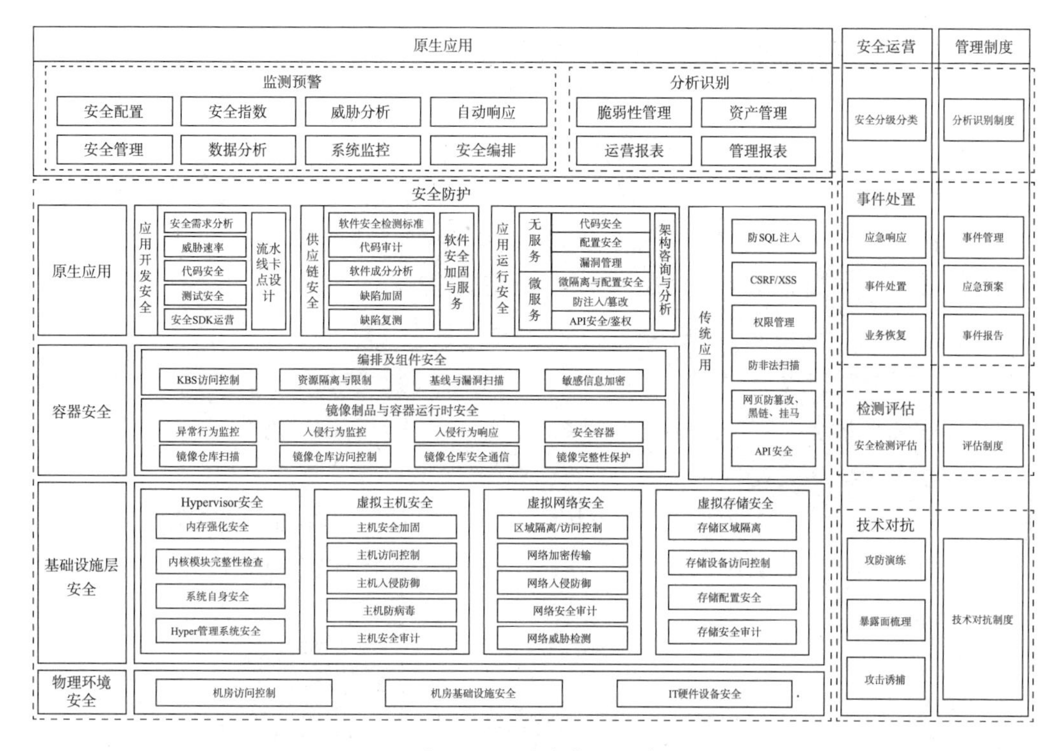

图 3-8 云平台安全体系

（1）分析识别

分析识别的主要目的是调查和了解关键业务的运行架构、运行逻辑、开展范围，对业务核心功能和业务信息化运行情况进行梳理，包括业务识别、资产识别、风险识别三部分。分析识别工作准确与否，直接关系到后续各项安全建设能否有效落地。安全运营中心具备资产总览与资产画像能力，提供了资产的详细信息（包括基本信息、漏洞信息等），同时具有资产分组及标签分类功能，可帮助云平台管理机构有效地进行资产分析识别。

（2）安全防护

安全防护分为管理和技术两个方面。

在管理方面：通过制定安全保护计划，在开展边界识别后，基于云平台安全建设现状，建立云安全保护计划，明确安全保护工作的目标；落实网络安全责任制，强化人员审核与考核机制，明确人员保密职责与义务；制定供应链管理制度体系，确保安全防护机制有效落地。

在技术方面：根据网络安全等级保护基本要求、云计算安全扩展要求及关键信息基础设施安全保护要求，依托云平台安全资源池，实现云平台安全部署与安全策略落地，完善云上不同安全保护等级的系统、不同业务系统、不同区域之间的安全互联策略；通过部署虚拟化 VPN 安全组件，在通信开始前基于密码技术对通信双方进行验证或鉴别，实现不同局域网之间的安全访问；强化区域边界防护能力，严格限制不同安全保护等级的系统、不同业务系统、不同区域之间的互操作和数据交换；通过虚拟化 VPN 安全组件和上网行为管理组件与身份鉴别体系的对接，在接入访问方面实现对未授权设备的动态检测与监控；增强安全审计能力，在网络安全等级保护的基础上进一步强化网络安全审计措施，为所有租户和业务系统部署数据库审计、运维审计、日志审计等虚拟化组件，并确保设备日志、用户操作日志、关键审计日志等的留存时间超过 12 个月；强化身份鉴别措施，制定重要业务操作清单，通过运维审计系统对重要业务操作进行二次验证；安全资源池对接安全运营中心以实现集中管理能力，构建自动化的安全管理中心以实现基于剧本的安全策略下发与统一管理。

（3）检测评估

通过建立评估制度，定期（按年）开展安全检测评估，并对发现的问题及时整改。根据评估制度，结合主管部门制定的相关安全建设规范，编制企业安全检测评估标准，内容包括但不限于网络安全制度（国家和行业相关法律法规、政策文件及运营者制定的制度）落实情况、组织机构建设情况、人员和经费投入情况、教育培训情况、网络安全等级保护工作落实情况、密码应用安全性评估情况、技术防护情况、云服务安全评估情况、风险评估情况、应急演练情况、攻防演练情况等，尤其要关注跨系统、跨区域的信息流动及关键业务流经资产的安全防护情况。在安全检测评估中，除了在内部开展检查，还要建立外部检测制度，定期邀请专业的网络安全服务机构，在不正式告知时间和方式的情况下，采用模拟攻击的方式对实际安全防护能力、监测能力、响应能力、对抗能力进行验证。

（4）监测预警

部署云安全资源池后，通过北向接口将日志、事件、告警信息等汇总到安全运营中心，实现监测预警体系的构建。安全运营中心以全流量分析为核心，结合威胁情报、行为分析建模、UEBA、关联分析、机器学习、大数据关联分析、可视化等创新技术，构建针对已知威胁和未知威胁的先进的安全检测技术体系，从而全面提升安全监测预警能力，形成对异常流量、异常行为、系统漏洞、网页篡改及僵尸网络、木马、蠕虫等安全威胁的检测能力，达到从局部安全提升为全局安全、从单点预警提升为协同预警、从模糊管理提升为量化管理的效果。

（5）技术对抗

云平台以安全服务为核心，以安全资源池组件及安全运营中心为工具，从攻防演练、暴露面梳理、攻击诱捕等方面进行技术对抗体系建设。一是梳理并收敛暴露面，包括制定清理计划，依托漏洞扫描等工具，梳理并收敛互联网侧和内网侧的暴露面，仅开放特定的端口供外部使用。二是使用互联网敏感信息监控服务，实时监测并清理互联网中可能存在的组织架构、邮箱账号、组织通讯录等可用于社会工程学攻击的内部信息。三是开展供应链、服务商、第三方运维人员安全检查，重点检查存储在网盘、代码托管平台等公共平台中的技术文档。四是攻击诱捕反制，包括依托安全资源池防火墙组件的蜜罐、沙箱等能力，实现网络攻击诱捕、溯源、干扰和阻断等；通过与专业的网络安全服务商合作，全面地分析网络攻击意图、技术与过程并进行关联分析与还原；定期开展攻防演练，包括制定攻防演练计划、邀请专业的网络安全服务商定期开展攻防演练等。

（6）事件处置

安全资源池组件通过北向接口将日志、事件、告警信息等汇总到安全运营中心，实现全面的云平台安全态势感知；通过云内流量采集分析、恶意文件检测、网络漏洞攻击检测、未知威胁检测等多种安全检测措施，结合安全运营中心的事件汇总、威胁分析能力，进一步提升云环境中业务系统安全的可检测性和可视性。建立安全可视的运营体系后，安全运营中心可实时展现攻击源、攻击分布，明确攻击情况，帮助云平台安全团队建立安全防线，提升资产的整体防御能力；结合安全运营中心的告警概览与下钻分析能力，以及云平台安全团队制定的事件处置制度，可实现安全风险的及时响应，并构建实时威胁感知能力，尽可能降低攻击造成的损失。

上述安全体系在云环境中提供了以下四个方面的保障措施。

一是保障云服务客户网络区域的安全。云平台通过接入安全资源池，为部门及租户提供第三方安全服务，使租户可以自主编排云上安全能力并设置相关的安全策略；通过租户编排的云网络安全组件，可实现通信传输、边界防护、入侵防范等安全机制和能力，并以租户 VPC 为单位，落实虚拟网络之间的隔离。

二是落实网络边界的安全防护。云安全资源池与企业数据中心的网络安全设备相结合，提供租户级和平台级的区域边界防护措施（对租户的业务及云平台的各类网络攻击行为，均可实现检测、告警及阻断）。

三是保障云服务客户的数据安全。在镜像层面，通过在云主机上部署安全客户端，实现主机漏洞扫描、基线检查、行为审计、病毒防护，以及云平台主机镜像的加固，确保云主机的数据安全。在网络层面，通过结合了 SDN 的安全资源池组件，确保安全能力以 VPC（虚拟私有云）为防护维度，在虚拟机迁移后保持访问控制策略的一致性，提升数据保护效果。

四是对云平台实行集中监测。云平台采用统一的安全运营中心，对企业的传统网络与云平台安全组件进行统一的日志和事件汇总，形成综合安全态势感知、威胁分析、监测预警等能力，对安全事件进行事前预警、事中处置和事后追溯。

4. 保护效果

基于云平台的安全资源池建成后，该企业的云平台整体安全防护水平，以及以关键业务为核心的整体防控、以风险管理为导向的动态防护、以信息共享为基础的协同联动等能力均有提高，具体保护效果如下。

（1）实现动态智能化安全运营

安全资源池在云上提供了丰富的安全防护能力，在安全能力方面，不仅能满足网络安全等级保护相关要求，还能在安全防护能力评价中，满足安全防护的鉴别与授权、数据安全、边界防护等多种评价要求。同时，安全资源池的安全组件具有丰富的日志、事件、告警北向接口，能够为安全运营中心提供安全数据，强化云平台的监测预警与事件处置能力。

（2）构建形成全向纵深安全防护能力

通过安全资源池，租户可以按需获取建立安全防护体系所需的各种能力，实现云上业务的南北向和东西向安全防护，形成纵深防御体系；确保云平台的相关业务流量及云主机、数据库之间的访问引入的业务流量获得安全防护能力，形成一个立体的、体系化的云安全架构。

（3）构建形成聚合统一的云化安全服务能力

在将业务迁移到云上之前，各业务系统的安全体系“各自为战”，安全能力、安全基线难以统一；而业务上云后，可通过云平台安全资源池的统一安全服务与调度编排，为租户提供跨云一致的安全防护（租户通过同一个云安全服务平台即可保护自己的所有云上业务，并获得一致的管理体验及安全保护效果）。

3.3.2　客户服务平台安全保护

1. 场景描述

客户服务是电网公司营销信息化的重要组成部分，主要受理客户的故障报修、业务咨询、信息查询、投诉、举报、建议、意见等业务。供电企业的客户服务平台已成为供电企业做好“四个服务”的重要载体。客户服务平台业务架构示意图如图 3-9 所示。

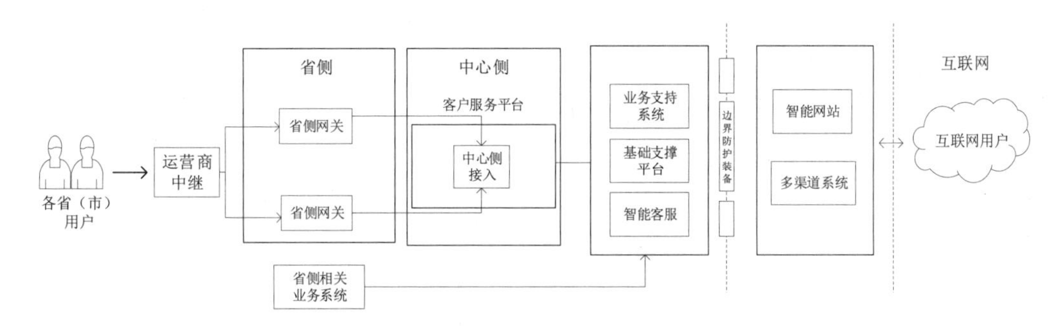

图 3-9　客户服务平台业务架构示意图

客户服务工单的处理均在内网完成，通过边界防护装备与互联网隔离，以确保信息安全；智能网站、多渠道系统（如微信公众号、微信小程序）则通过互联网处理业务。省侧客户服务业务通过接入设备经电力骨干网送至中心侧，同时提供智能客服功能。

2. 安全防护需求及难点

在安全防护需求方面，客户服务平台是集约化、专业化的公共事业服务平台，其智能互动网站实现电力信息发布、网上业务受理、网上支付、信息自主查询、故障报修、投诉、举报等网络服务，为用户提供信息咨询、沟通交流和智能互动服务，并宣传和开展能效服务及绿色能源、智能用电等新型业务。一是业务规模大、涉及用户多，需要保障业务持续、稳定运行，以确保不因业务中断产生社会舆论或造成恶劣影响。二是海量数据资产涉及用户敏感信息，重要数据和个人信息泄露会造成合规风险。在 7×24 小时不间断的服务中，客户服务平台积累了海量的结构化和非结构化数据，其中不乏敏感和有价值的信息，一旦用户的敏感通信、个人信息等泄露，将涉及违法违规。

客户服务平台的安全防护难点主要涉及三个方面。一是互联网业务服务易遭外部攻击，内部核心网络和系统存在被入侵的风险。客户服务平台提供互联网服务，可能受到来自互联网的攻击和恶意代码攻击。攻击者通过计算机网络攻击接入设备，使客户服务平台无法正常运行，影响其业务应用。二是需要同时保障信息网络和语音网络安全。客户服务平台涉及计算机业务、语音业务等，需要同时接入计算机网络和公共交换电话网，而二者对业务的安全要求不同。三是业务终端数量庞大，管理复杂。作为公用事业服务平台，客户服务平台拥有千余名客户服务人员，他们使用的终端容易感染和传播病毒、木马等恶意代码，具有较高的安全风险。

3. 安全保护实践

（1）安全架构设计

客户服务平台安全防护架构示意图如图 3-10 所示。

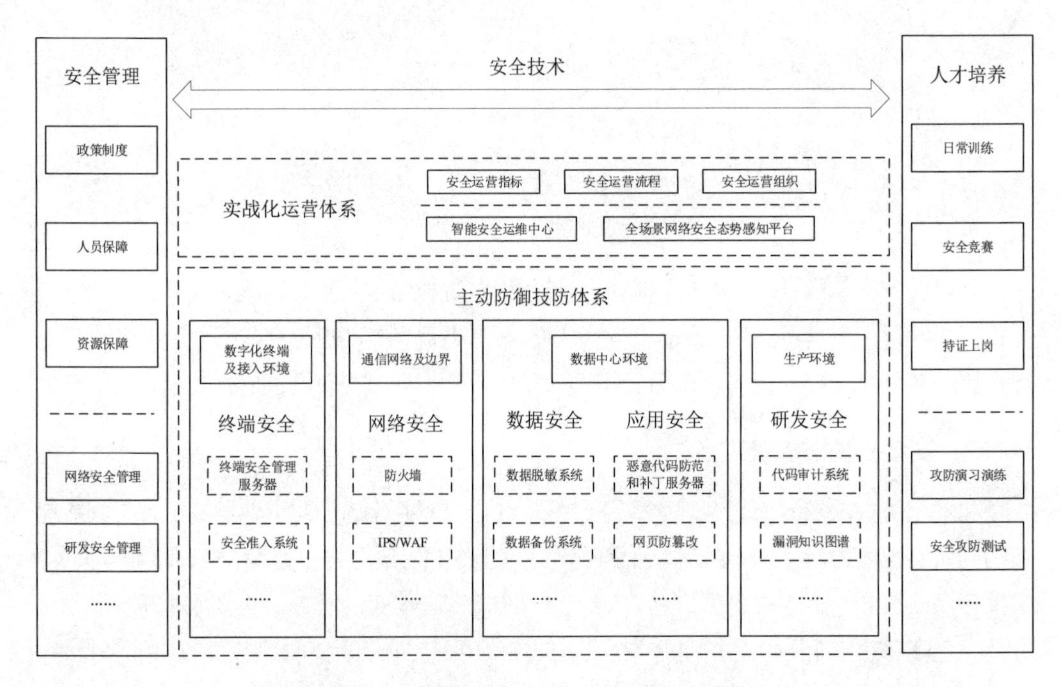

图 3-10 客户服务平台安全防护架构示意图

在客户服务平台安全防护架构的建设过程中，应以《网络安全法》为顶层要求，以《网络安全等级保护基本要求》《关键信息基础设施安全保护要求》为指导，设计安全防护框架，以安全管理、人才培养、安全技术作为重要支撑手段，构建实战化运营和技术对抗体系。安全管理包含政策制度、人员保障、资源保障、网络安全管理、研发安全管理等方面。通过日常训练、安全竞赛、持证上岗、攻防演习演练、安全攻防测试等手段，可加强人才培养。依托智能安全运维中心、全场景安全态势感知平台，以及安全运营指标、安全运营流程、安全运营组织，可构建实战化运营体系。此外，需要从数字化终端及接入环境、通信网络及边界、数据中心环境、生产环境等方面，加强终端安全、网络安全、数据安全、应用安全及研发环节的安全防护能力。

（2）分析识别措施

借助智能运维平台，针对系统“发病”“亚健康”“健康”三种状态，实现全量监控、安全预警、智能研判、智能处置。利用智能机器人，运维人员可实现 5 分钟内发现异常、5 分钟内分析异常、5 分钟内自动处置、5 分钟内完成验证的“4 个 5 分钟”管理，推动运维从事后处置到事前预防的转变，全面做好风险识别和防控工作。

（3）安全防护措施

一是终端安全。加强终端入网管理，部署安全准入系统，避免未知终端接入中心网络；完善终端安全管理机制，实现桌面管理系统、终端杀毒软件全覆盖，定期进行全盘查杀、敏感文件检查、系统漏洞检查与修复、密码复杂度检测；强化终端使用管理措施，关闭 USB 接口、光驱接口，禁用终端文件共享和远程连接服务，确保网内终端安全可控，实时检测终端的安全动态并及时处置分析。

二是网络安全。在网络边界部署防火墙、Web 应用防护系统等，实现网络攻击监控自动过滤阻断，为网络边界设置“高墙深沟”。同时，在电网内部署入侵检测系统等，检测网内和出口的流量，实现 Web 攻击行为的快速发现、自动研判。一旦攻击者绕过边界设备，可通过恶意流量检测和专项监测设备，及时监控、分析、阻断网络攻击行为。

三是数据安全。根据客户服务平台数据的敏感程度和重要程度，针对采集、存储、使用、交换、销毁五个过程构建数据血缘关系图谱，实现数据全生命周期管控。部署数据脱敏系统等，采用数据匿名化、数据脱敏、加密保护、认证等技术手段，对数据进行分类分级管理，支撑数据留痕、溯源、问责，辅助开展数据安全管理与防护。通过数据备份系统，对数据库进行每日增量备份、每周全量备份，将关键数据库实时同步到异地机房；对备份数据，每三个月进行一次数据校验，每六个月进行一次数据恢复测试，确保备份数据完整有效。

四是应用安全。通过恶意代码防范机制和补丁服务器，及时消除应用安全风险；加强应用系统运维管理，完善运维管理机制；部署堡垒机，运维人员对应用后台的操作必须通过堡垒机进行，并实现事前审批、事中监控、事后审计。

五是研发安全。配置专职安全测试人员，常态化开展代码审计工作；基于人工智能技术，建立包含系统、应用组件、IP 地址、端口、漏洞信息等的知识图谱，结合线上漏洞管理平台，实现漏洞和隐患的闭环管理，充分保障关键基础设施安全稳定运行。

（4）检测评估措施

以电力全场景网络安全态势感知平台为统一监控预警平台，配合智能运维平台的安全防御模块，通过实时归集业务数据、安全数据、运行数据、日志等多种结构化和非结构化数据（涵盖主机运行数据、网络数据、数据库等，覆盖基础环境、设施设备、业务应用状态等方面），实现集中监控、协同处理。通过集中监控覆盖基础环境、设施设备、业务应用状态等业务资源，建设全量监控体系。建设基于五维模型的数据分析体系，开展情景关联分析、行为关联分析，精确定位异常，追溯异常出现的原因并评估其影响范围。

（5）监测预警措施

部署威胁情报系统，依托智能防御模块，结合智能知识库、智能标签和安全态势感知技术，开展情景关联分析、行为关联分析。完善白名单 IP 地址、白名单特征码，比对并去除误报、重报，在对日均上万条告警信息进行关联分析后，得到真实的攻击信息。自主研发网络攻击自动上报工具，将告警信息秒级推送至移动端工作群组，提高处置效率。建立“场景+人工智能”的综合验证方式，覆盖多种网络攻击场景，探索自动化处置与结果验证技术。研发自动上报工具，将外网攻击信息通过边界专用装备传入内网，实现内外网同步自动上报和全网联动预警。

（6）技术对抗措施

将攻击溯源系统、Web 应用防护系统、蜜罐等的日志统一归集至日志服务器，自动比对白名单 IP 地址和白名单特征码以去除误报。同时，将不同安全设备的同一攻击源 IP 地址的告警日志汇总，对所有安全设备日均百万条告警信息进行自动分析筛选，得到真实的攻击日志。开放分析日志的 Web 服务接口，使防火墙通过调用真实的攻击日志，获取攻击源 IP 地址，实现攻击自动化秒级封禁，及时阻断攻击行为。定期组织梳理暴露在互联网上的微信公众号、微博账号、小程序等，将其关停或对其采取安全防护措施。

（7）事件处置措施

依托威胁情报平台，结合安全厂商提供的威胁情报，提前处置高危病毒、零日漏洞及各类系统漏洞。筛查全网高危 APT 攻击与非法攻击事件，有效提高溯源反制的准确率及效率，实现对黑客组织发动的非法攻击的提前防范。针对钓鱼和社会工程学攻击、病毒爆发、网页篡改、串联安全设备故障、数据泄露等场景，建立“安调运检”机制，即安全团队发现线索后，统一指挥调度，运维人员进行检测，完成协同处置、恢复验证、问题分析等工作，实现快速联动。按照“一系统一方案”“一专业一方案”的思路，编制现场处置方案，根据现场处置方案开展桌面推演与实操演练，对暴露出来的人员联络协调、故障定位速度等方面的不足之处进行改进，不断完善处置方案，确保在系统出现任何突发故障时都能迅速反应、正确处置，保障客户服务平台平稳运行。

4. 保护效果

在运行安全方面，客户服务平台已采取同城灾备的部署模式及分区分域的安全防护措施，建成以来未发生信息系统安全事件和网络安全事件，连续多年为广大电力用户提供优质服务，实现了 7×24 小时不间断运行。在网络安全方面，客户服务平台利用自动化分析告警工具提升了日常安全运营与应急工作的自动化处置能力，同时将需要人工完成的重复性工作减少了 90%，让网络安全人员能够将更多的精力投入更有价值的溯源分析工作中，实现网络安全威胁快速响应和智能防御。

3.4　大数据类重要信息系统安全保护实践

本节通过多个案例，对大数据类重要信息系统安全保护实践工作进行深入讨论。

3.4.1　大数据平台安全保护

1. 场景描述

某大数据平台提供便民服务、政务办公服务、政策决策服务、政务监督管理服务等政务应用，同时为所在机构各业务部门提供数据支持。该大数据平台的数据体量庞大，约为 60PB，由结构化数据和非结构化数据组成，包括个人信息数据及各类企业金融数据。

该大数据平台的主要使用场景：一是利用数据赋能业务，在大数据平台上构建不同的应用供各业务部门及外部用户使用，以促进政务服务和政务办公一体化；二是提供各类 BI 分析报表，优化本机构的服务和办公水平，并形成辅助决策的意见，以提升政务服务水平。该大数据平台的抽象示意图如图 3-11 所示。

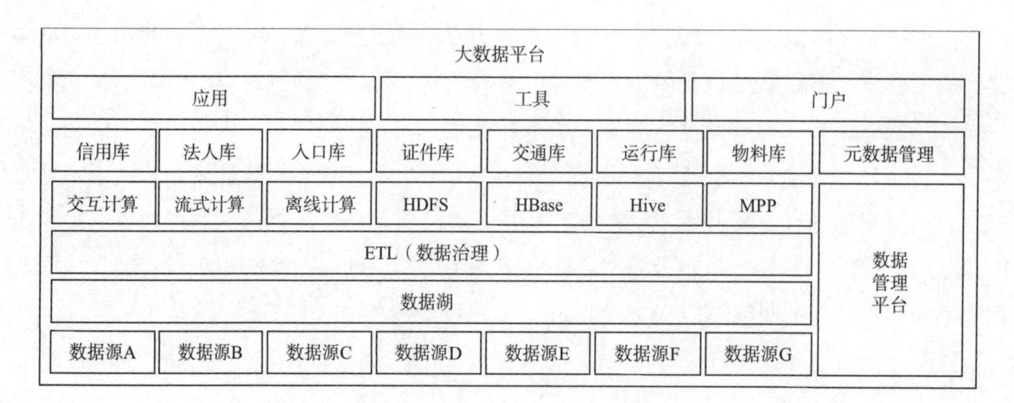

图 3-11　大数据平台的抽象示意图

该大数据平台的主要功能是将各业务部门的原有业务数据通过前置机进行汇聚，利用ETL数据分析的方式对数据进行处理，并加载到大数据平台的数据归集库中；根据实际应用需求和各业务部门提出的数据诉求，对归集的数据进行分析，生成各类主题库和专题库供各业务部门使用；形成数据资源服务目录，各业务部门可通过API或库表交换的方式共享与使用数据。

2. 安全防护需求及难点

大数据平台的业务属性决定了其具有复杂性、高数据价值及数据访问的多样性。在大数据的共享交换过程中，数据具有以下特点。一是数据流动的变化：从过去少量的数据流动，到现在大数据平台每天上千万次的数据共享与访问。二是安全域的变化：从数据仅在有限的部门和安全域内使用，到跨部门、跨组织的接入和打通（数据跨安全域使用）。三是数据存储方式的变化：在原有业务场景中，数据存储分散且被各部门的安全域保护，而数据汇聚可使海量数据集中存储。四是数据访问主体的变化：过去数据的访问通常是数据使用方从数据提供方获取数据，而现在数据使用方可能扮演多个角色，除了数据使用方，还可能是数据消费方、数据提供方、数据共享方。五是数据接触人员的变化：从过去数据业务流程短、接触数据的人员少，到现在数据业务流程长、接触数据的人员多。

在新的数据环境中，应强调数据在活动中的整体防护，这意味着过去的静态防护理念需要转变为动态运营防护理念。数据安全保护，需要按照《数据安全法》的要求，在落实网络安全等级保护制度的基础上，强化数据保护措施，切实维护国家安全和数据安全。运营者应开展数据资产排查，深入梳理业务系统所承载和处理的数据，确认数据类型和数据资产，明确数据权属，并对数据的采集、存储、处理、应用、提供和销毁等环节全面进行风险排查和隐患分析，对数据全生命周期进行保护。该大数据平台的数据安全防护需求如下。

（1）数据资产统一管理能力需要加强

由于数据资产规模大，所以需要厘清大数据平台的数据资产。数据类型多种多样，数据的共享、分类分级、存储等缺乏统一标准，数据资产管理需要技术的支撑。业务数据、部门数据的数据资产模糊，导致决策者及合规、数据资产管理、安全等部门无法掌握重要业务和高价值数据的分布、变化和使用情况，数据资产管理处于混沌状态，既无法对数据资产进行有效的管理，也无法为高价值数据制定合适的安全防护策略。

（2）深层次数据防护能力需要建设

由于数据防护能力弱，所以需要对数据防护体系进行设计。通过调研发现，随着网络安全建设的推进，针对网络、平台、应用的安全建设已卓有成效，但已有的网络安全措施很难深入数据层面进行防护，数据在采集、传输、存储、处理、共享、流转等围绕数据活动的阶段仍面临诸多安全风险。例如，在采集数据时，面临数据源伪造、数据在前置机等环节泄露、在数据中隐藏攻击指令及通过 API 非法获取数据等风险；数据缺乏完善的认证和访问控制措施，导致内部运维人员违规分析用户数据，外部开发人员窃取、破坏数据，以及外部攻击者入侵的风险。

（3）数据安全风险需要有效管控

数据安全风险不明，需要全面提升数据安全管控能力。通过调研发现，除了数据资产不清晰、缺少数据防护能力，一些运营者对数据安全风险也基本处在未知阶段。例如，针对对外开放 API 本身的脆弱性风险、遭受 DDoS 攻击的风险、SQL 注入造成数据库提权的风险、数据操作权限访问过当的风险等，需要采用定期进行内部数据安全风险调研的方法，以及持续进行数据风险监测的方式来管控。通过技术手段建立数据安全管控措施，对具有不同权限的数据使用人员进行有效的访问控制、操作审计等，可避免因人的行为不规范及不正当使用数据导致数据泄露或合规风险。

3. 安全保护实践

（1）整体方案设计

构建大数据平台安全保护体系，通过咨询和风险评估对大数据平台进行风险判定；发现数据风险暴露面，设计数据安全防护框架，构建可视、可控、可管、可追溯的数据安全防护体系；以保护大数据平台业务运行安全和数据安全为核心目标，从大数据平台的数据活动和数据内容访问控制两个层面出发，覆盖数据的活动、共享、访问、分析、使用、运维等，并从整体数据活动的角度，提供数据流动与数据风险的可视化呈现能力，以及数据安全访问控制能力和事件溯源研判能力。图 3-12 为数据安全保护框架。

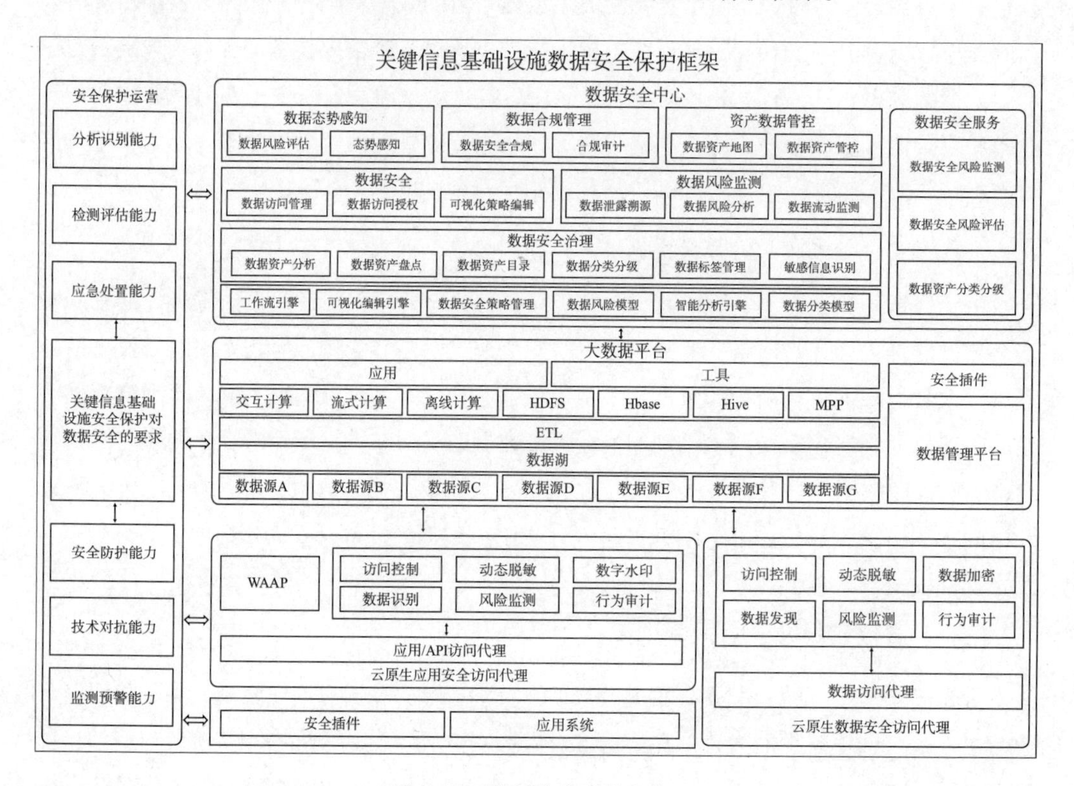

图 3-12 数据安全保护框架

（2）重点防护措施

依据重要信息系统和数据安全相关要求，对数据进行分类分级，开展检测评估、监测预警等重要工作。针对大数据平台，开展基于业务场景的安全风险评估，以全面掌握资产信息、威胁信息、脆弱性信息、安全措施信息等。建设数据安全管控平台，以全面掌控安全组件和数据活动，形成以下四个方面的能力。

一是分类分级能力。建设数据分类分级管理平台，结合人工智能算法，实现对个人数据的智能分类分级。大数据平台提供自动化扫描引擎，建立数据资源结构框架，绘制数据资产分布图，并提取数据库和数据仓库各字段的多维度特征，通过无监督学习和聚类算法对具有相似特征的字段进行归类（同类字段被系统判定为重要或敏感级别相同）。当用户对某类的某个字段进行级别标注时，系统将自动向用户推荐适当的级别，并对该类中的其他字段进行一键式标注，以提升数据分类分级的效率。标注了类别和级别的数据字段会被系统当作有监督学习算法的样本数据，完成分类分级模型的训练。当有新数据源接入时，该模型可自动用于新数据源的字段分析和分类分级标注的智能推荐，以进一步提升业务系统数据分类分级的效率。同时，智能分类分级系统可以通过 API 被其他业务或安全系统调用，根据数据的重要程度或敏感程度进行差异化处理。

二是数据流转监测能力。数据流转监测是指在数据处理活动中，通过数据分析和数据可视化等技术从数据中提炼出“有数据正在被使用”这一信息的一系列操作。用户配置简单的规则就能周期性地自动获得数据流转图，从而实时掌握敏感数据的访问情况。数据流转监测包括应用流转分析、数据库流转分析两个核心能力。应用流转分析从应用、数据和用户三个维度分析用户的业务访问日志，清晰地列出当前环境中 Web 服务器的涉敏访问事件，对所有应用的涉敏访问情况进行汇总展示。数据库流转从数据库、数据和用户三个维度列出当前所有数据库业务系统（如 MySQL、Oracle 等）的敏感状态。管理员可根据需要，以数据库、数据、用户、时间等为条件进行筛选，通过筛选结果方便地在众多数据库系统中找到自己最关心的涉敏访问情况，高亮显示单个参数的流转情况，并查看单个参数和整体流转情况的分布及相互关系。

三是数据管控能力。采用零信任理念，通过在大数据平台部署数据代理网关和应用代理网关对访问主体和访问客体进行基于属性的策略配置（除了帮助用户灵活制定访问规则，还能看到用户通过应用访问数据时的权限情况、具体访问情况、数据调用情况，以及数据分析和数据运维角色直接对大数据平台进行访问时的具体操作），提供审批、授权、违规告警等能力。

四是数据安全组件服务。建设各类安全组件，为大数据平台提供完善的基于数据边界、数据通道、数据内容的访问控制能力，以及基于流量和数据库的数据识别能力，实现个人信息数据的发现和分级管控。数据安全保护框架改变了过去多种数据安全组件单独部署的割裂的建设模式，采用容器化和七层代理模式进行部署，具备多种功能，提供高可用性及弹性扩容能力，通过一次解析进行多次检测以降低拆包延迟，能够按需开通功能模块以满足阶段性的数据安全建设需要。代理软件部署在应用前台和大数据平台之间，当用户在互联网、内网、运维等场景中访问数据时，提供数据水印、数据脱敏、数据风险监测、数据流识别、数据访问行为审计、防爬虫、防 SQL 注入等安全保护措施。

4. 保护效果

一是全面监测敏感数据的流转，有效掌控全局数据安全隐患。通过实时监测数据库访问、API 调用、数据获取等环节的敏感数据流转情况，对数据采集、汇聚、共享、使用过程中的潜在安全风险进行全面和实时的监测分析与预警，及时发现非法越权访问、数据盗取、接口超范围使用等安全风险，在数据安全平台上实时展示安全风险并主动进行预警。另外，数据安全平台会从敏感数据和访问账号两个维度对数据访问风险进行监测：从敏感数据访问维度，可对敏感数据的访问类型、访问量、访问频次等子维度进行数据使用的风险监测和预警；从访问账号维度，可对账号的登录终端、访问频次、获取数据量及账号对获取数据的访问情况等子维度进行数据流转的风险监测和预警。

二是设计高内聚的组件，提供简单有效的整体防护能力。以数据为中心，围绕数据的识别、分级、保护、管理、审计需求，简化数据安全组件，将数据安全组件融入终端、网络、应用、数据存储等安全组件，从而降低数据安全部署和运营方面的开销。

三是构筑内防外控的安全体系，夯实数据安全防护基础。在网络安全的基础上加强数据安全的内防外控，为数据防勒索、防窃取、防滥用提供解决方案，消除数据被破坏、被盗取的安全风险，避免数据在共享和使用中遭到攻击。

四是构建大数据安全技术框架，提升重要信息系统的数据安全防护能力。依据《数据安全法》及网络安全等级保护和关键信息基础设施安全保护的相关要求，通过访问控制加强鉴权过程的安全保护，并按照最小授权原则进行访问控制；具备在强化分类分级后对数据进行脱敏和去标识化处理的能力，将审计贯穿数据生命周期；通过技术手段更好地落实大数据安全管理制度，在技术上体现权责关系并更好地进行监督。

3.4.2 电网数据中台安全保护

1. 场景描述

随着云计算、大数据、人工智能等技术的迅速发展，企业数字化、智能化转型的步伐逐渐加快。为了实现内部资源整合、业务快速构建及业务模式创新，电网公司打造了“模型规范统一、数据干净透明、分析灵活智能”的数据中台。电网数据中台的定位为企业级数据汇聚和存储平台，提供数据接入、存储计算、数据应用（数据分析、数据服务）、数据管理（数据资产管理、数据运营管理）等能力，助力电网公司实现业务高度融合及数据充分共享。

数据中台总体架构示意图如图 3-13 所示。

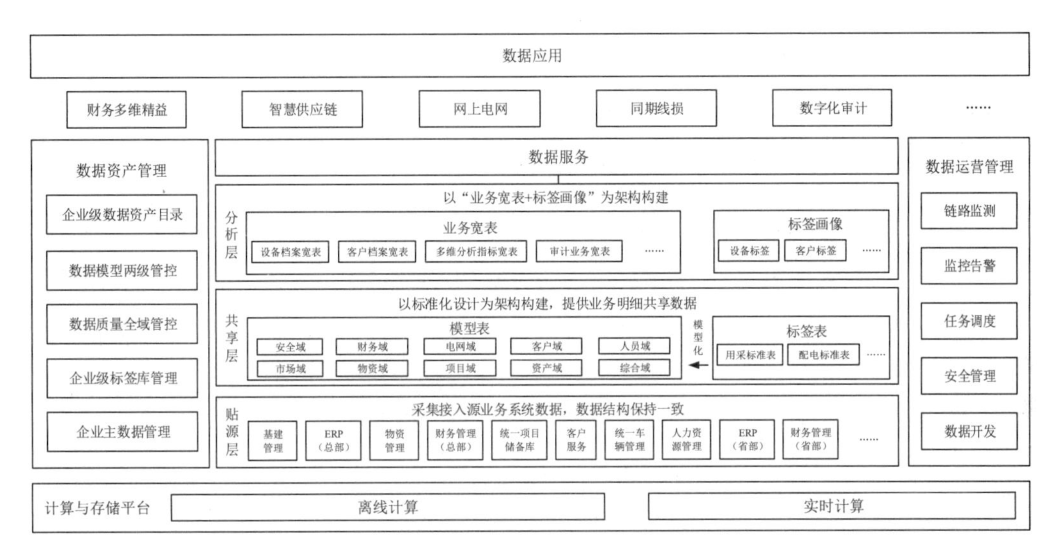

图 3-13 数据中台总体架构示意图

数据中台整合了电网公司的业务数据，整体结构遵循“贴源—共享—分析”三层架构。贴源层贴近源业务系统，主要存储源业务系统的存量和增量数据，实现企业业务数据汇聚；共享层在汇聚数据的基础上，实现各类业务数据的融合及标准化管理；分析层主要提供计算支撑，即基于共享层将各类业务数据连接起来，萃取同一实体的多维精华数据，支撑电网公司的财务多维精益、智慧供应链、网上电网等重点应用建设。

2. 安全防护需求及难点

数据是国家基础性战略资源。在防护需求方面，作为企业数据资产的汇集地，数据中台天然具有数据安全风险集中的特性。一是《数据安全法》《个人信息保护法》等对数据处理者提出了健全全流程管理机制、采取技术防护措施加强数据防护、规范数据使用目的和范围等要求。二是企业敏感数据的所有权和使用权缺乏明确的界定，管理仍需进一步完善，以免因用户隐私信息和企业内部数据泄露导致企业声誉和经济效益的双重损失。三是数据中台的安全管控能力仍需补充，原厂商数据中台在数据存储、处理及使用等环节的数据泄露风险较高、安全风险面较广，且缺乏有效的处理机制。

数据中台的安全防护难点包括：一是网络环境分区需要优化，如不同的业务应用和数据直接互访，存在越权访问风险；二是应用边界风险日益增加，当数据中台与业务应用交互时，如果未按照双方约定对其中的企业重要敏感数据、个人信息进行保护（如加密、脱敏、水印等），就可能导致敏感数据流出中台，脱离管控范围，甚至造成数据泄露、数据出境的风险；三是对外服务接口管控困难，当数据中台向业务应用提供数据服务时，服务接口易遭受攻击，引发数据违规泄露等风险。

3. 安全保护实践

（1）安全架构设计

图 3-14 为数据中台安全防护架构示意图。

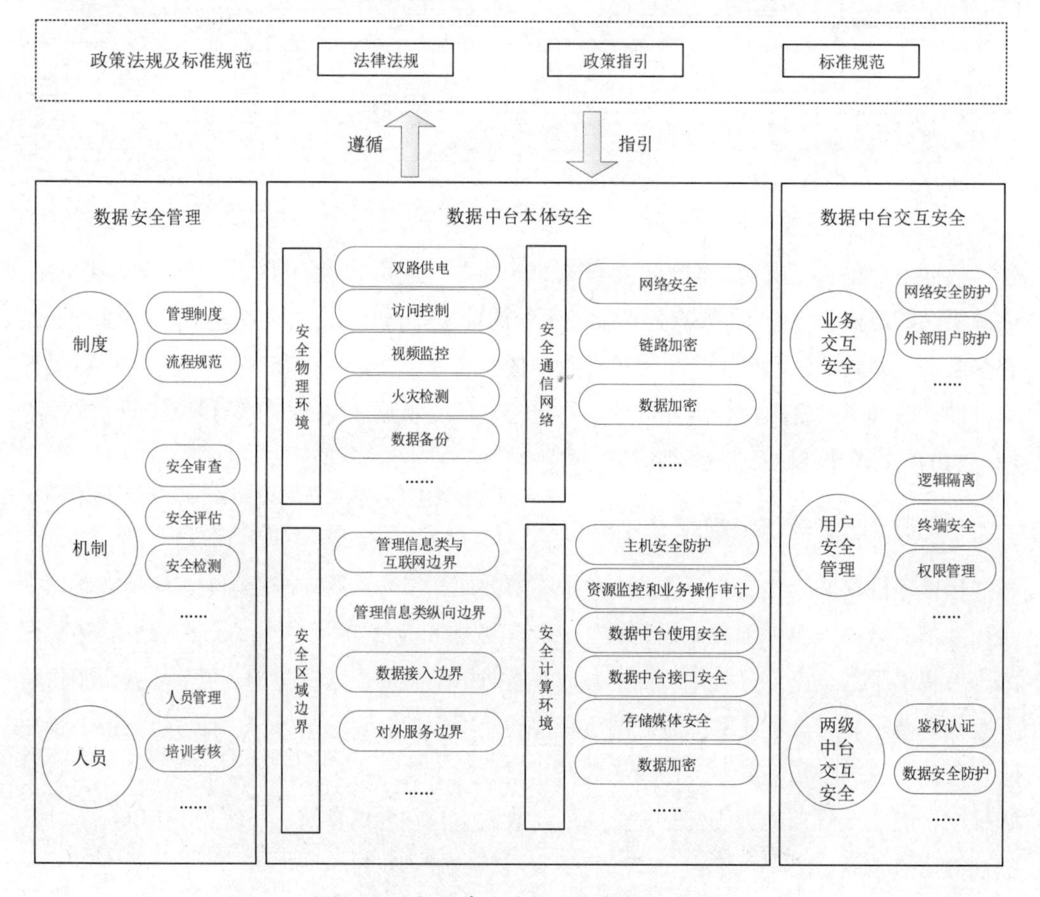

图 3-14 数据中台安全防护架构示意图

按照“合规性、体系化、精细化”的原则，结合成熟的数据中台套装软件的原生安全防护能力，以及安全业界的数据安全防护经验，构建覆盖数据安全管理、数据中台本体安全、数据中台交互安全的安全防护体系。在数据安全管理方面，明确安全组织机构及其职责，落实数据安全责任，制定完善的、体系化的数据安全管理制度、办法和流程规范；在数据中台本体安全方面，落实安全物理环境、安全通信网络、安全区域边界、安全计算环境的防护要求及措施；在数据中台交互安全方面，明确业务交互安全、用户安全管理、两级中台交互安全的防护要求及措施。

（2）分析识别措施

针对对内数据共享场景，电网公司制定并执行数据分类分级保护策略，为不同类别和级别的数据制定不同的安全保护措施，并在此基础上划定重要数字资产的范围，明确重要数据自动脱敏或去标识化的使用场景和业务处理流程。

（3）安全防护措施

一是物理安全。数据中台的物理安全防护与云平台的物理安全防护一致，包括但不限于双路供电、访问控制、视频监控、火灾检测、数据备份、电磁防护等安全措施。数据中台网络独立成域，禁止非授权设备私自连接数据中台的内部网络。数据中台网络的域内管理网与业务网分离，以防止因攻击者通过业务网的流量进入管理网造成数据中台管理业务中断或导致网络攻击。

二是边界安全。为了实现分区防护的目标，应根据数据中台的业务功能划分安全边界，如数据接入边界、对外服务边界、运营用户边界等，并为其制定不同的安全防护策略。

三是数据采集安全。建立合规获取数据的管控流程，确认数据的来源、内容、类型、总量、级别、合规性、安全要求、授权时限及各方安全责任。

四是数据传输安全。在管理信息类业务中，总部与省公司、直属单位之间的数据传输采用数据通信网保证安全性和可靠性。在互联网业务域内，严禁传输商密数据。在传输企业重要数据时，应采用统一密码服务平台签发的密钥或证书，以确保数据传输的安全性和可靠性。在与外部单位传输数据时，优先采用光纤或安全专线的方式，并建立加密通道进行传输。

五是数据存储安全。商密数据应采用国密算法加密存储于管理信息业务区，禁止存储于互联网业务区。商密数据按需进行脱敏处理后，被转换为一般数据，可存储于互联网业务区。从互联网收集的用户个人信息应存储于管理信息业务区，禁止长期存储于互联网业务区。临时存储于互联网业务区的个人信息，应遵循最小化原则进行存储。

六是数据处理安全。在数据处理方面，计算主机按照企业管理要求安装相关安全软件，关闭非必要的端口；采用工作空间、账号、数据权限“三隔离”模式，坚持“明细数据不出中台”的原则，将数据分析场景横向隔离，明确数据管理界限；采用数据血缘追踪手段，严格管控数据处理过程，防止出现数据违规调用的情况。

七是数据共享安全。根据政府、行业、业务保密要求，建立数据共享负面清单制度，依据数据共享负面清单开展对内数据共享工作，原则上除纳入负面清单的数据外，其余数据均可在企业内部共享；统一出口，实现数据线上对外共享；备案与第三方的交互接口，禁止使用未注册的接口进行数据对外交互；建立线下/线上数据对外共享审批流程并严格履行审批手续，加强企业重要数据、个人信息导出管控。

八是数据备份安全。采用“同城双大脑”模式完成数据中台数据备份，并定期组织数据中台数据备份恢复演练，确保数据中台的数据备份可用、有用。

九是个人信息安全。对个人信息，严格执行《个人信息保护法》的要求，在数据的收集、存储、传输、使用等环节确保个人敏感信息不泄露、不外发。

（4）检测评估措施

建立数字资产安全管理策略，明确数据全生命周期的操作规范、保护措施及管理人员的职责。定期对数据的类别和级别进行评审；对需要变更数据类别或级别的情况，依据变更审批流程执行变更。

（5）监测预警措施

对数据的采集、存储、传输、使用、共享、销毁等环节进行保护。按照数据分类分级的安全防护思路，对涉密数据、重要数据、个人隐私、业务机密等敏感数据进行靶向监控。部署数据安全监测和敏感数据识别工具，监测互联网业务系统之间传输的数据和互联网业务系统中存储的数据，在发现商密数据时及时告警。个人信息的存储期限应与对外隐私政策中声明的存储期限保持一致；到达存储期限后，对个人信息进行删除或匿名化处理。

4. 保护效果

针对数据中台数据体量大、安全防护需求多等特点，电网公司打造了多层次、覆盖数据生命周期的数据中台安全防护框架，实现了多维度、全场景的数据安全防护，为构建与新型电力系统建设相适应的网络安全防护体系提供了重要的数据安全能力，全面保障了“数据可见、组件成熟、体系规范”的数据中台建设，并确保数据中台安全稳定运行。

坚持以价值创造为导向的工作思路，数据中台持续提升数据共享质效、深挖数据价值潜力、培育数据增值新业态，用数据驱动管理变革与智慧运营，不仅助力电网公司的数字化转型，也对能源行业的企业数字化建设具有推动作用。

3.4.3 能源大数据中心安全保护

1. 场景描述

为了深入贯彻国家能源安全新战略，实现“双碳”目标，电网公司积极顺应能源革命与数字革命融合发展趋势，推进能源大数据平台建设，助力“水、电、气、油”等能源领域大数据的集成与融合。这对突破行业信息壁垒、合理配置和利用能源资源具有重大意义。电网公司通过建立广泛互联、融合开放的能源互联网生态，构建数据资源共享体系，服务社会便捷高效用能，促进能源数字生态建设，服务能源行业转型升级。能源大数据中心总体架构示意图如图 3-15 所示。

能源大数据中心汇集了政府职能机构、能源供应企业，以及气象、交通等方面的外部数据，面向政府职能机构、能源服务商、科研机构、公众等对象，基于数据中台、技术中台的数据挖掘、人工智能等基础能力，构建智慧政务中心、企业能效中心、能源经济中心、公共服务中心、绿色低碳中心、数据共享中心六大应用，实现场景集成、数据汇聚与共享，并为用户提供优质的产品与数据服务等。

2. 安全防护需求及难点

在安全防护需求方面，能源大数据中心的运营生态开放、信息交互场景多样、业务复杂广泛，同时包含大量的数据资产（如人力、财务、物资等专业数据，以及大量能源用户数据），具有数据量大、分布面广、利用价值高等特点。一是《数据安全法》《个人信息保护法》等对数据处理者提出了健全全流程管理机制、采取技术防护措施加强数据防护、规范数据使用目的和范围等要求。二是政府、能源、金融等用户提出了数据保密、严格对第三方提供数据等需求。三是在数据汇集、流通共享、对外服务等环节存在数据隔离不当、交叉访问、对外接口被攻击等风险。

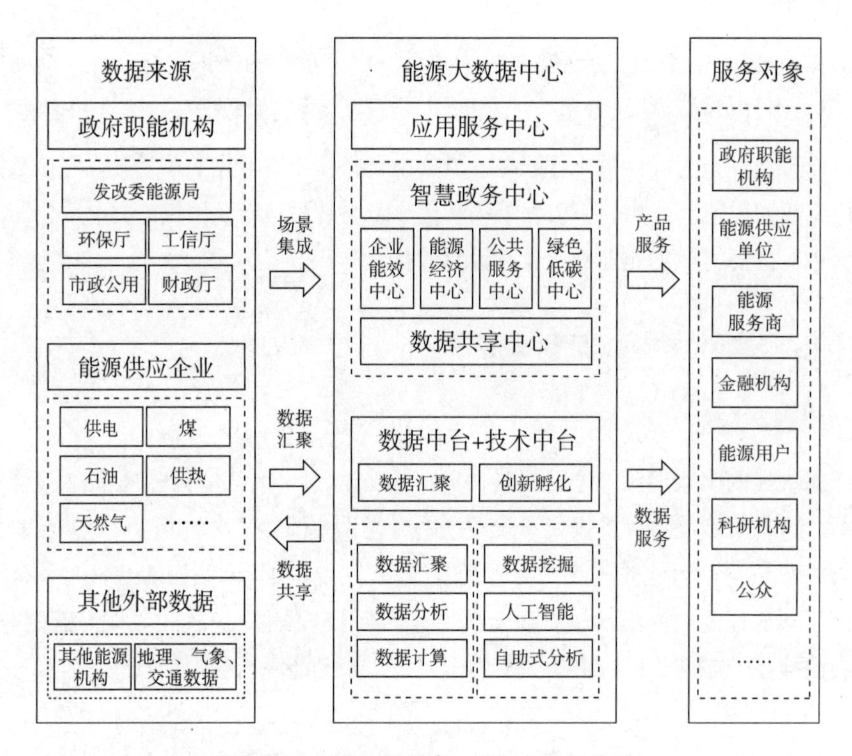

图 3-15 能源大数据中心总体架构示意图

能源大数据中心的安全防护难点如下。一是应用场景多样，安全管控难度加大。参与能源大数据中心的各类业务主体在市场交易、能效优化、负荷聚合等方向开展新业务，数据采集、下发、外发、处理等业务场景不断增加，数据共享融通速度加快，数据环境更开放、数据流动更频繁、交互对象更复杂，数据安全管控难度越来越大。二是系统边界模糊，传统安全措施不再适用。能源大数据中心的数据动态分布在多个存储设备和物理地点，导致应用系统边界模糊，难以准确划定传统意义上的数据集“边界”，传统网络边界防护措施面临失效的风险。三是数据流通交互频繁，共享与安全的矛盾突出。能源大数据中心具有“专业间数据融通”“生态链协同开放”“企业间广泛交互”的特点，数据权属比较复杂，存在数据泄露的风险。如何实现共享与安全的平衡，是能源大数据中心面临的现实困境。

3. 安全保护实践

（1）安全架构设计

按照维护数据安全与促进数据开发利用并重的思路，构建覆盖安全管理、安全技防管控和安全运营的安全防护体系。在安全管理方面，明确安全组织机构及相应的职责，落实网络及数据安全责任，制定完善的、体系化的安全管理制度、办法和流程规范，推动工作机制健全完善，加强内外部人员安全管理。在安全技防管控方面，明确网络安全、主机安全、边界安全、应用安全、数据安全的管控要求及措施，采用安全监测、防火墙、访问控制、数据识别、数据脱敏、水印溯源、隐私计算等安全工具和技术加强安全防护。在安全运营方面，建立安全运营机制，明确安全运营职责及运营范围，形成规范的数据安全运营体系，充分依托各类流程和规范、工具和技术开展能源大数据安全运营工作。

图 3-16 为能源大数据中心安全防护架构示意图。

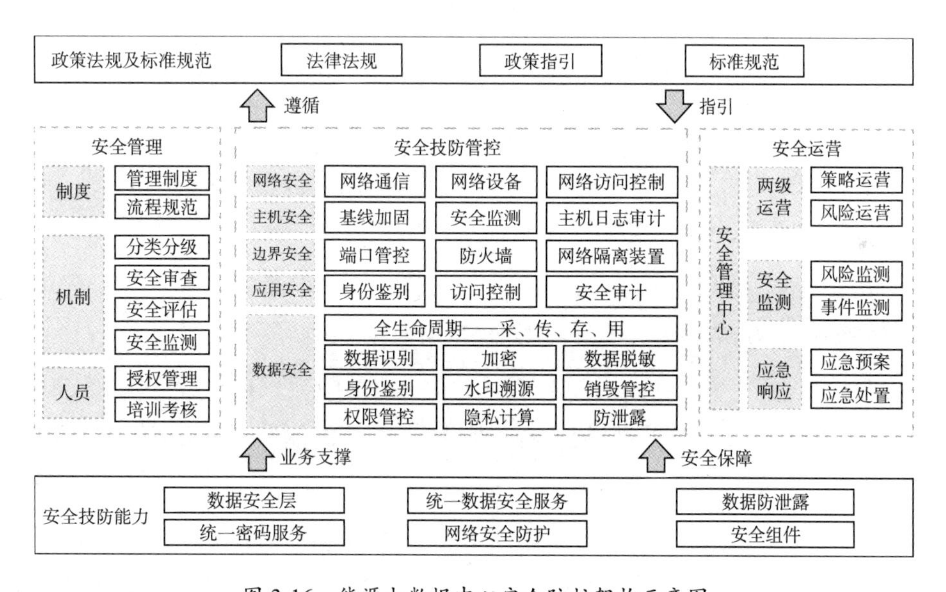

图 3-16　能源大数据中心安全防护架构示意图

（2）分析识别措施

针对应用场景多样、流通交互频繁带来的安全风险，能源大数据中心基于原始资产表，利用数据采集探针等工具，对数据、应用和接口等进行收集和自动化梳理，形成数据资产分布图、敏感数据资产清单、敏感数据流转视图和数据权责清单，绘制资产画像，做到数据资产“心中有数”。

（3）安全防护措施

一是网络安全。划分网络区域，并按照方便管理和控制的原则给各网络区域分配 IP 地址，避免将重要网络区域部署在网络边界处。在重要网络区域与其他网络区域之间采取可靠的技术隔离手段，提供通信线路、关键网络设备和关键计算设备的硬件冗余，以保证系统的可用性。采用校验技术或密码技术保证通信过程中数据的完整性和保密性，以及通信传输安全。

二是主机安全。在虚拟机中安装主机防护设备，在数据库中旁路安装审计操作模块，提高服务器的安全防护能力。利用终端检测与响应技术，实现对软件黑白名单、主机安全基线、操作审计等的管理，有效遏止已知病毒及其变种的运行，确保关键主机免受各种非法攻击。

三是边界安全。通过部署防火墙等安全防护装置，抵御 SQL 注入、脚本、病毒等网络攻击与风险。

四是应用安全。通过构建安全审计功能，审计登录、权限修改等敏感操作。依托统一权限管理平台，采用数字证书、权限管控等技术和措施，实现身份的标识、鉴别和访问控制。

五是数据安全。采用隐私计算、安全加密、数据脱敏、数据水印、权限管控等技术和措施，确保数据采集、传输、存储、处理等环节的安全，实现数据全生命周期安全管控。

- 数据采集：采集的数据主要包括生产经营数据、用户数据、第三方数据等，因此需要加强用户数据采集合规、第三方数据来源合法性管控。
- 数据传输：主要包括内部系统间数据传输、终端采集数据传输、对外交互数据传输等场景。利用数据传输加密技术保障传输安全，优先采用安全专线的方式与第三方进行数据交互。
- 数据存储：根据数据的重要程度，采用数据加密、存储备份等技术进行差异化的存储防护，重点规范资源数据、资产数据等的安全存储，制定重要数据备份恢复策略，并定期对数据的有效性进行验证。
- 数据处理：主要涉及数据分析、研发测试、数据运维等场景。应遵循最小授权原则处理数据，并结合数据业务场景，采用数据脱敏、数据水印、数据库审计等技术实现差异化防护。

- 数据共享：主要包括数据的内部共享、线上对外共享、线下对外共享及数据披露等场景。利用数据追踪溯源、安全多方计算等技术，加强数据对外共享的流程管控和监测，以防范数据泄露。通过多方安全计算、联邦学习等技术实现数据“可用不可见”，在保护数据和敏感信息的同时，充分利用数据的计算价值，促进多元主体之间的数据共享。
- 数据销毁：包括物理销毁和逻辑销毁等方式。当业务系统、存储介质等下线、腾退时，应报有关部门审批，并及时将相关数据销毁。当监管方或个人信息主体提出删除个人信息的要求时，应及时将数据删除或对数据进行匿名化处理。

（4）检测评估措施

按照网络安全等级保护制度和《数据安全法》的要求，开展网络安全定级工作，定期检测评估能源大数据中心的安全风险（包括网络安全制度的落实、网络安全等级保护工作的落实、密码应用安全性、技术防护等方面）。组织网络安全攻防队伍，定期开展攻防渗透和漏洞挖掘，提升能源大数据中心应对网络攻击的能力和安全事件应急能力。

（5）监测预警措施

针对异常行为监测预警需求，利用用户行为分析技术，加强数据安全态势感知、异常行为精准定位，结合业务特征与专家知识设计风险告警规则，加强违规行为监测，闭环处置风险点，从而有效提升安全监测防护能力。

（6）技术对抗措施

针对攻击检测能力弱、联动处置支撑能力不足的问题，能源大数据中心基于系统数据、业务数据，利用人工智能技术，构建数据溯源能力，快速定位数据泄露的源头并进行追责处置。通过组合安全监测预警、安全网关等能力，联动网络安全和数据安全措施，结合自动响应处置措施，构建自动化响应体系，实现数据安全风险处置由人工方式向在线方式转变，提升能源大数据中心的技术对抗能力。

4. 保护效果

针对能源大数据中心数据量大、数据类型复杂、安全要求高等特点，电网公司建立扁平、快速、集约化的信息支撑技术体系，打造具备全场景和全生命周期的数据安全纵深防护及智能化驱动的数据安全运营能力的框架，实现“全过程、全环节、全层级”的数据安全防护；结合数据思维、数据能力、数据应用的数据工程体系，通过汇聚海量多维能源数据并对其进行融合、共享、交换和分析，打造各类能源数据产品和服务，形成产业集聚效应，加速实现“双碳”目标。

能源大数据中心能够推动各类能源数据跨界融合、共享应用，广泛连接能源产业链上下游的多元主体，辐射众多行业，汇聚各类要素，形成能源互联网生态圈，助力政府部门精准把握民生领域的突出矛盾和问题，深度开发各类便民应用，强化民生服务，弥补短板，对充分发挥能源大数据价值、支撑政府治理现代化、推动能源转型、助力能源行业高质量发展具有重要作用。

3.4.4 行业重要数据安全保护

1. 安全保护需求

近年来，大数据中心、数据湖等重要信息系统不断出现。这些重要信息系统主要由各类用于生产和生活的关联数据组成，为业务应用、管理决策、深度分析提供了数据资源。同时，数据已成为国家基础性战略资源，数据安全问题日益凸显，尤其是重要信息系统的数据安全事件，将直接危害国家和人民群众生命财产安全。《网络安全法》《关键信息基础设施安全保护条例》《数据安全法》《个人信息保护法》为数据和个人信息的管理提供了法制保障，也对重要数据类重要信息系统安全保护提出了要求。在此背景下，针对重要数据类重要信息系统，应在已有防护措施的基础上，充分利用商用密码技术进行融合保护，推动重要数据在采集、传输、存储、使用、共享等过程中的安全应用。

针对大数据中心的安全保护，需要加强基础防护措施和数据安全能力建设。在基础防护措施方面，需要健全管理制度、安全策略、管理机构等组织管理体系，完善纵深防御、监测预警、应急响应等安全技术体系，建立重要信息系统安全监督检查体系，优化面向实战的安全运营体系。在数据安全能力建设方面，需要基于不同的数据应用场景，打造基于商用密码的数据安全防护体系；基于“三权分立”的思路设计细粒度的权限管理机制；在重要数据的使用过程中，采用透明数据加密技术和应用内加密的双层防护措施，增强其安全性与便利性等。

2. 基础防护措施

重要数据类重要信息系统的安全防护应建立在网络安全基本防护的基础上，并在安全措施中强化对数据的综合保护。根据国家网络安全相关政策标准的要求，遵循行业网络安全顶层设计和总体策略，落实《网络安全法》及网络安全等级保护和关键信息基础设施安全保护的相关要求，以重要信息系统为安全保护对象，建立涵盖人员组织、制度标准、工作规程的全方位网络安全组织管理体系，构建以纵深防御为基础、以监测预警为核心、以应急响应为抓手的全要素安全技术体系，持续完善监督检查体系和安全运营体系，全面提升网络安全保障能力。

（1）组织管理体系

网络安全组织管理体系以合规合法、责任到人为核心，主要涵盖网络安全策略、管理制度、标准规范体系、管理机构、人才队伍、资金保障等方面，为网络安全建设提供强有力的保障。

（2）安全技术体系

遵循网络安全总体策略，构建涵盖纵深防御、监测预警和应急响应的安全技术体系。

一是纵深防御。网络安全纵深防御能力包括基础安全技术、统一安全服务两个方面。

基础安全技术是网络安全等级保护安全合规运营的技术基础，也是体系化纵深防御能力的基础，重点从身份认证、数据加密、数据脱敏、操作审计、访问控制、数据库漏洞修复、数据备份恢复、数据防泄露等方面，强化数据采集生成、存储备份、分析处理、共享使用、传输发布、销毁清除的全生命周期安全防护。在纵深防御能力的规划和创建阶段，重点考虑数据分类分级管理，明确数据敏感程度和重要程度，在统一的数据安全策略下实现数据的分类分级防护；采用链路加密的方式，确保数据传输的机密性和完整性；采用数据隔离技术建设数据交换平台，实现不同敏感程度网络之间的数据交换，提高数据在外部使用的安全性；采用存储加密、外发控制、外发加密、打印监控、邮件监控、敏感内容保护等数据防泄露手段，形成立体式防护，实现主机数据防泄露、网络数据防泄露、存储数据防泄露。

统一安全服务旨在构建统一安全服务基础设施，确保纵深防御体系覆盖范围内的系统获得一致的、可持续的安全能力组件，实现纵深防御体系安全保障资源的集约化和各层级单位的整合共享。针对重要数据类重要信息系统，重点建设统一密码服务。统一密码服务主要由密码服务资源层、密码服务支撑层、密码服务接口层、密码服务监管体系、标准规范体系组成，可提供数据存储加解密、数据传输加解密、电子邮件加解密、应用访问加解密、电子数据校验等密码服务。关键信息基础设施及相关系统可通过本地化部署密码服务中间件和密码机的方式，接入密码基础设施，使用相关服务，并可使用密码服务中间件实时监控本部门及下级部门的密码服务和设备的状态，实时合理调配密码资源。

二是监测预警。网络安全监测预警能力以大数据分析平台为基础，充分利用分布式处理、深度学习、异构计算等大数据处理技术，对行业内部和外部的网络安全情报及网络内部与网络安全有关的各类数据信息进行挖掘分析；通过对各类数据的综合分析，实现网络流量和各类日志的审计与业务融合监测，以及各阶段数据流转的全方位监测预警。

三是应急响应。网络安全应急响应能力是指基于威胁情报态势感知的不同层级的信息进行应急响应。为了更好地对数据资产进行防护，可建设数据资产安全管理平台，对数据访问权限及数据共享、数据销毁等任务进行集中统一管理，提高事件响应效率，缩短事件响应时间。

（3）监督检查体系

依据行业网络安全管理办法，围绕“及时发现漏洞”“及时有效处置漏洞”两个关键，通过查、改、罚等有效手段，强化对重要信息系统的安全监管，建立重要信息系统安全监督检查体系。行业各级重要信息系统安全保护工作的主管部门应定期进行监督检查，结合行业运营者的自查，配合公安机关的网络安全执法检查和安全监测，形成监督检查合力。

（4）安全运营体系

安全运营体系通过安全基线制定、日常安全运维，系统运行过程中的安全评估、安全监测、渗透测试、漏洞修复、运维审计，日常应急演练，以及安全事件发生后的响应处置与分析优化策略调整等，形成了以数据为核心的闭环网络安全运营流程，能够有效地对安全威胁事件进行综合研判和及时处置，并持续对运营体系进行优化。

3. 基于商用密码技术的数据安全防护

密码是保障数据安全的核心技术。商用密码作为我国自主网络安全技术的典型代表，不仅是数字经济安全发展的重要支柱，也是构建数据安全防护体系的重要基石。针对不同应用场景对合规性、透明度、加解密保护强度和计算效率等的要求，重要数据类重要信息系统可采用透明数据加密和应用内加密相结合的“双保险”加密技术，有效兼顾重要数据加密要求和应用需求，实现数据的安全、便捷、高效应用。

（1）场景化防护

传统的数据库加密往往体现为密文数据存储到数据库后的情形，一般局限于结构化数据，而在数据应用中，数据不仅包含结构化数据，还包含大量非结构化数据，数据库只是数据处理的一个载体。数据安全保护对数据的全生命周期主动实施安全防护，打造基于商用密码的数据安全防护体系，以防范侵害重要数据权益的行为。

基于商用密码的数据安全防护体系，结合数据的业务与技术属性，主动重建数据访问规则，构建有效的数据安全纵深防御规则，在风险可控的基础上实现数据的增值和自由流转。从这个角度出发，沿着数据流转路径，在各层的关键节点，基于典型的 B/S 架构的多个数据业务处理点，结合用户场景和适用性需求，选择一种或组合多种存储加密技术保障数据的流转及共享安全，主要技术方法如下。

一是数据泄露防护（Data Leakage Prevention，DLP）终端加密技术。在受控终端上安装代理程序，由代理程序与数据后台交互，结合数据管理要求和分类分级策略，对下载到终端的敏感数据进行加密，从而将加密技术应用到数据的日常流转和存储过程中。在本机使用数据时会进行解密；在未经授权将数据复制到管控范围外时，数据以密文形式存在。

二是应用内加密（集成密码服务 SDK）技术。应用系统与封装了加密业务逻辑的密码服务 SDK 集成，通过集成密码服务 SDK 调用密码基础设施及服务，实现数据加解密，使数据具备加密防护能力。

三是透明数据加密（Transparent Data Encryption，TDE）技术。通过集成国产数据库自带的数据加密功能和密码基础设施，在数据库内部透明地实现数据存储加密、访问解密。数据在落盘时加密，在数据库内存中是明文，当攻击者“拔盘”窃取数据时，由于数据库文件无法获得密钥而只能得到密文，所以起到了保护数据库中数据的作用。

四是透明文件加密（Transparent File Encryption，TFE）技术。在国产操作系统的文件管理子系统上部署加密插件并与密码基础设施集成，实现数据加密。基于用户态与内核态交付，可实现逐文件、逐密钥加密。在正常使用文件时，计算机内存中的文件以明文形式存在，而硬盘中的数据是密文。如果没有合法的身份、访问权限及正确的安全通道，那么加密文件将以密文形式被保护起来。

五是全磁盘加密（Full Disk Encryption，FDE）技术。通过动态加解密技术，对磁盘或分区进行动态加解密。FDE 的动态加解密算法位于国产操作系统底层，国产操作系统的所有磁盘操作均通过 FDE 进行。当系统向磁盘写数据时，FDE 先加密要写入的数据，再将加密后的数据写入磁盘；反之，当系统从磁盘读取数据时，FDE 会自动将读取的数据解密，然后提交给操作系统。

基于商用密码的数据安全防护技术体系将加密技术添加到具体业务流程中，部署个性化加密方案，根据不同的业务场景开展重要数据安全防护，同时，基于高性能商用密码技术，在不改变用户操作习惯的前提下，将安全机制与用户现有流程快速耦合，确保业务高速发展下的数据使用安全。

（2）细粒度权限管理

数据密码应用基于业务用户、运维用户、安全用户“三权分立”的设计思路进行建设。业务用户经蓝证进行身份鉴定，并经重要数据系统后台鉴权后，才能在其权限范围内进行系统查询、信息录入、信息下载等操作。运维用户经蓝证进行身份鉴定，并经重要数据系统后台鉴权后，才能对系统代码、业务策略、业务流程等进行修改（业务数据、业务操作日志等均为密文存储，全程对运维用户不可见）。安全用户经蓝证进行身份鉴定，并经重要数据系统后台鉴权后，方可配合业务用户、运维用户对系统密钥、系统加解密资源进行维护（业务数据、系统数据等均不对安全管理员开放）。根据业务用户、运维用户、安全用户的职责，可再细分权限。

（3）双层防护

为了解决重要数据在使用过程中性能、便利性与安全性难以平衡的问题，在密码应用过程中，在系统后台数据防护方面采用“点”“面”结合的双层防护策略。在数据入库时，采用透明数据加密技术进行“面”的防护，通过国产数据库自带的数据加密功能，结合密码基础设施，在重要数据库内部透明实现数据存储加密、访问解密。在打开数据库时，数据库内容在内存中是明文，应用系统不需要对其做任何改动。为了进一步降低攻击者通过数据库内存窃取数据的风险，可采用应用内加密的方式进行“点”的防护，对重要数据系统进行改造，与密码基础设施进行集成，调用密码基础设施的加解密服务，对重要数据和敏感数据进行字段加密，实现关键数据“双保险”。

4. 保护效果

针对近年来不断出现的大数据中心、数据湖等重要信息系统，落实《数据安全法》要求，在网络安全等级保护的基础上实现数据全生命周期的安全防护，强化重要数据保护。通过建立组织管理体系、安全技术体系、监督检查体系、安全运营体系，构建数据安全防护体系，确保重要数据的可用性、完整性与私密性；采用透明数据加密和应用内加密相结合的“双保险”加密技术，构建数据存储加密、数据防泄露等基础数据安全防护手段；结合数据资产安全管理、数据流转威胁监测，确保重要信息系统各业务场景下的数据全生命周期安全。

3.5 工控系统类重要信息系统安全保护实践

本节通过多个案例，对工控类重要信息系统安全保护实践工作进行深入讨论。

3.5.1 电力调度自动化系统安全保护

1. 场景描述

电力调度自动化系统是指为各级电力调度机构的生产运行人员提供电力系统运行信息、分析决策工具和实时/非实时控制手段的电力监控系统，在电力调度中不可或缺，对电网运行的可靠性、安全性与经济效益有直接影响。该系统的主要业务如下。

- 数据采集：远程终端单元收集站端的电气参数，包括保护信号、开关位置、电压、电流等遥测数据。
- 数据传输：将收集的数据实时上报主站，将主站的控制命令实时下发至站端。
- 数据处理：对收集的数据进行梳理、筛选、分析和计算，形成控制决策。
- 人机联系：通过可视化交互界面将处理后的信息呈现给操作人员，实现遥控、遥调等功能。

电力调度自动化系统总体分为调度主站系统、通信系统和站端（RTU 和二次设备）三部分，如图 3-17 所示。根据业务功能定位，调度主站系统可进一步细分为人机联系子系统、信息采集处理与控制子系统、信息传输子系统、信息采集和命令执行子系统。

- 人机联系子系统：掌握电力系统的实时运行状态，做出正确的决策，采取相应措施对电力系统进行控制。
- 信息采集与处理控制子系统：直接面向调度和运行人员，完成对所采集信息的处理及分析运算，实现电力设备的自动化控制。
- 信息传输子系统：为信息采集与处理控制子系统、信息采集和命令执行子系统提供信息传输通道。
- 信息采集和命令执行子系统：部署在电厂和变电站中，通过远动装置与主站配合实现“五遥”功能，实时采集并传送电力系统的运行参数、动作、状态、事件等信息，接受并执行主站下发的控制命令等。

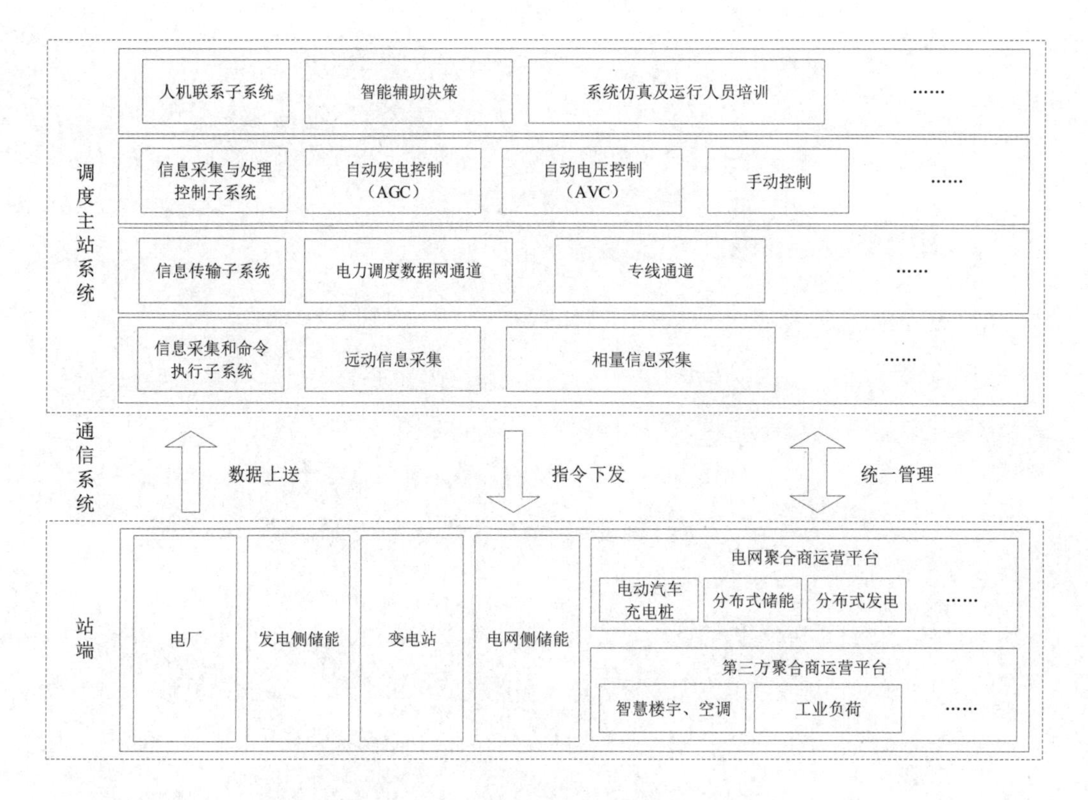

图 3-17 电力调度自动化系统总体架构

2. 安全防护需求及难点

在安全防护需求方面，电力调度自动化系统的业务特点决定了其对运行有极高的要求。该系统的安全防护必须以系统可用性作为首要前提。随着新型电力系统的建设发展，电力调度自动化系统对应变能力的要求越来越高。电力调度自动化系统要有效地应对外部威胁，为所有电力用户稳定地提供其需要的能源：一是电力调度自动化系统的业务响应时间一般须为毫秒级，其安全防护不能以牺牲业务响应速度为代价；二是电力调度自动化系统处于生产控制环境中，运行状态要尽可能稳定，因此其对与外界网络的隔离有很高的要求；三是电力调度自动化系统与电网公司内部很多信息系统、大量并网厂站和变电站之间存在业务交互，涉及的网络边界较多，需要根据业务交互特点重点落实各类边界防护措施。

电力调度自动化系统的安全防护难点如下。一是系统运行要求高，安全加固和更新难以执行。电力调度自动化系统对实时运行有极高的要求，因此极少或从不对操作系统、组态软件、设备固件等进行配置变更、版本升级、补丁修复等操作，以避免运行环境变化对电网运行造成影响，而长期不更新会导致系统内部缺乏安全保障。二是厂站并网需求大，站端风险难以管控。大量并网厂站与电力调度自动化系统主站对接，而并网厂站不是电网公司的资产，其内部防护水平参差不齐，往往设有第三方运维接入点甚至远程运维通道，站端网络安全风险未知且难以管控，因此很难全面防范并网厂站及下级调度机构的网络接入威胁。三是电网复杂度高，防护环节持续增加。随着电网智能化的发展，新型电力业务不断出现，新能源厂站、电动汽车、无人机、智慧楼宇、智能家居等源荷类终端大量接入，使电网架构更复杂，能源、负荷等调控指令的传输需求更频繁，传输路径更多样，造成防护环节和关口不断增加，调度控制指令受攻击面持续扩大。

3. 安全保护实践

（1）安全架构设计

电力调度自动化系统的安全防护，应全面落实《电力监控系统安全防护规定》《电力监控系统安全防护总体方案》等要求，遵循“安全分区、网络专用、横向隔离、纵向认证”的总体原则，并采取有效的边界安全防护措施和纵深防御策略。自主完成安全芯片研发工作，研制专用纵向身份认证装置、单向物理隔离装置、逻辑强隔离装置，实现自主可控率100%。基于国密算法对子站、终端和主站进行身份认证及访问控制，采取强身份认证及数据完整性校验等措施保障主站的控制命令和参数设置指令的安全。将网络安全等级测评机制纳入电网调度安全评价体系，推动实现电力调度自动化系统等级测评制度化、常态化。电力调度自动化系统安全防护架构示意图如图 3-18 所示。

（2）分析识别措施

开展电力调度自动化系统等级测评工作，结合风险评估工具，通过主动探测、被动识别的方式自动发现网络中的资产、流量、数据、事件，对系统的网络架构、设备资产、业务应用、数据指令及其面临的网络安全风险进行分析识别和评估确认。绘制系统网络拓扑图，建立系统设备资产、业务交互接口清单，识别关键业务链路各环节的威胁与脆弱性。有针对性地设计各项风险的防护应对措施，采取管理和技术相结合的方式构建并定期优化调整电力调度自动化系统的安全防护体系。

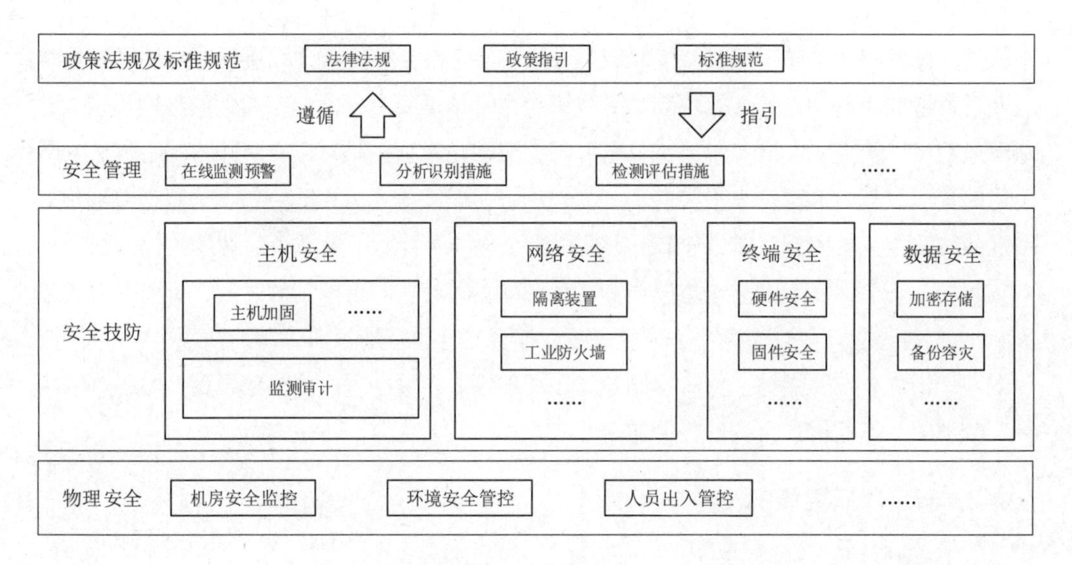

图 3-18 电力调度自动化系统安全防护架构示意图

（3）安全防护措施

一是主机安全。在主机侧部署主机加固等措施，实现对移动存储介质使用、软件黑白名单、主机安全基线、操作行为等的管理，有效遏止已知工控病毒及其变种的运行，确保电力调度自动化系统的关键主机免受各种非法攻击；部署监测审计措施，实时检测针对工控协议的网络攻击、误操作、违规操作、未授权操作、非法 IP 地址/设备接入、非法控制命令、病毒木马传播等威胁。

二是网络安全。在主站系统与通信前置机之间部署隔离装置，实现前置通信数据和系统设置命令的安全交换；部署工业防火墙并配置细粒度的访问控制策略，对不同安全区及同一安全区内不同安全域的边界进行安全防护，基于白名单技术阻断一切不可信的数据传输及操作行为；采用身份鉴别和访问控制接口、双向身份认证技术等，实现操作人员的身份验证、权限验证及操作对象的认证。

三是终端安全。采用硬件安全增强、固件安全增强等管理措施，强化电力调度自动化系统中各类终端设备的硬件身份鉴别、操作系统内核安全、协议栈安全、业务应用安全及配置基线安全。

四是数据安全。根据数据敏感程度，采用分级加密存储措施；采取介质容灾、远程备份容灾、数据容灾、应用容灾、加密通信等技术措施，防止信息泄露、毁损、丢失；对需要输出或共享的数据采取脱敏处理措施，确保数据脱敏不可恢复，以避免恶意用户通过其他手段将敏感数据复原。

五是安全管理。依据国际标准、国家与行业规范及网络安全等级保护相关标准，建设电力调度自动化系统全生命周期安全风险管理体系；加强应用开发过程（包括需求、设计、编码、测试、验收、运维和下线等阶段）的安全管理，建立等级测评、源代码测试和安全评估服务商库，建设源代码安全管控体系，尽可能降低系统上线后的安全风险。

（4）检测评估措施

依据《网络安全等级保护基本要求》等技术标准，制定检查评估机制，形成不同安全等级的检查指标。统一测试标准和测试方法；利用专业的检测评估工具和测试方法，以设备指纹库、漏洞库为技术支撑，对电力调度自动化系统中的设备、应用或系统进行扫描、识别。检测网络中存在的各种风险，对工控系统及数据安全资产的价值、潜在威胁、薄弱环节、已采取的防护措施等进行分析。判断安全事件发生的概率及可能造成的损失，提出风险管理措施，并结合版本控制机制，实现对电力调度自动化系统及其设备质量的全过程管控。

（5）监测预警措施

建立以监测预警、容灾备份为主的预防措施，明确监测预警组织架构和工作职责，从整体上形成预警研判、预警发布、预警响应、预警解除的闭环管理控制能力。部署电力调度自动化系统网络安全监测装置，实时监测各业务主机、终端设备的端口、进程等的运行状态，发现异常状态立即告警，通知调度人员进行响应处置。

（6）技术对抗措施

建立完善的主动安全防御体系，参照风险评估标准和管理规范，对工控系统的资产价值、潜在威胁、薄弱环节、已采取的防护措施等进行分析，判断安全事件发生的概率及可能造成的损失，提出安全防护措施（包括资产梳理、合规检查等管理体系方面的审计）。结合漏洞扫描、渗透测试等技术操作，对系统中的威胁进行识别，对系统脆弱性进行主动分析，根据分析结果确定随后要采取的防御阻断措施。

（7）事件处置措施

依据突发事件应急管理和工控安全应急政策，结合电力调度自动化系统自身的特点，制定应急管理制度，建立安全预警和事件处置责任体系，包括应急管理机构及其职责、安全应急响应团队等。制定应急预案并定期展开实操培训和演练，提高参训和参演人员的安全管理能力与技术能力，提高全员安全意识和水平，从而提高企业整体工控安全保障能力。针对各类安全事件，预先制定完善有效的应急管理办法和措施，包括主/分站系统软硬件故障恢复措施、机房意外恢复措施、电源系统故障恢复措施、网络通信故障恢复措施、病毒损害和黑客入侵处置措施、遥信遥测异常处置措施等，并形成包括事件报告、应急响应、应急结束、调查与评估在内的闭环管理控制能力。

4. 保护效果

电网公司在分析电力调度自动化系统的安全防护需求及难点的基础上，有针对性地制定并落实了相关管理措施和技术防护措施。

电力调度自动化系统的安全防护架构，既保证了其自身的区域安全隔离和边界安全防护，又能为其他系统提供调度运行数据及服务，实现了安全管理配置、安全管理服务和应用的安全认证松耦合，解决了安全管理的局限性和电网管理模式灵活变化之间的矛盾，能较好地防范电力调度自动化系统面临的安全风险。

3.5.2 电力营销负荷管理系统安全保护

1. 场景描述

2022 年 5 月，国家发改委、国家能源局联合印发《关于推进新型电力负荷管理系统建设的通知》，要求各地在 2022 年迎峰度冬前基本建成负荷控制管理系统，力争负荷控制能力达到本地区最大负荷的 5%；2025 年，系统负荷控制能力达到本地区最大负荷的 20% 以上，负荷监测能力达到本地区最大负荷的 70% 以上。

电力营销负荷管理系统（简称“负荷管理系统”）主要用于应对电力需求持续增长及缓解电力供给短缺：通过实时监测电力用户负荷变化，促进用电管控精准到位，提升用能服务水平；通过加强需求侧管理，构建可调节的负荷资源池，并在负荷侧建设能效终端，实现负荷分类管理与柔性控制；通过引导用户参与电力需求响应及有序用电，帮助电网调峰，并给用户提供响应补贴。

负荷管理系统整体采用两级部署、多级应用的方式，在总部侧和省侧通过数据中台实现两级贯通。总部侧系统独立建设，承载负荷监控、指标监控、指挥演练等功能，统一汇集省侧系统数据并进行分析、展示。省侧系统由负荷应用管理、运行管理等模块及相关组件组成。负荷管理系统总体架构示意图如图 3-19 所示。

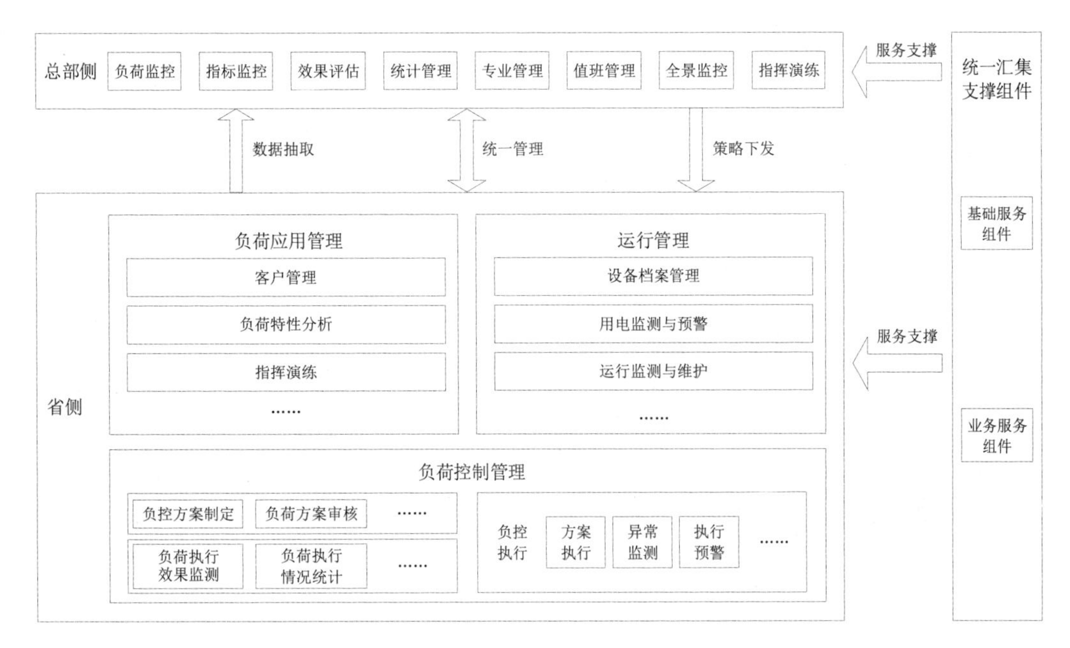

图 3-19　负荷管理系统总体架构示意图

2. 安全防护需求及难点

在安全防护需求方面，负荷管理系统的业务需求主要包括负荷资源管理、负控方案管理、应急控制、负控执行和负控执行监测等。为了保障负荷管理系统的内部网络安全，解决远端负控终端、智能电表等边端侧设备的安全接入问题，对负荷管理系统安全防护提出了新的要求：一是主站侧分为负荷调控模块和负荷应用模块，这两种业务模块的交互对象在业务重要程度和防护等级上存在差异，需要进行差异化防护；二是在远程无线传输中，采集通道需加强对数据指令的防护；三是终端、智能电表等设备位于企业用户侧，对设备本身的防护和本地通信防护有较高的要求。

负荷管理系统的安全防护难点如下。一是企业用电调控复杂，指令保护需求苛刻。随着企业用户不断接入，负荷管理系统将面临复杂的企业用电调控响应需求，对从主站侧下发到各终端的控制指令，需要进行全程有效保护，避免产生任何差错。二是负控终端不便管理，本地风险难以防控。由于负控终端通常部署于企业用户本地的计量柜/箱内，所以电网公司在本地缺少对负控终端的风险控制手段。三是边端数据防护不足，容易造成隐私泄露。边端设备涉及蓝牙、红外等无线通信方式，一方面容易受到通信干扰（用电数据被破坏），另一方面可能遭受恶意无线渗透入侵。

3. 安全保护实践

（1）安全架构设计

负荷管理系统的总体安全防护思路包括多层全面防护，严格有序用电等控制应用管理，强化边界防护能力，以及利用基于国密算法的密码技术进行真实性与机密性保障等方面。负荷管理系统整体安全防护架构示意图如图 3-20 所示。

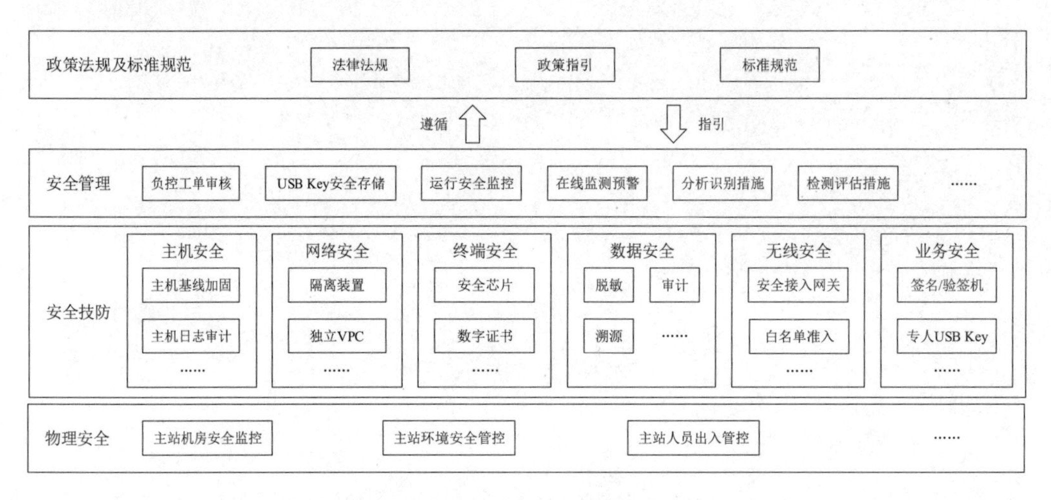

图 3-20 负荷管理系统整体安全防护架构示意图

（2）分析识别措施

将负荷管理系统的数据与其他营销类业务的数据集成，自动获取用户档案信息、负控设备资产档案信息，从而识别用户的负荷类型，确定用户及其所在地区的可控负荷。开展现场勘查，掌握用户的用电设备、用电负荷、可控负荷、分路开关、专变采集终端、检修情况等关键信息，识别用电负荷类型及负荷等级。部署嵌入式安全用电监测模块，实时监测安全用电情况，进行设备负荷安全性分析、系统运行负荷安全性分析、保安负荷识别，及时排查用电异常，实现隐患诊断与隔离，确保用电安全。

（3）安全防护措施

一是主机安全。开展主机基线加固，关闭不必要的通信端口和服务进程，限制主机访问权限，启用主机日志审计功能，部署主机安全客户端，持续对主机接收的流量和文件进行监控，实现恶意代码防范、入侵防御及访问控制，降低主机失陷风险。

二是网络安全。采用单向隔离装置实现负荷管理系统和生产控制类业务的网络隔离。

为负荷管理系统划分独立 VPC，与其他管理信息类业务实现网络隔离。在负荷管理系统和接入负控终端之间设置安全接入区，实现终端接入防护。

三是终端安全。采用安全芯片和数字证书等方式，基于统一密码服务实现终端身份认证和加密保护。启用终端 ESAM 加密认证，增加远程服务实时监测、终端维护接口临时授权等措施，加强终端本身的安全防护。部署在线监测措施，实现终端关键信息监测、安全事件感知。

四是数据安全。综合采用脱敏、审计、溯源、水印、加密、备份等防护措施，保障负荷管理系统的数据安全。采用密码机、签名验签服务器，基于应用层加密/签名技术，保证信源数据的真实性，以及传输过程中数据的真实性与机密性。对重要数据、商密数据等，使用国密算法保证数据传输的安全性与完整性。

五是无线安全。实现终端无线接入认证和数据传输加密，对通过运营商的无线 APN 或 VPN 专网接入主站的终端 SIM 卡，采取基于白名单的准入控制措施，阻止非法终端接入。制定无线网络通信安全配置基线，对边端侧的各类无线通信开展安全基线检查和配置加固。

六是业务安全。业务策略下发需经专人审核确认，经签名机加密，经专人 USB Key 签名，通过验签机比对确认后下发至终端执行。部署安全存储柜和管理模块，加强对 USB Key 的安全管理，在 USB Key 中设置数字证书并定期更换；对终端和主站，需要进行身份认证。

（4）检测评估措施

采取用电安全在线监测及风险影响评估措施，对用户保安负荷和重要负荷开展实时监测，并依据实时监测结果开展用电安全风险影响评估，提出安全用电边界策略和风险防控措施。制定信息安全风险评估管理办法，定期开展负荷管理系统风险评估，评估内容包括资产评估、威胁评估、脆弱性评估、现有安全措施评估、风险计算和分析、风险决策和安全建议等。建立应急预案，确保在风险评估过程中进行的测试不影响系统运行。

（5）监测预警措施

在主站侧增加数据安全审计措施，在安全接入区内及边端侧增加轻量级安全监测措施，实现负荷管理系统全链路安全态势可感知、可监测、可审计、可溯源。依托态势感知平台对负荷管理系统涉及的安全防护设备进行安全态势数据采集和关联分析，实现负荷管理系统的整体安全态势监测预警。

（6）技术对抗措施

在主机侧部署主机安全客户端，在安全接入区部署入侵检测/防御系统（及时发现和防范攻击入侵行为）、3A 认证服务器（安全认证、授权、记账）等，强化主动访问控制及针对威胁的技术对抗能力。

4. 保护效果

电网公司在分析负荷管理系统的安全防护需求及难点的基础上，有针对性地制定并落实了相关管理和技术防护措施，通过负荷管理系统安全防护架构，确保了负荷管理系统内部的网络安全，同时解决了远端负控终端、智能电表等边端设备的安全接入问题，其效果在系统建设和运行过程中得到了验证。

3.5.3 配电自动化系统安全保护

1. 场景描述

配电自动化系统是用于实现配电网运行监视和控制的自动化系统，其目的是提高供电可靠性、改进电能质量、向用户提供优质服务、减少运行费用、降低运行人员的工作强度。配电自动化系统主要由配电自动化主站、配电终端和通信网络组成。配电自动化主站具有数据采集、状态监视、远方控制、人机交互、配电终端在线管理和配电通信网络工况监视等功能。配电终端是安装在配电网中的各种远方监测和控制单元的总称，用于实现数据采集、控制、通信等功能，主要有光纤采集、无线“三遥”（遥信、遥测、遥控）、无线“二遥”（遥信、遥测）、智能融合等类型。通信网络包括电力光纤专网、电力无线专网、无线虚拟专网等。配电自动化系统总体架构示意图如图 3-21 所示。

2. 安全防护需求及难点

在安全防护需求方面，配电自动化系统提高了供电经济性和设备利用率，通过对配电网的运行监控和优化控制，实现了配电网负荷的转移，有效增强了配电网的供电能力，避免了大面积停电。

随着电网运行和服务模式的转变，配电网向数字化、智能化快速转型，大量物联网技术得到广泛应用，配电终端功能形态、接入方式呈现多样化发展。这些变化为配电自动化系统引入了三大安全防护难点。一是配电终端环境开放，易遭受攻击破坏。配电自动化系统通过分散部署的各类配电终端实现对配电网各节点的感知与监控。为了提升配电网的运行监控能力，大量配电终端需要部署在对外开放和无人看守的环境中。这些配电终端容易遭受人为破坏，以及攻击者的蓄意接触式攻击。二是无线通信广泛应用，面临的攻击更为多样。4G、5G、LoRa、ZigBee 等无线通信技术在配电终端本地及远程通信中应用广泛，无线通信的开放特性和无线信号的覆盖范围扩大等带来了更多的无线安全隐患，为攻击者提供了更为多样、更加隐蔽的非接触式攻击渠道。三是物联工控协议多样，防护需求难以统一。配电自动化系统主站面临针对规约和关键设备的漏洞攻击威胁。同时，由于配电终端大量采用物联网协议接入，所以很难采用统一的防护框架实现众多物联协议、工控协议的安全防护需求，协议的安全风险进一步增大。

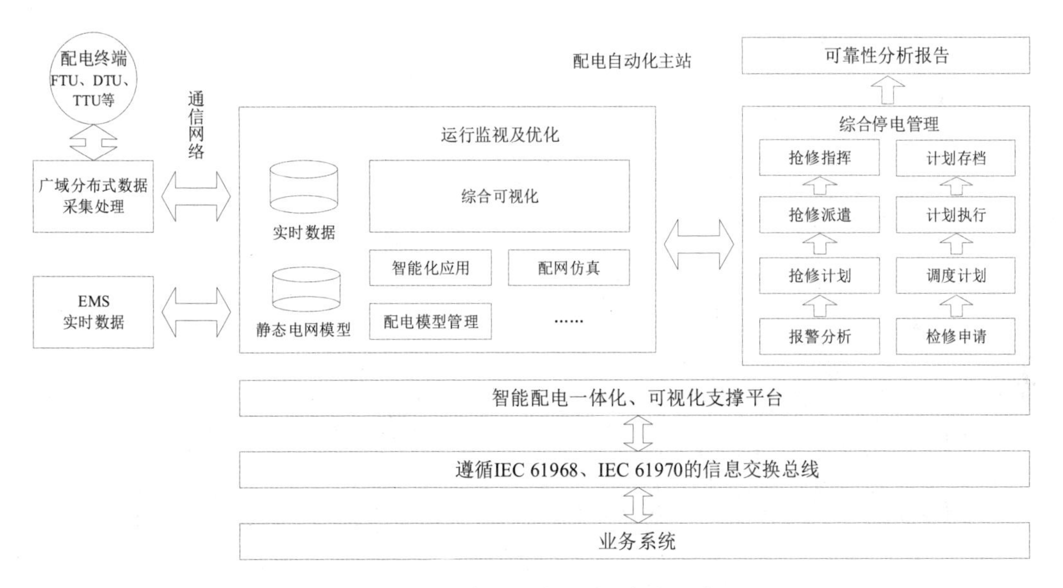

图 3-21　配电自动化系统总体架构示意图

3. 安全保护实践

（1）安全架构设计

配电自动化系统安全防护全面遵循《电力监控系统安全防护规定》《电力监控系统安全防护总体方案》等文件的相关要求，其安全防护架构示意图如图 3-22 所示。

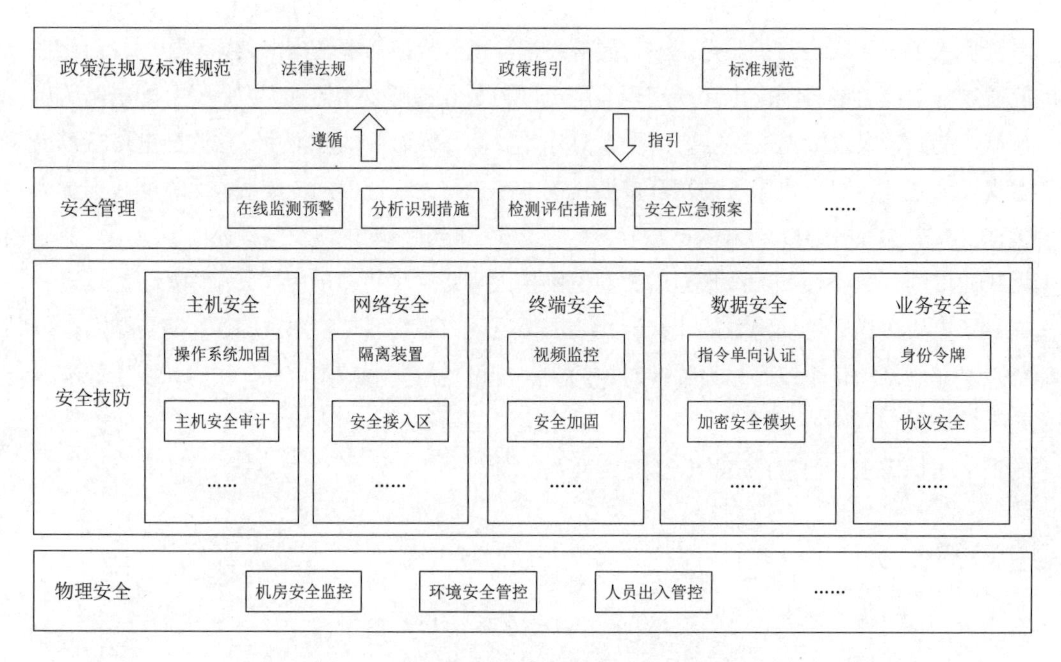

图 3-22 配电自动化系统安全防护架构示意图

（2）分析识别措施

采用缺陷自动分析识别技术，根据系统收集的“三遥”、状态感知和通信异常信息自动生成缺陷记录，按照设备类型、严重等级等进行缺陷的分类分级，并自动标识对应的缺陷设备。采用图形化的流程编排实现业务流程异常的分析识别及告警。

（3）安全防护措施

一是主机安全。主机服务器选用国产服务器，操作系统选用经国家指定部门认证的安全操作系统。通过设计基于规则库的安全审计方法、基于数理统计的安全审计方法、基于日志数据挖掘的安全审计方法构建安全审计措施，实现主机服务器的安全审计。

二是网络安全。采用单向隔离装置实现配电自动化系统与其他生产控制类业务、管理信息类业务及各类配电终端的网络隔离。在配电自动化系统与配电终端之间设置安全接入区，部署防火墙、入侵检测/防御系统、专用安全接入网关、配电加密认证装置等，实现边界防护与加密认证。

三是终端安全。部署终端视频监控措施，消除终端监控盲区；进行终端本体安全加固，包括封闭多余的对外物理接口、增强密码/口令的复杂度、禁用 FTP 等文件传输服务。

四是数据安全。针对主站下发的控制命令，采用非对称加密方式实现单向认证；采用加密盒、软件包等安全模块实现终端和主站的身份鉴别与数据完整性验证；采用对称加密方式实现关键信息和敏感信息的加密。

五是业务安全。采用面向子系统和适配器的身份令牌技术，在通过身份认证后为所有子系统和适配器发放令牌，超过生命周期的令牌将自动失效。采用工控协议安全分析与识别技术，提前发现并有效阻断协议中的安全风险。

（4）检测评估措施

依据《网络安全等级保护基本要求》等国家标准，通过定期检查、不定期抽检等形式对配电自动化系统开展检测评估工作。采用已知漏洞检测和未知漏洞探测措施对配电主站、子站、终端的脆弱性进行检测评估；采用配电安全检测工具实现对配电终端、配电主站、服务器、通信设备、支撑软件、应用软件等口令、多余服务/端口及系统漏洞等的监测和告警。

（5）监测预警措施

配置总部级管控中心和网省级监测预警平台。总部级管控中心具有对配电自动化系统网络运行状态的管控及对下级监测平台的调阅能力，能够对网络威胁、攻击和资产脆弱性进行实时监视与态势感知；具有威胁情报、漏洞、僵木蠕毒方面的安全知识库，针对新发现的攻击行为、病毒、漏洞，能够在第一时间发布处置措施。网省级监测平台能够实现配电自动化系统内部网络异常行为、外部攻击事件等的发现、跟踪、溯源及发展态势预测，帮助运营者全面实时掌握配电业务安全态势。

（6）技术对抗措施

利用数据加密、制定访问控制策略、细粒度权限设置、定期漏洞扫描、部署蜜罐或入侵防御系统、APT 预警等技术与措施，构建监测预警平台与安全设备联动的威胁自动处置能力。

4. 保护效果

电网公司在分析配电自动化系统的安全防护需求及难点的基础上，有针对性地制定并落实了相关管理和技术防护措施。

配电自动化系统的安全防护架构，不仅保证了其自身的网络安全，还解决了各类配电终端的有线和无线安全接入问题，能较好地防范配电自动化系统面临的安全风险，在配电网不断建设发展、配电终端不断增加的过程中取得了显著的防护成效。

3.5.4 工业控制系统安全保护

1. 安全保护需求

随着计算机技术和自动控制技术的发展，越来越多的工程设施实现了自动控制，而随着数字孪生、物联网、人工智能等技术的发展，众多工业控制系统由封闭走向开放、由单机走向互联、由现地控制走向自动控制，在提升控制效率的同时带来了巨大的安全风险。

工业控制系统一般由上位机、SCADA 软件、PLC（可编程逻辑控制器）及必要的数据库和网络构成。大型工业控制系统一旦出现网络安全事件，会直接将危害从网络空间带入物理世界，其影响之大，不言而喻。因此，在做好工业控制系统广泛互联和智能化提升工作的同时，必须做好网络安全保障工作。

针对工业控制系统的安全保护，需要加强基础防护措施能力建设。在安全分区方面，科学、合理地划分业务网、工控网等网络区域，避免将核心业务区部署在网络边界。在边界隔离方面，在不同等级的网络、不同区域的系统之间对重要信息系统的业务进行适度隔离，严格地进行工控网与业务网的物理隔离，建立完善实时控制区与过程监控区的互联策略。在网络防护方面，采取不低于等级保护第三级安全要求（含工业控制系统安全扩展要求）、等级保护安全设计技术要求中的工业控制系统安全设计技术要求的措施，并在等级保护的基础上加强重要信息系统的重点防护。在主机防护方面，完善统一鉴别与授权、入侵防范、脆弱性管理等工业主机安全防护措施。在关键技术方面，重点加强关键控制装备自主可控、关键业务通信加密、网络可信准入等技术措施，提升重要信息系统安全保护能力。

2. 基础防护措施

按照《关键信息基础设施安全保护要求》《网络安全等级保护基本要求》，从安全分区、边界隔离、网络防护、主机防护等方面做好工业控制系统基础防护。

（1）安全分区

按照功能将重要信息系统涉及的网络分为工控网、业务网等。工控网分为实时控制区和过程监控区（非实时控制区），分别部署工程控制和监测相关系统：在实时控制区部署控制工程设备运行的系统和模块，PLC、SCADA 等就部署在该区域；在过程监控区部署工控系统监测与管理系统和模块，运行监测系统、故障诊断系统、生产数据分析系统等就部署在该区域。业务网分为信息管理区和互联网服务区，分别部署内部管理系统和互联网服务系统：在信息管理区部署生产管理系统、内部办公门户等；在互联网服务区部署对互联网提供服务的系统。

（2）边界隔离

严格地进行工控网与业务网的物理隔离，仅在工控网的过程监控区设置专门用于数据交换的前置交换区。对部署在实时控制区的核心控制系统，设置独立的逻辑区域或物理区域，并根据业务功能、设备类型等划分子区域。当前工控网如需与其他工控网互联，应将实时控制区与过程监控区分别连接，并采用防火墙等网络安全措施进行隔离。

（3）网络防护

以不低于等级保护第三级安全要求（含工业控制系统安全扩展要求）、等级保护安全设计技术要求中的工业控制系统安全设计技术要求的措施，开展安全物理环境、安全计算环境、安全区域边界、安全通信网络等方面的基础防护，具体包括：在现地设备环境周边采用围墙、门禁或密码锁等措施加强物理访问控制，仅允许授权人员访问；配置视频监控、专人值守等安全措施，在关键设备周边采用自动化设备识别入侵行为并报警；提供通信线路、网络设备、安全设备和关键计算设备的硬件冗余；采取严格的访问控制策略，策略粒度达到端口级，在区域边界部署审计系统以收集、记录区域边界的相关安全事件；部署统一的防病毒、防入侵及审计措施，及时发现漏洞、入侵行为和高级网络威胁；采用密码技术、生物识别技术等两种或两种以上组合的鉴别技术鉴别用户身份。

（4）主机防护

随着近年来针对工业控制系统的有组织、有规模的攻击激增，工业控制系统内部的网络工作站、服务器、工程师站等工业主机的防护已成为工业控制系统安全保护的重要环节。

在工业主机安全防护措施方面：部署具有软件白名单机制的工业主机安全防护产品，避免工业主机感染恶意代码；对工业主机安全防护策略、工业主机资产、工业主机威胁信息进行集中管理；部署工业主机安全防护产品，对工业主机的 USB 接口、光驱等外部设备进行管控，降低因非授权 U 盘、移动终端等设备接入带来的安全风险；部署工业主机操作系统安全加固程序，对工业主机的操作系统进行安全加固；对重要服务器设备采用硬件冗余或双机热备的方式，实现系统的高可用性。

同时，应完善工业主机安全配置策略：通过修改系统配置强制周期性更换口令或者定期手动更换口令，设置口令复杂度策略；严格限制默认账户的访问权限，禁用或重命名系统默认账户；将管理用户划分为不同的角色，分别授予其所需的最小权限，实现管理用户的权限分离；遵循最小安装原则，仅安装需要的组件和应用程序，并及时更新系统补丁；对操作系统采取仅开放业务需要的服务端口、删除默认的共享路径、限制单个用户对系统资源的最大使用比例等措施。

3. 可信防护关键技术

对工业控制类重要信息系统，应在基础防护措施的基础上，从关键控制装备自主可控、关键业务通信加密、网络可信准入等方面加强防护，确保通信内容不被刺探、通信指令不被篡改和通信网络不被入侵。

（1）关键控制装备自主可控

工业控制系统自下而上可分为现场设备层、现场控制层、过程监控层。现场控制层主要包含由 PLC 等组成的现地控制单元（LCU），可自动采集传感器的状态，并通过控制逻辑对执行器输出控制指令，是承上启下的核心层。在实际应用中，应以国产化元器件、国产化 CPU、国产化操作系统为基础，通过高性能的系列 PLC 装备，实现 CPU、网络、电源、总线等的多重冗余，并广泛适应工业控制系统的升级改造，达到关键核心技术完全自主和漏洞及时修复的目标。

（2）关键业务通信加密

传统的工控网主要依靠物理隔离进行防护，网络内部基本上采用明文传输，因此数据的机密性、完整性得不到保障，一旦网络边界被突破、外围安全防护设备被绕过，攻击者就能肆意进行数据指令篡改、伪造等破坏性行为。

为了实现关键业务通信加密，应基于国产密码算法，在 PLC 和上位机之间建立端到端加密通道，确保 PLC 和上位机之间的通信不受刺探或操纵。在 PLC 端采用集成 PCI 商密卡模块，提供身份认证、包过滤与协议控制、信源加解密等功能。构建基于国密的 PKI/CA 体系，在通信前确认双方的身份，以确保通信双方的设备都是合法的；在通信中采用 SSL 协议协商加密密钥，确保数据在发送之后和接收之前没有被篡改。

（3）网络可信准入

工控网大多覆盖范围较广，存在少人或无人看管的区域。为了解决工控网内网络接入准入和异常入侵问题，可采用工控资产发现、准入控制、访问控制等技术，构建综合的网络可信准入系统。

- 针对网络内的 PLC、RTU 等工控设备和 IoT 设备，通过专用的工业协议扫描工具获取设备的品牌、类型、型号等信息，分析工业流量特征，构建设备资产指纹，实时监测网内资产的状态。
- 部署旁路准入网关设备，以获取交换机流量数据镜像。实时监测违规终端企图访问重要服务器的行为，通过发送终止连接的 RST-ACK 数据包，切断攻击源的 TCP 连接并告警。
- 对工控协议进行深度包解析，及时发现隐藏在正常流量中的异常数据包，监测针对工控协议的网络攻击及用户误操作、用户违规操作、非法设备接入等异常行为，限制工控网用户和工控设备使用特定的应用程序执行不同风险等级的指令。例如，对 PLC 进行应用限制，在特定时间仅允许进行查询且禁止执行操作指令，从而确保生产设备的安全。

4. 保护效果

工业控制系统的安全保护效果如下：通过安全分区、边界隔离，实现了不同安全保护等级的系统、不同业务系统、不同区域之间的安全互联；通过增强网络安全和主机安全能力，进一步加强了鉴别与授权能力，并通过软件白名单机制避免了工业主机感染恶意代码；通过对高级持续性威胁等网络攻击行为采取入侵防范措施，发现潜在的威胁并对其进行响应；通过为工业主机配置安全策略，对工业主机系统账户、配置、漏洞、补丁、病毒库等进行管理。同时，采用关键控制装备自主可控、关键业务通信加密、网络可信准入等关键技术，逐步推广和应用工业控制类重要信息系统安全保护技术。

3.5.5 工控安全体系总体架构设计

1. 场景描述

随着工业化与信息化的深度融合，高度自动化的生产技术装备和高度信息化的运营管理手段极大地提升了生产效率，工控系统已升级为自动化与 IT 技术的结合体，对生产管理的基础性支撑作用日益凸显。同时，网络安全风险持续上升。由于工控系统直接作用于能源生产、运输、存储、应用等物理生产过程，所以，一旦其系统漏洞被敌对势力、恐怖组织、商业间谍、内部不法人员、外部非法入侵者利用，或者被工业病毒等手段控制，就会直接影响生产装置和设备的正常运转，甚至引发严重的安全事故。《网络安全法》、网络安全等级保护制度、关键信息基础设施安全保护制度等对工控系统安全提出了强制性要求。部分大型工控系统属于重要信息系统，国有大型能源企业应建立相应的工控系统安全体系，落实国家对工控系统的安全要求。

部分能源企业的工控系统在整体设计、建设与运维方面严重依赖厂商，导致工控系统网络基本上没有防护措施，工控系统面临宕机、数据被篡改、系统被控制等威胁，不仅可能造成设备或装置损坏，影响正常生产，还会对人员生命造成威胁。因此，需要根据生产业务的特点和数据流向，建立安全监控分析与测试验证平台，规范风险管理，规避漏洞带来的安全风险，提升工控系统的安全防护能力和预警能力，以及时发现并处理问题，实现对工控系统全生命周期的安全风险动态管控，同时，部署有针对性的安全策略与技术措施，避免或降低因工控系统信息安全问题造成的经济损失与社会负面影响，保护企业核心利益。

工控系统以可用性为主，对实时性和可靠性的要求高，不能轻易升级，私有协议多，设备生命周期长达 15～20 年。这些特殊的性质导致现有信息安全措施无法直接应用，因此需要建立符合工控系统特点的安全体系。

2. 安全防护需求及难点

依据工控系统现状，结合《网络安全法》《工业控制系统信息安全防护指南》等法律法规和标准的要求，工控系统的网络安全防护需求主要包括管理需求、技术需求、保障需求、运营需求等。

（1）管理需求

一是满足合规性要求。能源企业的工控系统安全，首先要满足国家的合规性要求，除了建立企业的总体安全策略或方针，还要制定工控系统安全防护与管理制度、规范。工控系统上线前，没有可参考的设计依据，也没有安全保障机制，投入运行后，缺少安全运维人员和安全运维管理制度，导致系统非常脆弱，因此，需要建立工控系统安全防护与管理制度、规范，以指导企业各生产单位工控系统安全体系建设工作。

二是满足工控系统安全建设需求。现有工控系统和工控网，因多期、多阶段建设，设备品类众多、拓扑复杂、资产不清、业务数据流性质不明，安全策略的启用和调整过程较长。为了解决工控系统设备品牌、型号、规格、版本等杂乱的问题，工控安全体系需要从顶层设计出发，在工控系统设计阶段同步设计安全防护体系。对大多数企业来说，工控系统建设是随生产建设开展的，一个工控系统就是一个相对独立的生产单元，没有形成规模性的生产网，而后期物联网建设对安全的设计也仅限于网络安全隔离和监测审计，未触及工控系统的根本性安全问题。

三是满足工控系统安全保障需求。在工控系统安全运维保障中，为了保障关键要素之间的协同管理能力，需要建立规范的运维管理制度与流程，把审核机制融入关键要素，从而最大限度发挥人、流程、制度、技术、管理对象在网络安全运维中的能力和作用。目前，大部分企业的生产系统缺少运维管理规范、风险评估机制、标准化流程、检查表单等。

（2）技术需求

工控系统直接作用于生产业务过程，对生产业务的正常运行有很大的影响，因此，工控系统安全建设需求必须由业务保障目标驱动。工控系统本身的特点及其先天安全设计方面的缺陷，导致其脆弱性和隐患较多，一旦出现病毒爆发、黑客攻击等异常状况，就会直接对现实物理生产过程产生致命影响。例如，黑客非法获取油田井场采油机远程启停控制权限，不仅会扰乱正常的排产计划，也极易对现场设备造成物理伤害，或者使炼油化工工控系统遭受大规模病毒感染，导致正常的炼油化工生产业务中断，甚至造成严重的安全事故。为了确保企业生产业务的正常运行及生产安全，亟须建立工控系统安全保障体系，依据《网络安全等级保护基本要求》，将现有的技术措施和管理工具应用到实际的安全设计中，形成安全防护能力和监测预警能力，保障工控系统网络安全，为企业安全生产保驾护航。

工控系统投入生产后，经常会与不同的网络进行信息交互，使原来相对封闭、独立的工控系统在工业互联网发展的推动下趋向互联互通、信息共享，机械制造、智能工厂的建设也有业务流程智能优化及下装等需求。信息交互和数据共享，往往会导致系统受到病毒、内外部攻击、非法访问、网络拥塞等困扰，因此，需要从技术角度做好防病毒、防入侵、防非法接入、防非授权访问、防网络拥塞、防设备漏洞利用及安全事件溯源等工作，利用现有的成熟技术解决实际的工控网络安全问题，保障业务系统正常运行。

（3）保障需求

由于工控安全运行保障过程中存在家底不清、风险不明、防护手段单一且落后等问题，所以，需要提升整体风险管控意识，全面开展资产清查与管理、资产漏洞自动检索，补齐安全防护短板，实现网络攻击自动发现与预警。此外，由于工控系统缺少事件处置协同联动机制，所以，对通过入侵诱捕、入侵检测、日志分析、流量分析等方式发现并预警的安全威胁，需要进行关联分析、溯源分析，形成对威胁、攻击危害程度的基本判断，提出安全加固措施或建议，补丁修复、策略调整则需要在验证环境中测试后实施。在紧急情况下，可直接在核心位置部署隔离设备以阻断事件的发展，从而形成有效的协同联动机制。

（4）运营需求

网络安全是动态的，在面对有组织的持续性渗透攻击时，需要通过有层次的持续监测机制，及时在可接受的时间窗口内发现并阻止攻击行为。目前，工控系统安全防护严重依赖“4A+老三样”，安全系统体系化程度和协同性不足；只注重边界安全，内部存在巨大缺陷，形成“重边界、轻内部”的问题；只注重合规，没有实战能力（合规是静态的防护标准，需要向实战化转变）。正常的安全运营需要每年有持续的资金投入，不断更新和完善安全防护、检测与测试验证设备，还需要一套监测机制和专职团队，以时刻感知内外部环境和脆弱性状态，持续开展安全威胁管理。

3. 总体架构设计

（1）设计步骤

依据相关法律、制度和标准，规划企业工控系统安全体系，通过管理体系、技术体系、保障体系、运营体系建设，监测、预警工控网络安全风险，抵御工控网络攻击行为，提升工控系统整体安全防护能力，满足重要信息系统安全保护要求及合规性要求。由于工控安全体系建设对生产系统有一定影响，所以，不能操之过急，需要整体规划、分步实施，不断提升工控系统的安全防护能力、监测预警能力。

工控安全体系建设工作分三步实施。第一步是夯实工控安全防护基础，提升工控安全保护能力：以态势感知平台建设为核心，建立工控安全纵深防御体系和安全测试验证环境，加强工控安全基础防护，建立工控安全综合防护体系。第二步是构建自主可控的环境，提升工控安全管控能力：以安全管控平台建设为核心，设计设备接入管控机制和安全协议，提升工控系统的自主可控能力，构建可信、可控、可管的安全机制。第三步是统一数据采集接口，提升工控安全运营能力：以数据管控平台和安全运营平台建设为核心，规范工控系统数据采集，统一数据采集接口，提供安全可控的数据服务；同时，通过不断建设和完善工控安全防护、管控、监测、运营等机制，满足企业工控安全保护需求，达到国家关键信息基础设施安全保护要求。

（2）整体规划内容

企业工控安全体系框架（如图 3-23 所示）包括管理体系、技术体系、保障体系和运营体系。

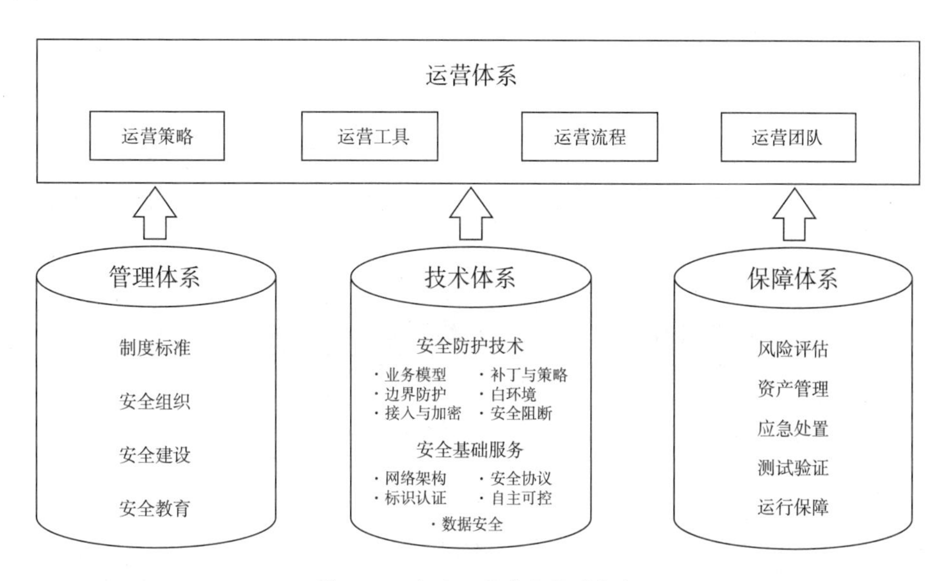

图 3-23　企业工控安全体系框架

工控安全管理体系包括制度标准、安全组织、安全建设、安全教育等内容。其中，制度标准包括工控安全相关管理制度、技术规范等；安全组织包括工控安全专业团队的核心角色及其职责；安全建设包括安全设计、供应商管理、产品安全等；安全教育包括信息安全意识培训、技能培训和专业人才培养等。

工控安全技术体系包括安全防护技术和安全基础服务两部分。安全防护技术包括业务模型、补丁与策略、边界防护、白环境、接入与加密、安全阻断等子系统。安全基础服务包括网络架构、安全协议、标识认证、自主可控、数据安全等子系统。

工控安全保障体系包括风险评估、资产管理、应急处置、测试验证、运行保障等内容。其中，风险评估包括安全检查、漏洞扫描、渗透测试、配置核查等；资产管理包括资产分类、资产漏洞管理等；应急处置包括事件响应、应急管理、应急处理等；测试验证包括工控设备安全检测、工控安全场景验证、安全方案验证等；运行保障包括人员保障、运行监控工具、应急保障、灾备保障、流程保障等。

工控安全运营体系包括运营策略、运营工具、运营流程、运营团队四部分。运营策略包括网络对抗、主动防御、协同联动等子系统。运营工具包括运营平台、情报管理、演习平台等子系统。运营流程包括风险分析、事件处置、漏洞管理等子系统。运营团队包括分析与处置团队（蓝队）、脆弱性管理团队（红队）、基础设施管理团队等。

4. 四大平台建设支撑工控安全体系框架落地

为了将工控安全体系框架落地，需要通过工控安全态势感知平台、工控安全管控平台、工控数据管理平台、工控安全运营管理平台（如图 3-24 所示），将管理、技术、保障、运营四大体系建设的内容分解并分步实施。

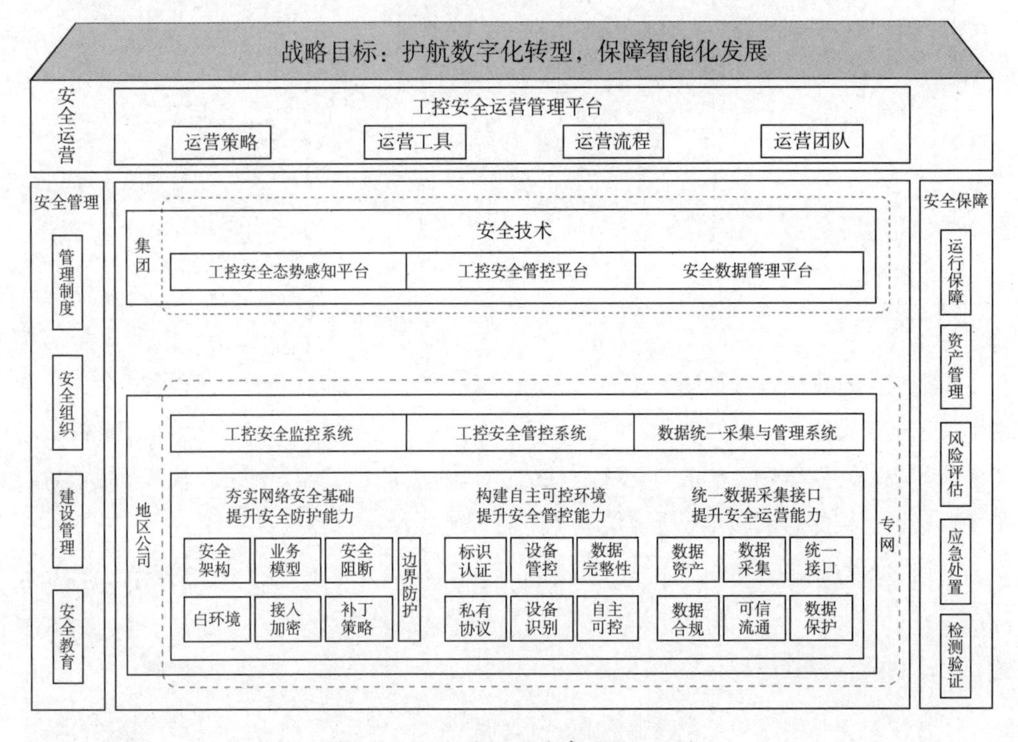

图 3-24 工控安全体系建设项目规划

- 通过构建工控安全态势感知平台，建立纵深防御和主动防御机制，全面梳理资产、评估风险，初步建立工控安全管理制度和运维管理流程，夯实网络安全基础，提升安全防护能力。

- 通过构建工控安全管控平台，建立设备统一管控机制，开发安全传输协议，实现工控安全接入标准化、数字化，不断完善工控安全管理制度、标准和流程，构建自主可控的环境，提升安全管控能力。
- 通过构建工控数据管理平台，提供统一数据采集接口并共享数据，改善资源重复、流程混乱烦琐的弊端，规范多方数据采集管理工作。
- 通过构建工控安全运营管理平台，完善工控安全制度、规范与流程，建立高效的安全团队，形成联动一体的动态防御、主动防御机制，实现从网络合规工作模式到网络对抗工作模式的转变，持续优化迭代，提升安全运营能力。

（1）工控安全态势感知平台

一是建设目标。依据相关法律、制度和标准，初步构建企业工控系统安全防护体系，形成工控安全态势感知、工控系统设备安全检测能力，监测并抵御攻击行为，满足国家的合规性要求。以工控安全态势感知平台建设为核心，建立工控安全纵深防御体系和安全测试验证环境，夯实工控安全防护基础，提升工控安全保护能力，具体如下。

- 根据《网络安全法》、网络安全等级保护 2.0 等合规性要求，开展工控系统风险评估工作，设计工控系统安全整体解决方案，初步建立工控网络安全建设标准体系，指导工控系统网络安全建设工作。
- 在集团建立工控安全态势感知平台、工控安全验证子系统，在地区公司建设数据采集子系统、边界防护子系统、白环境子系统、补丁与策略子系统、安全阻断子系统、业务模型子系统、接入与加密子系统及 IPv6 网络安全架构，形成工控系统两级安全管控中心和工控系统安全验证环境。

二是建设内容，具体如下。

- 制度规范编制：编制工控系统安全管理制度、建设标准、运维规范等，为各生产企业的工控系统安全防护与管理提供指导。
- 在集团建设态势感知和安全验证环境，与地区公司的数据采集子系统进行数据对接并下发指令，完成工控系统资产管控、外部情报对接、整体安全态势分析、工控设备安全检测、安全补丁与策略测试验证等工作，实现动态防御、主动防御。
- 在地区公司建设基于纵深防御的综合防护体系，从安全区域边界、安全通信网络、安全计算环境、安全监控中心等方面满足网络安全等级保护基本要求，通过数据采集（安全监控）、边界防护、白环境、补丁与策略、安全阻断、业务模型、接入与加密等子系统建设，夯实工控安全基础，全面提升地区公司的工控安全防护能力。

（2）工控安全管控平台

一是建设目标。建立自主可控的工控安全基础环境，建成设备、人、系统等方面的接入认证与管控机制，开发自主可控的安全通信协议，提升工控系统整体安全防护能力，降低网络安全事件发生的概率。工控系统安全的本质是通过对工控系统资产的识别和操作控制，保证其安全稳定运行。由于传感设备、控制系统的操作等依赖厂商提供的功能和环境，所以，企业只能信赖厂商，而无法从根本上掌控生产环境安全。为了解决“卡脖子”问题，并从根本上掌握工控系统安全，必须研发安全协议，建立可信的工控环境。只有这样，才能有效应对复杂的工控安全问题，提升工控系统整体安全防护能力。

二是建设内容。基于标识认证、国产密码算法等技术，建立高可信的访问控制平台；建立设备标识和设备画像机制，实现设备接入认证与控制，提升感知层、控制层和监控层的网络安全防护水平；构建适用于工控系统的可信计算环境，推进石油行业工控系统及其组态软件国产化；开发自主可控的工控协议，夯实行业工控系统的抗风险能力。

（3）安全数据管理平台

一是建设目标。规范数据采集与共享，保护工控系统和数据的安全，为各类平台提供统一的数据采集环境，提供工控系统数据采集接口和数据共享接口，制定数据保护措施，防止数据滥用或被窃，提升生产环境数据安全保护能力。首先，各类工业场景的物联网平台、监管平台、数据分析平台等都有从工业生产环境提取数据信息（包括设备信息、生产数据、环境信息等）的需求，导致部署在生产环境的数据采集设备过多，严重影响生产环境安全。其次，根据国家监管要求，数据必须分类分级管理，所以，应制定数据保护措施，防止数据滥用或被窃。最后，集团的数据治理和数据挖掘工作需要梳理业务数据，防止敏感的生产数据通过办公网或互联网暴露。因此，必须建立统一的数据管控平台，为各类平台提供统一的数据采集环境和原始数据，提升生产环境的数据安全保护能力。

二是建设内容。研发具备边缘处理和安全加密认证能力的智能数据采集网关，包含安全数据（安全日志、网络攻击等）采集、生产数据（控制信息、工况状态、工艺参数、系统日志等）采集、资产信息采集。建设工业数据管理平台（包括数据安全存储、数据归一化、数据标签化、分类分级管理、AI 数据建模与智能分析等），实现智能风险识别与预警，提升跨部门、跨层级的安全联动联控能力，以及工业数据资源的在线汇聚、安全流动和价值挖掘能力。

（4）工控安全运营管理平台

一是建设目标。构建以风险管控为核心、有持续自适应风险和信任评估能力的一体化技术支撑平台，有效提升对安全事件风险的预警和响应能力，实现全局安全风险可知、可辨、可控、可管与可视，从而提升安全风险事件处置水平与安全运营效率，提高对安全宏观态势的掌控、分析和评估水平，将现有安全体系从静态、被动阶段推至动态、主动阶段。通过产业赋能、综合联动等服务模式，协调工控安全态势感知平台、工控安全管控平台、安全数据管理平台的安全运营工作，通过对 IT 数据、业务数据、安全数据等的汇集、分析、利用，实现全周期运营能力持续提升，发挥安全业务的价值。提升风险发现、防御协同、精准分析、应急响应、优化改进等全周期运营能力及网络安全运营人效，并通过基于数字化业务的安全运营数据分析为企业的业务运营提供帮助，创造安全业务价值。

二是建设内容。建立并完善运营策略，通过红队和蓝队针对暴露面资产持续开展攻防活动，改变传统的仅满足合规要求的安全防护理念。通过以风险感知、主动监测为核心的积极网络安全防御策略，实现威胁的全方位感知和高效防御，改变过去被动应对网络攻击的模式。建设集成化、可视化的安全运营支撑平台，对网络安全运营体系持续进行全方位的支撑和管理，实现漏洞、资产和事件的闭环管理。建立并完善运营流程，结合企业网络安全持续化运营的实际场景，制定规范的安全运营流程。完善运营团队，着力解决安全运营“空心化”问题，明确职责分工、服务内容和服务模式，优化分析与响应、扫描与评估、系统维护等持续化运营工作，充分发挥团队优势。

5. 保护效果

工控安全体系建设成效体现在以下四个方面。一是安全管控平台满足合规性要求：只有认证的设备、人、系统才能进入生产系统网络；采用国产密码算法和安全管控环境，提高生产系统的安全保护能力，降低因安全事件发生造成的经济损失。二是数据管理平台实现定性的能力指标：满足国家的合规性数据管理要求；对工业数据进行统一整合，确保数据安全，提供数据服务能力；实现安全联动联控能力，提升工业数据资源价值挖掘能力；利用大数据分析、人工智能等技术，提高工业安全态势预测能力。三是数据管理平台实现定量的经济指标：节省大量人力分析成本；通过建立统一数据采集平台，降低各平台的资金投入。四是安全运营平台形成网络对抗新理念、主动防御新模式、联动一体新手段和能力内化新形式，持续监控工控安全态势：提升风险发现、防御协同、精准分析、应急响应、提升改进等全周期运营能力，使事件发现与处置效率提高 30%；通过资产图谱定位、自动化编排响应等大幅提升安全运营人效。通过四大平台建设，建立重要信息系统综合防御体系：满足了集团管理层风险监控要求，提高了风险监测预警能力；满足了国家的合规性要求，保护了重要基础设施；加强了对工控系统的安全监测和预警，提高了发现问题和解决问题的能力；满足了工控系统生产单位的网络安全保护要求；打造了一支优秀的攻防技术研究团队，为企业工控系统网络安全保驾护航。

3.5.6 大型央企工控系统安全保护

1. 场景描述

某油田企业启动工业控制系统安全体系建设项目试点建设工程，旨在通过探索建设行业工控安全解决方案，验证态势感知、数据采集、边界防护、业务模型、白环境、安全阻断、补丁与策略、接入与加密、安全验证等子系统在现场实施的可行性和难度，形成各业务板块的工控安全建设标准，推动企业整体网络安全建设工作迈上新台阶。

经过多年实践，该企业完成了工控安全综合防护体系建设，建成“一平台（企业工控安全综合防护平台）、一体系（纵深防御体系）、一环境（安全测试环境）”的工控安全技术保障环境，形成了工控安全可复制、可推广的解决方案，为推进企业工控安全体系建设工作奠定了基础。

油田企业的工控系统主要由两部分组成，即处理站内的控制系统或 SCADA 系统、由单井和小站组成的 SCADA 系统。除个别采油厂有规模性组网外，大多数采油厂没有规模性组网，其工控系统是一个个小规模的独立系统。目前，该企业已基本按照不同业务划分网络区域，但未进行网络和关键设备运行状态监控，网络边界隔离措施和安全策略不完善；油气生产井站分布范围广，无线接入方式多，主要依赖无线设备自身的安全机制，网络接入控制措施缺失。该企业工控系统的突出问题包括：野外 RTU 易被仿冒，可导致生产数据被篡改；生产指令易被篡改，可导致生产事故。因此，需要根据油田网络规划，合理划分安全域，设计边界隔离和监测措施，建立网络接入管控机制。

2. 安全防护需求及难点

依据油田企业工控系统现状、需求调研和风险评估结果，结合《网络安全法》《工业控制系统信息安全防护指南》《工业控制系统防护能力评估》及网络安全等级保护 2.0 系列标准等法律法规和标准的要求，梳理油田企业工控安全建设需求，主要包括工控安全合规性需求、资产管理与业务系统安全风险管控需求、事件处置协同联动需求和技术需求等。

（1）工控安全合规性需求

目前，国家相关法律法规对工控系统安全提出了强制性要求，明确了能源等重要领域关键信息基础设施安全保护是重中之重。工业企业必须建立相应的工控系统安全管理平台、技术及运营体系，以满足国家对工控系统等重要信息系统的安全合规性要求。对标国家相关法律法规、标准及企业相关管理制度要求，该企业缺少工控安全管理制度和规范及工控安全建设和运维管理标准。为了满足国家的合规性要求，该企业需要开展工控安全防护、管理制度及标准规范的建设工作。

（2）资产管理与业务系统安全风险管控需求

目前，该企业不清楚各生产单位工控系统的风险分布、资产情况、漏洞情况等信息，防护手段单一且落后，需要提升整体风险管控意识，全面开展资产清查与管理，对来自各生产单位的监测流量进行精细化分析，以全面感知工控系统安全态势，实现工控资产漏洞自动检索，补齐安全防护短板，针对网络攻击进行自动发现与预警。

（3）事件处置协同联动需求

对通过入侵诱捕、入侵检测、日志分析、流量分析等方式发现并预警的安全威胁，需要进行关联分析、溯源分析，形成对威胁、攻击危害程度的基本判断，提出安全加固措施或建议；补丁修复、策略调整则需要在验证环境中测试后实施。在紧急情况下，可直接在核心位置部署隔离设备以阻断事件的发展，从而形成有效的协同联动机制。

（4）技术需求

油田企业工控系统直接作用于生产业务过程，对生产业务正常运行有很大的影响，因此亟须建立工控系统安全保障体系，在保障各板块生产企业工控系统实时可用的前提下，从安全管理、技术措施、运行规范等方面加强安全防护，建立工控系统安全体系，形成安全防护能力和监测预警能力，保护油田企业工控系统安全。

该企业以保障生产业务正常稳定开展为目标，以解决工控系统面临的风险为导向，针对根据前期调研评估结果总结出来的各板块突出风险和共性风险，对标国家相关政策标准要求，梳理分析行业工控系统业务安全技术需求，具体如下。

一是边界安全。随着物联网建设和产能建设的推进，由于生产网和办公网需要在不同层面进行交互，交互点较多，生产网面临严重威胁，所以，需要建立逻辑专网，部署边界隔离防护措施，实现工控网与其他网络的隔离，并在专网边界加强安全保护和入侵监测。为了保障油田企业各作业区及大站各生产装置等工控系统安全，需要对专网内部进行安全域划分，在安全域之间进行安全隔离防护；需要建立访问控制机制，部署入侵诱捕、安全审计和安全监控等安全措施，监测网络中的异常流量；需要建立设备接入认证机制，防止非法设备接入。

二是系统安全。在主机安全方面，为了防止感染病毒、木马，实现外设管控，需要部署主机防护软件、配置主机安全基线。在应用安全方面，为了防止组态软件或生产监控系统被攻击、被控制，需要加强主机和应用系统的安全防护并进行漏洞修复；为了避免因补丁升级或策略实施造成工控系统宕机、生产业务中断等后果，需要建立补丁修复、策略验证及设备安全检测机制和测试验证环境，在修复补丁、实施策略前进行充分的测试验证；为了确保运维人员合法操作，需要建立安全运维审计机制。在数据安全方面，为了确保数据传输安全，需要建立数据加密传输机制。

三是运维安全。为了实现网络异常行为监控及运维审计，需要建立安全监控、统一运维管理、安全测试验证等技术平台。

四是安全管理。油田企业的相关技术人员在执行日常运维工作时，虽然能够做到定期巡检、发现问题及时处理，且设备台账类别较全，但也存在很多问题：对数据资产和资产重要程度的识别力度较弱，工控系统安全管理制度与标准规范不完善或缺失，培训、设备维护、变更等日常工作未留存记录；应急预案内容不够全面，仅覆盖生产安全，未涉及网络安全；缺少工控安全事件应急预案，未定期组织开展工控安全应急演练；各生产单位目前均无专职网络安全相关岗位人员，且缺少对专业人员的要求和考核办法；针对外部人员访问重要网络区域的情况，缺少安全管理制度和权限回收程序；外包开发系统、软件上线前未进行安全测评；员工的工控系统安全意识欠缺，需要完善工控安全相关组织机构、管理制度与标准规范、运维流程等，确保安全措施有效落实。

3. 安全保护实践

在安全技术方面，需要构建“一平台、一体系、一环境”。“一平台”是指建设工控安全态势感知平台，包括部署在专网中的油田企业工控安全监控系统和部署在内网中的集团工控安全态势感知平台，能够实现对油田企业整体网络安全态势的分析、感知与预警。“一体系”是指多层次的纵深防御体系，包括从内网到专网，涵盖资源层、生产管理层、过程监控层、现场控制层、现场设备层的网络安全纵深防线，能够形成防恶意软件传播、防恶意控制指令、防边界渗透、防内网非合规行为、防非法设备接入等安全防护能力。“一环境”是指工控安全测试验证环境，主要提供设备检测、方案验证、产品适配、技术试验、策略验证等支撑环境。

（1）工控安全态势感知平台设计

工控安全态势感知平台作为安全信息汇总枢纽和安全决策中心，与纵深防御体系、安全测试验证环境协同联动，形成网络安全防护、安全监测、风险评估、应急响应、安全管理、咨询服务六种能力，能够促进人员、工具、安全管理和运营一体化协同运行。工控安全态势感知平台整体架构如图 3-25 所示。

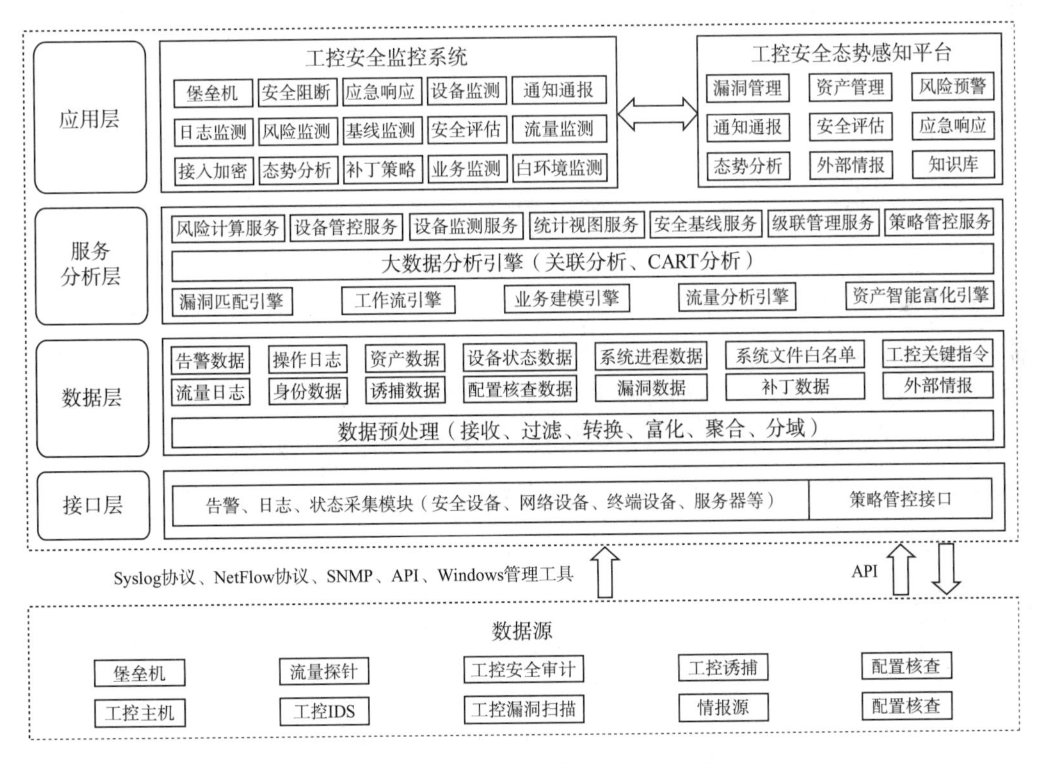

图 3-25　工控安全态势感知平台整体架构

工控安全监控系统（数据采集子系统）采集部署在生产单元的设备信息，形成对安全态势的判断和预测，并将资产、漏洞、威胁、攻击、风险等信息上传到工控安全态势感知平台，当出现安全事件时启动事件处置流程，在安全测试验证环境中对策略、补丁等进行测试验证，从而使防御系统、人、流程集成运转，使企业战略、制度、工具、安全管理和运营系统一体化运转。对已确认的安全威胁，根据应急处置流程和处置预案进行处置，以消除威胁并防止威胁再次发生。处置工作包括取证分析、策略调整、系统加固等。

工控安全监控系统部署在油田企业生产专网中，用于监控油田企业的工控网络安全运行状态。工控安全态势感知平台部署在内网中，用于向管理层展示生产专网的网络安全状态，提供风险态势总体感知、应急决策指挥等支撑能力。

工控安全态势感知平台接收工控安全监控系统上报的成果数据，进行深入的数据挖掘和关联分析，为管理层提供漏洞管理、资产管理、风险预警、通知通报、安全评估、应急响应、态势分析等功能，在展示大屏上从不同维度呈现各单位的安全态势、资产数据、风险漏洞等视图，帮助管理层掌握工控系统整体安全态势、工控资产分布情况、漏洞分布情况、工控系统风险分布情况等。

工控安全监控系统采集纵深防御体系中部署的安全设备日志、流量等数据，进行统一汇聚、分析处理，通过安全阻断、应急响应、设备监测、通知通报、日志监测、风险监测、基线监测、安全评估、流量监测、接入加密、态势分析、补丁策略、业务监测、白环境监测等功能，综合呈现安全合规、风险、资产、告警、漏洞、流量、拓扑等视图，实时监测、告警、通报、处置各类安全事件，满足各生产单位的资产管理、设备监控、流量分析、风险分析、应急处置等需求，提升资产管理水平和风险发现能力，为工控系统网络安全风险的早发现、早预警、早处置提供重要支撑，保障油田企业生产业务安全稳定运行，助力油田数字化转型及智能化发展。

工控安全态势感知平台由接口层、数据层、服务分析层和应用层组成（图 3-26 展示了平台功能逻辑关系）。接口层负责采集来自纵深防御体系、安全测试验证环境的数据及外部情报等。数据层负责对采集的原始日志进行归并、富化等处理。服务分析层作为数据层和应用层的纽带，提供大数据关联分析、业务建模等引擎，以及风险计算、策略管控等服务。应用层以多维度、多视角呈现风险、威胁、攻击等态势。

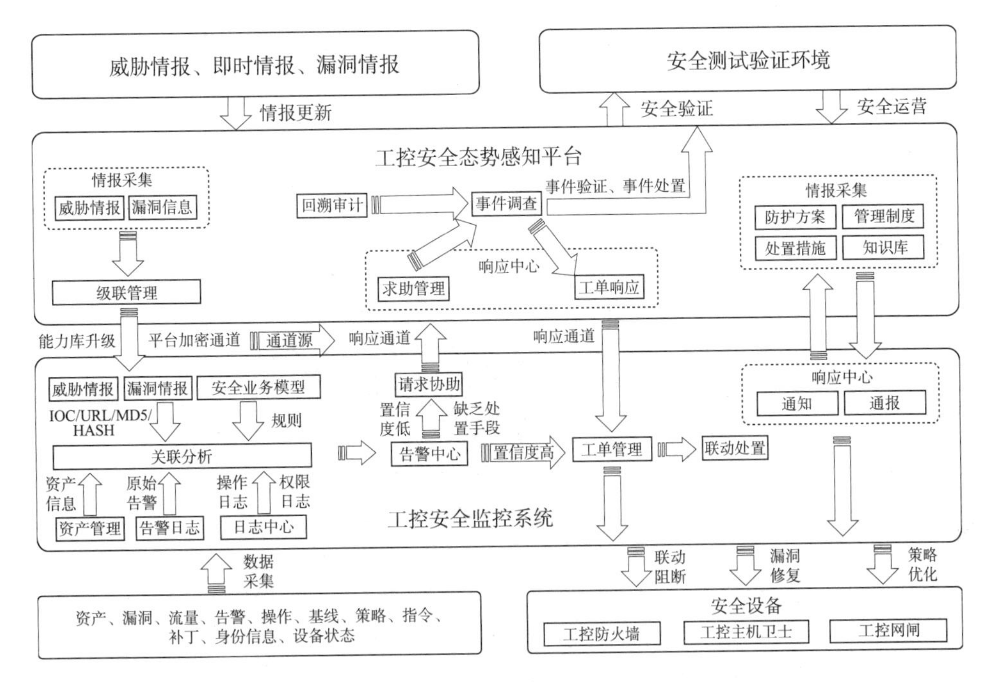

图 3-26　平台功能逻辑关系

工控安全态势感知平台采集资产、漏洞、流量、告警、威胁情报等信息，通过关联分析调用资产管理、日志中心、漏洞库、威胁情报、安全业务模型等功能模块，判定告警事件的置信度。对置信度低且缺少处置手段的告警事件，请求工控安全态势感知平台协助排查，借助安全测试验证环境进行事件验证、溯源分析及处置；对置信度高的告警事件，直接下发工单，联动安全设备进行处置。

通过工控安全态势感知平台、多层次纵深防御体系及安全测试验证环境建设，建立涵盖企业资源层、生产管理层、过程监控层、现场控制层、现场设备层的多层防御保护机制，检测通信网络、区域边界、计算环境等的运行状态及业务状态，并按照运维与应急管理制度，对可能发生或已经发生的风险、威胁、攻击等，启动相应的处置流程，对安全事件及处理结果进行通报；对需要调整安全策略或修复系统的情况，在安全测试验证环境中测试验证后反馈给防御系统，以调整策略或进行修复。工控安全态势感知平台通过人、工具、流程等的有机结合，实现全天候、全方位预测、协同联动（综合防护运行机理如图 3-27 所示）。

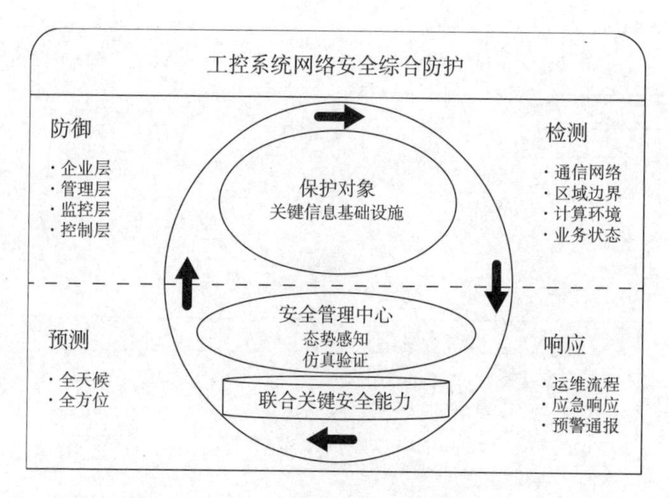

图 3-27 综合防护运行机理

（2）纵深防御体系设计

纵深防御是指建立从外到内的多重防护机制，解决工控系统不同层面的网络安全问题，通过场景适配、安全设备部署与安全联动，达到防攻击、防入侵、防病毒、防窃密、防控制的目标，以保护业务系统平稳运行，并为油田企业工控安全监控系统提供基础数据。

- 能力导向的设计：面向企业网络的业务访问模式，采用标准化的网络纵深防御能力框架，针对各类访问场景设计网络安全防护及管理能力，根据当前网络安全相关能力的差距，指导网络安全措施的建设部署，保障业务访问安全，满足合规管控要求。
- 面向失效的设计：面向失效的设计是纵深防御的核心思想。在一层防护措施失效的情况下，有下一层防护措施作为保障；若下一层措施失效，还有补救措施。通过在网络区域、协议等纵深层面部署有针对性的防护措施，构建协同联动的防御体系，规避局部失效对网络的影响，并从失效中快速恢复。
- 最小攻击面的设计：每个暴露在网络中的资产都有可能被攻击者利用。仅对合法用户开放必要的资产及端口服务，实现网络暴露面最小化，是纵深防御体系设计的重要思想。

设计纵深防御体系，首先要摸清家底，识别网络对象、访问场景和暴露面，然后在此基础上进行安全能力设计，实现网络分区分域并设计安全控制点，最后部署安全措施并不断优化提升。纵深防御体系设计流程如图 3-28 所示。

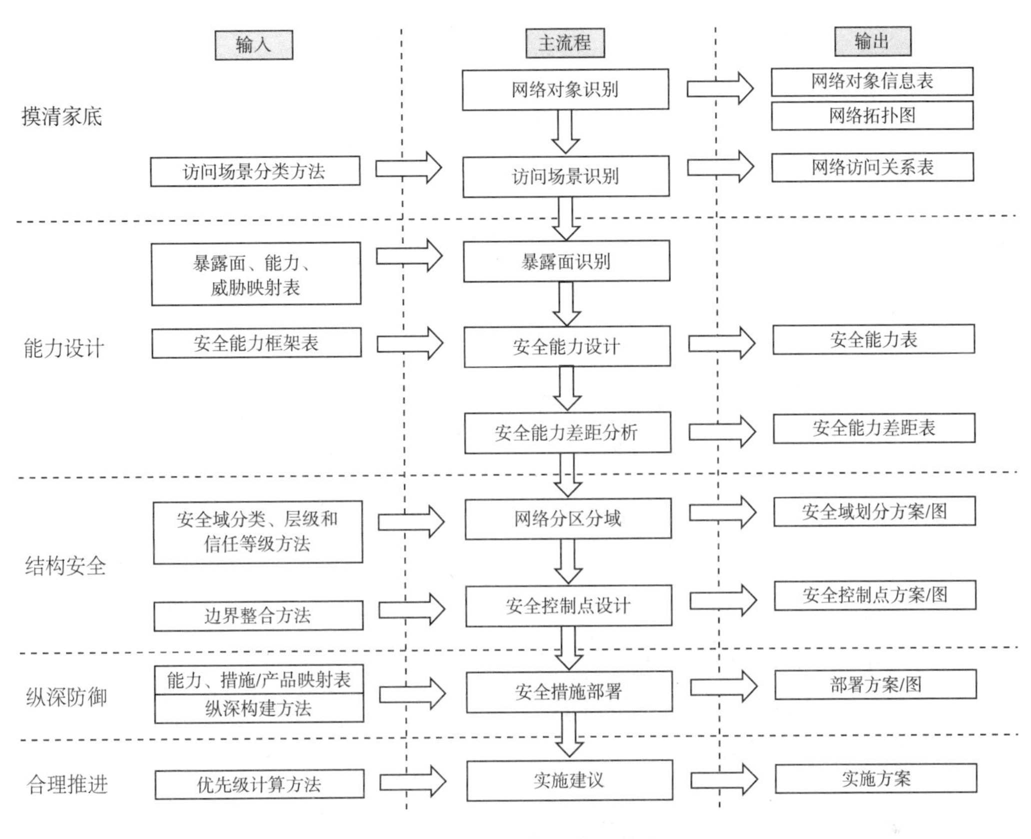

图 3-28　纵深防御体系设计流程

根据纵深防御体系整体规划，在各级网络中部署不同的安全设备，实现防攻击、防入侵、防病毒、防窃密、防控制的建设目标。在专网与内网边界部署防火墙，配置精细化的访问控制策略；部署传统 IT 安全设备，进行全流量审计。在生产专网内部，按照大站、作业区或 SCADA 系统划分安全域，在域间使用防火墙进行横向隔离，不同安全域非授权不能互相访问；部署入侵检测系统、入侵诱捕系统，配置核查系统、堡垒机进行流量监测、审计与管理。通过分层分域可以明晰网络架构、缩减暴露面、延缓攻击进程，为安全事件处置赢得时间。

纵深防御体系包含 IPv6 网络安全架构、边界防护子系统、接入与加密子系统、白环境子系统、补丁与策略子系统、安全阻断子系统、业务模型子系统等，可实现从内网到专网的涵盖企业资源层、生产管理层、过程监控层与现场控制层的三道纵深防线保障，具体如下。

第一道防线重点保护企业资源层。

第一道防线主要防范来自互联网侧的外部攻击和入侵行为，安全防护策略为遵守集团统一要求，互联网出口安全防护由集团统一规划，注重边界安全保护和流量清洗、内网流量检测和威胁分析。企业资源层主要承载办公自动化、经营管理、生产指挥等传统信息系统，主要面临来自互联网的扫描探测、Web 攻击等风险。通过总部区域中心与数据中心边界隔离、威胁分析、流量检测、流量清洗、态势感知、统一运维管理、溯源分析等技术手段，部署防火墙、Web 应用防火墙、入侵检测、流量分析、Web 攻击溯源、高级威胁检测、数据防泄露、网络行为审计、数据库审计、堡垒机及态势感知平台等安全监测防护措施，重点监测阻断扫描探测、Web 攻击等，可有效抵御传统网络攻击行为。第一道防线依赖集团的网络安全区域边界防护体系实现。

第二道防线重点保护生产管理层。

第二道防线主要防范以内网做跳板对生产专网发动的攻击和入侵行为，监测阻断跳板攻击、边界突破等，有效防范工控协议级攻击行为，安全防护策略为边界防护、流量监测和入侵诱捕。生产管理层是 IT 信息处理层，也是生产专网与内网的信息交互层，因此防护重点是防止通过内网对生产专网进行攻击和入侵：通过 IPv6 网络安全架构、边界防护子系统设计及白环境子系统构建 IPv6 网络，部署边界防火墙、入侵检测、入侵诱捕等设备，建立协议白名单，实现网络流量访问控制、入侵行为监测；建立管理区，通过堡垒机、漏洞扫描系统、安全管理系统、配置核查设备等，监管安全设备和配置基线；建立数据服务区，实现专网与内网之间信息的安全交互（从内网可以访问数据服务区，不得访问专网；从专网可以访问数据服务区，不得访问内网），以确保业务交互的安全性，防止攻击者在突破第一道防线后实施内网跳板攻击、非授权访问等入侵行为。

一是边界防护子系统：部署工业防火墙、网闸等安全阻断设备；建立数据服务区，实现专网与内网之间信息的安全交互；部署入侵检测系统，开启威胁检测策略进行攻击特征监测、弱口令监测、病毒检测、文件检测和异常主机监测；部署入侵诱捕系统，开启事件告警与攻击者画像安全策略，模拟主机设备、Web 服务、工控系统、工控数据库信息服务进行攻击诱捕，实现对端口扫描、恶意病毒、异常工控事件、网络攻击的告警。

二是白环境子系统：工业防火墙开启白名单通信策略，只允许必要的业务通信；对工业协议进行指令级的识别与控制；针对工程师站、操作员站上位机、服务器，部署主机防护软件，建立进程白名单。

三是 IPv6 网络安全架构：建设基于 IPv6 的网络安全架构，通过 MPLS VPN 构建逻辑专网，隔离工控生产系统、视频业务系统、经营管理系统等。

第三道防线重点保护过程监控层与现场控制层。

第三道防线主要防范病毒、木马等恶意流量在专网中蔓延，防止工控系统或控制器因被控制而产生错误数据、生产事故、设备假冒、无线传输数据截取及控制器漏洞被利用等问题，安全防护策略为横向隔离、主机加固、流量监测、业务系统加固、接入认证、传输加密及补丁修复。过程监控层的防护重点是对生产状态进行监控，主要目标是防病毒、防窃密、防控制。

一是边界防护子系统：以大站、作业区或 SCADA 系统为单元划分安全域，在安全域边界部署横向隔离防火墙、流量审计等设备，对跨域访问行为、入侵行为、异常行为等进行监测和拦截。

二是白环境子系统：在域内部署主机安全防护软件，启用白名单管理、移动介质管理等功能，建立主机、数据库、操作系统等配置基线，关闭多余的服务和端口，防止病毒和恶意软件干扰系统正常运行或窃取敏感数据，筑牢主机安全防线；通过工业防火墙开启白名单通信策略，只允许必要的业务通信。

三是业务模型子系统：将安全风险信息与业务流程信息结合，建立安全业务模型；通过部署在各安全节点的防火墙、工业审计设备等，采集业务模型运行状态信息，与已建立的业务模型库进行比对，对超出正常业务范围的操作行为及时告警，实现动态安全预警。

四是补丁与策略子系统：建立漏洞库和补丁库，通过资产与漏洞管理，及时掌握资产漏洞情况及可用的、经过安全验证的补丁情况，修复系统或设备的漏洞，提升控制器自身的抗风险能力，防止被控制、被利用、被干扰。

五是安全阻断子系统：通过已部署的防火墙、工控审计设备、入侵检测设备等提供的数据，判断横向跨域访问、上位机非法访问未授权系统、入侵或病毒蔓延等安全威胁并及时进行阻断，避免事件或事态扩展。

六是接入与加密子系统：现场控制层的主要防护对象为 DCS、PLC、RTU 等现场控制设备。通过 DCS、PLC、RTU 等实现现场数据采集或生产过程控制，可防止设备漏洞被利用进而控制设备运行及设备假冒等攻击行为。通过 SM9 标识认证技术，建立工控设备接入管控机制，可实现接入认证与加密传输。

（3）安全测试验证环境设计

为了验证工控系统的安全问题，以及工控系统使用的安全产品在生产场景中的有效性，确保方案的可行性、有效性、合理性，需要设计工控生产关键环节和核心系统安全测试验证环境（安全验证子系统，涵盖油气开采、油气储运、炼化生产、加油站、石油机械加工五个关键工艺场景）。安全测试验证环境用于实现场景验证、安全检测、策略验证、漏洞挖掘、攻防演练、技术试验、人员培训等主要功能，以解决在真实生产环境中无法开展方案验证、技术试验、策略与补丁验证、安全检测等难题。

工控系统的安全验证子系统由安全验证、技术研究、培训演练、仿真管理等功能模块组成，包含仿真虚拟环境和仿真物理场景，能够实现设备入厂/返厂安全测试、安全策略验证、人员培训、前沿攻防技术研究、攻防演练等功能。

4. 防护效果

本案例基于油田企业示范工程进行子系统建设，建成了基于“一平台、一体系、一环境”的工业控制系统网络安全技术防护屏障，形成了包括安全策略、管理办法、标准规范等在内的安全管理制度体系，创建了以风险评估、基线核查、渗透测试、攻防演练等为主要措施的安全运营机制，并通过三者的有机协同，确保工业控制系统安全平稳运行。

（1）建设态势感知平台

通过工控安全监控系统与工控安全态势感知平台的开发部署，实现了资产管理、风险监测、流量监测、设备监测、日志监测、基线监测、白环境监测、业务监测、安全评估、态势分析、补丁策略、接入加密、安全阻断、通知通报、应急响应等核心功能。

工控安全态势感知平台多层级、多维度展示工业控制系统网络安全综合态势，并实现与外部威胁情报源、内部各单位工业互联网安全态势感知平台的对接，其层级包含集团级、地区公司级、厂处级，安全维度包含工业安全态势、异常行为态势、威胁态势、资产漏洞态势、网络资产态势。

工控安全监控系统用于实时监控、采集纵深防御体系中的资产数据、漏洞数据、流量数据、告警数据等安全信息并进行关联分析，将成果数据推送至工控安全态势感知平台。针对重大工控安全事件，通过安全阻断子系统的安全联动功能向纵深防御体系的防火墙下发隔离阻断命令，实现突发重大安全事件一键秒级阻断。

（2）研发关键技术

研发威胁大数据实时分析引擎技术。为了处理海量的数据并快速从中发现安全问题，基于 CART 算法对弱分类数据进行富化、归类，同时优化 Shadow Paging 方案以提高落盘效率；使用混合并行策略（EPL/CEP）进行数据关联分析，将整体处理能力提升 30%。威胁大数据实时分析引擎使用的事件处理技术如下：采集各类安全设备告警信息和日志；分析数据，进行分类映射，基于数据量进行动态归并，并基于计算单元能力合理拆分预处理流；归纳事件检测逻辑，并将其转化成事件处理语言（EPL）；将 EPL 集成到 CEP 规则引擎中并执行；CEP 规则引擎输出平台告警信息并入库。图 3-29 展示了威胁大数据分析引擎处理逻辑。

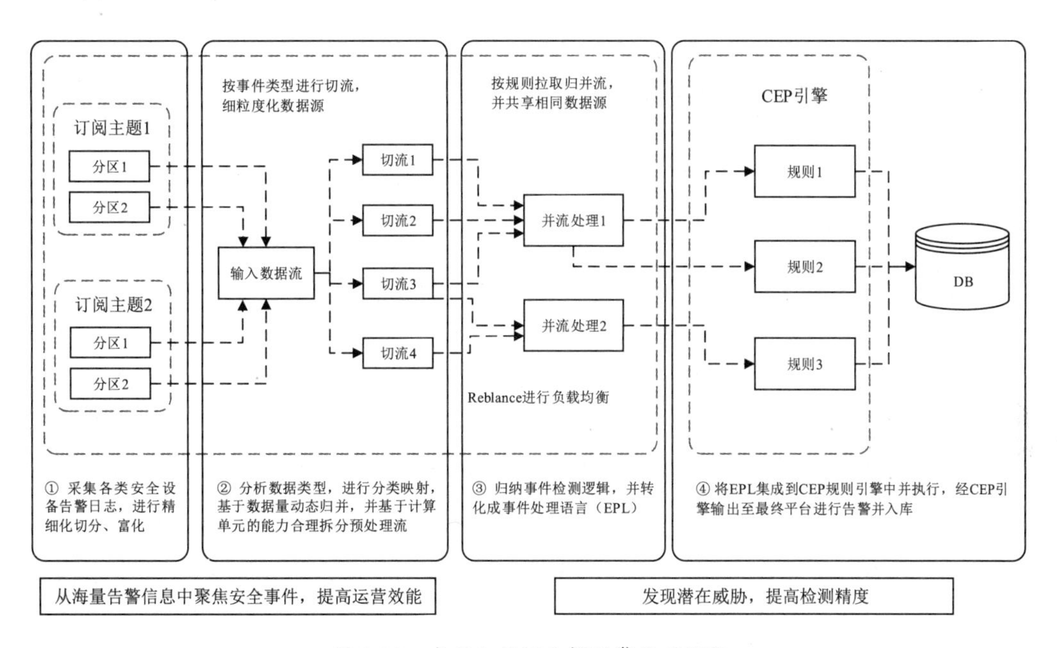

图 3-29　威胁大数据分析引擎处理逻辑

通过有效的研发工作，构建风险可见、可管、可控的综合防御体系（如图 3-30 所示），实现了平台、设备与人员协同联动，有效保障了生产网和工控系统的安全稳定运行。

态势感知与协同联动

- 接入365个数据源，汇聚12类安全数据
- 具备15项核心安全功能
- 制定100条关联分析规则
- 发现处置12707条威胁告警信息
- 向省级平台实时上报安全事件

持续运营机制

- 每日动态安全临时监测，每周漏洞扫描
- 每月安全态势分析，每季度应急演练
- 消除或控制弱口令、高危漏洞、违规外联等风险569项
- 运营工控资产7540个
- 运营漏洞库信息32139条
- 运营情报库信息4232821条

分层分域的纵深防御

- 覆盖14家油气生产单位、46个大站、22288口单井
- 部署应用13类安全技术
- 处置感染病毒的工业主机180台，查杀病毒149357个
- 实现网络安全事件秒级阻断

图 3-30 综合防御体系应用效果

（3）建设安全测试验证环境

典型生产场景实物仿真环境：建成油气开采、油气储运、炼化生产、加油站、石油机械加工五套实物仿真场景及一套石油行业全景模拟沙盘，模拟 22 项具体工艺流程，面向真实工业环境中的网络进行复现仿真，配备靶场、防火墙、堡垒机等软硬件，通过虚拟仿真技术模拟真实工业环境中的网络、主机、流量和威胁，接入真实工业设备和 I/O 模块，复现生产流程。

基于场景的安全设备适配与方案验证：利用实物仿真环境，在工业生产场景中集成或利用各类安全工具，对工业信息安全技术进行了行业适配验证（包括相应工控安全产品的功能性测试及安全性测试），对工业信息安全技术及平台方案的可靠性、安全性测评结果进行了验证。

一是漏洞扫描。在工业控制网络中检测计算机系统、网络设备等的安全隐患，并发现其中的一些漏洞，这种技术就是脆弱性扫描技术。脆弱性扫描技术通过对计算机网络系统的安全状况进行分析和评估，及时发现并修补系统中的脆弱性，从而降低工业控制系统的安全风险，保证工业控制系统能够正常工作。

二是恶意代码分析。通过恶意代码分析，检查设备入厂、返修时是否携带病毒、木马

等恶意软件。按照恶意代码的运行特点，可以将其分为两类：需要宿主的程序和独立运行的程序。前者实际上是程序片段，它们不能脱离特定的应用程序或系统环境独立存在；后者是完整的程序，操作系统能够调度和运行它们。按照恶意代码的传播特点，可以把恶意程序分成不能自我复制的和能够自我复制的两类：不能自我复制的是程序片段，当调用主程序完成特定功能时就会激活它们；能够自我复制的可能是程序片段（如病毒），也可能是独立运行的程序（如蠕虫）。

三是网络溯源分析。技术对抗系统可对工控系统中的安全威胁进行感知与捕获，可有效感知攻击者甚至工业蠕虫病毒等通过技术手段对工控系统进行针对性攻击的行为，可对所防护网络中发生的攻击事件进行实时预警，可对攻击威胁进行溯源。

四是源代码审计。首先，对工业软件（包括各种管理软件、网络软件）进行缺陷和安全漏洞检测，通过发现并修复缺陷与漏洞，降低软件运行过程中的风险。其次，通过分析各种静态度量元，为可靠性、安全性、健壮性等方面的工业软件质量度量提供评估依据；通过工具生成逆向工程图，帮助研发团队对软件进行逻辑上的分析，排除逻辑故障。最后，根据自动化工具设定的工业软件可靠性编码规范和标准，设置质量门，以加强研发流程管控，并为软件项目验收的量化提供技术手段。

五是渗透测试工具。渗透测试人员模拟黑客入侵过程，使用操作系统自带的网络应用、管理和诊断工具，从网络中免费下载的扫描器、远程入侵代码和本地提升权限代码，以及自主开发的安全扫描工具，进行渗透测试。

训练演练环境：在靶场平台上构建的虚拟工业网络环境，包含工业控制层、过程监控层、企业管理层等工业网络层。在训练中，可通过虚拟化技术及仿真技术重现真实的工业网络节点及链路，并与仿真场景和全景模拟沙盘联动。受训人员可接入虚拟工业网络环境，针对网络攻击渗透手段、网络作战战术、防护加固策略进行反复演练。工业网络靶场系统可提供分析、设计、研发、集成、测试、评估、运维等全生命周期保障服务，满足重要信息系统安全体系建设需求、工业网络攻防能力验证需求、工业产品检测评估需求，解决无法在真实环境中对大规模异构网络和用户进行模拟测试及风险评估等问题，实现工控安全能力的整体提升。

（4）实现纵深防御

按照集团工控安全体系规划及油田企业工控安全综合防护体系设计，建设纵深防御体系。以生产工业控制系统为纵深防御的核心保护对象，从网络边界安全、通信网络安全、主机安全、应用安全、数据安全等层面部署风险监测与控制措施，实现递进式的安全防护。将边界防火墙、入侵检测、入侵诱捕、工业审计、主机安全、接入与加密等技术有机结合，形成横向隔离、纵深防御的网络安全防护机制，提升网络安全防护能力。

一是建设边界防护子系统。

油田企业以作业区或大站为单元划分域：在大站独立部署隔离设备；在作业区集中部署区域边界安全隔离设备和探针。在生产网和办公网之间使用防火墙进行隔离，开启入侵检测、防病毒等功能，建立数据服务区用于工控系统和办公网的数据交换。

在采油厂各作业区本地网络边界部署工业防火墙，实现区域边界隔离。工业防火墙开启白名单通信策略，只允许必要的业务通信；封禁高危端口；在传统入侵防护的基础上开启工业协议入侵监测和防护策略，对工业协议进行指令级的识别与控制，匹配内置入侵检测特征库，对木马、蠕虫、Shellcode、Exploit 等攻击行为进行高精度的检测；通过学习模式建立相应区域的工业协议白名单库，阻止病毒、木马等入侵攻击行为。通过防火墙，使每个厂级网络成为独立的安全域，杜绝内网与专网的非授权交互，实现纵向和横向的逻辑隔离。在遭受网络入侵时，与工控安全监控系统进行策略联动，实现针对 IP 地址的通信阻断，防止攻击者在进入专网后持续实施横向渗透。

部署入侵检测系统，通过威胁检测策略进行攻击特征监测、弱口令监测、病毒检测、文件检测和异常主机监测，通过内置特征库、病毒库、恶意样本库、恶意 URL 库和自定义特征匹配，实现对 CGI、拒绝服务、信息泄露、远程连接、安全扫描、漏洞利用、木马后门、穷举探测等多种攻击的安全审计。部署入侵诱捕系统，开启事件告警与攻击者画像安全策略，模拟主机设备、Web 服务、工控系统、工控数据库信息服务并进行攻击诱捕，实现端口扫描、恶意病毒、异常工控事件、网络攻击告警，并获得攻击者的 IP 地址、MAC 地址、社交账号及运营商等指纹信息。部署堡垒机进行权限控制与安全运维审计，通过协议数据包代理的方式对用户进行资源访问限制，并对用户登录、输入命令、运维操作情况等进行记录。将以上安全审计日志统一上传至工控安全监控系统，为工控安全监控系统提供不同位置、时间、类型的安全审计日志并进行统计分析，为安全管理人员提供安全事件实时监视、整合分析与可视化威胁展示等态势感知信息服务，为决策人员提供帮助，缩短应急响应时间。

工业入侵诱捕是应对未知攻击和零日攻击的技术对抗技术。工业入侵诱捕系统部署在生产专网的核心位置，通过虚拟的工控影子系统隐藏真实的控制系统，诱导攻击者进入影子系统，从而延缓攻击者对真实控制系统的攻击。基于工业入侵诱捕系统的主动诱捕功能，定制开发基于油气生产关键业务深度仿真的影子系统。该影子系统支持 10 种主流工控协议、4 种主流工控数据库、5 种石油石化工艺场景，可有效捕获 SYN、FIN、TCP Connect 等扫描探测行为，监测 PLC 蠕虫病毒，定位攻击者或内部违规操作行为等。根据“触碰蜜罐即报警，深入蜜罐即攻击”的原则，实现对病毒、攻击及异常访问等已知或未知威胁的有效捕获与溯源取证。

针对工程师站/操作员站上位机、服务器、网络设备、安全设备等主机设备自身的脆弱性及安全风险，从密码策略、系统服务、文件权限、认证授权、账号管理、入侵防范等方向进行安全加固。例如，对 Windows 主机进行包括高危端口、默认功能、口令策略、用户信息、权限分配、防火墙策略、Telnet 服务、共享策略等在内的 67 项合规性检查，确保主机自身安全。

二是建设白环境子系统。

在工程师站、操作员站和服务器上部署主机安全卫士防护系统，启用基于进程、网络、外设的白名单防护机制，防范已知或未知威胁。对工业主机进行进程级扫描：对进程名、路径、MD5、SHA1、文件版本、发生时间和次数、进程所属用户名等进程信息，协议、方向（进/出）、端口等网络信息，以及设备类别、设备名称、设备标识等外设信息进行白名单扫描，为经过确认的目标生成唯一的特征码，将特征码集合在一起，形成特征库（白名单，具有防假冒、防抵赖的作用），确保只有白名单内的软件才可以运行，只有白名单内的网络协议才可以通信，只有白名单内的外设才可以接入，从而对病毒、木马、违规软件等已知和未知威胁进行防护。

工业防火墙开启白名单通信策略，只允许必要的业务通信；封禁高危端口；在传统入侵防护的基础上开启工业协议入侵监测和防护策略，对工业协议进行指令级的识别与控制；通过学习模式建立相应区域的工业协议白名单库，阻止病毒、木马等入侵攻击行为。通过防火墙，使每个大站和作业区成为独立的安全域，配置访问控制策略以禁止安全域之间的访问，实现横向的逻辑隔离。在遭受网络入侵时，与工控安全监控系统进行策略联动，实现针对 IP 地址的通信阻断，阻止域内病毒、木马的扩散，将影响控制在最小范围内。

通过白环境子系统建设，形成工控主机进程、外设、资产、网络协议等的白名单，确保程序、外设、设备、通信协议可信，阻止白名单以外的进程运行、外设使用、设备接入、协议通信，同时生成告警信息并上报至工控安全监控平台，以便及时发现潜在的风险。

三是建设业务模型子系统。

把资产作为业务模型的建模基础，通过模型划定的资产范围，在流量、协议解析、主机白名单等数据源中采集和筛选工控指令（如远程启动指令等）、资产系统进程和资产网络访问关系等元数据，将元数据与业务有效时间、业务有效用户等结合起来，设定业务模型监控基线，监控业务模型中的资产异常接入/离线、异常网络访问、异常系统进程及关键工艺操作（业务模型涵盖的工控指令），建立业务系统正常运行画像，从而主动发现威胁，预警网络风险。以业务和数据驱动，结合业务经验及安全行业最佳实践，建立领域模型，通过随机森林算法进行样本训练，形成业务模型安全基线，实现对生产活动中异常行为或操作的动态监测，防范因网络安全事件导致的指令篡改等风险。

3.6 新技术应用类重要信息系统安全保护实践

本节通过多个案例，对新技术应用类重要信息系统安全保护实践工作进行深入讨论。

3.6.1 5G智能电网安全保护

1. 场景描述

5G是一项全面深入融合的网络技术。5G融合网络通过移动通信技术的不断革新发展和高等级标准的制定，提高了新型无线网络系统的网络质量，满足了人们对移动通信网络更高层次的需求。在以能源互联网为代表的产业互联网时代，信息化正处在以数据的深度挖掘和融合应用为主要特征的智能化阶段，而这与5G技术的发展契合。以5G为代表的先进信息通信技术在能源互联网领域具有广阔的应用前景。

面对新能源大规模高比例并网、分布式电源接入等多重挑战，以及推进能源革命、稳定能源保供、加快建设能源强国的目标，电网公司亟须推进数字技术与能源行业的深度融合，实现能源清洁低碳转型和能源数字化转型。5G作为能源数字化转型的关键基石，其高可靠、低时延、高带宽、广连接的技术特性与智能电网业务需求高度契合。电网公司通过构建电力5G专网实现电网感知末梢“最后一公里”业务快速、安全、高效接入，提升源网荷储互动能力、用户供需互动能力、传感信息采集能力，推动“双碳”目标实现。电力5G虚拟专网总体架构示意图如图3-31所示。

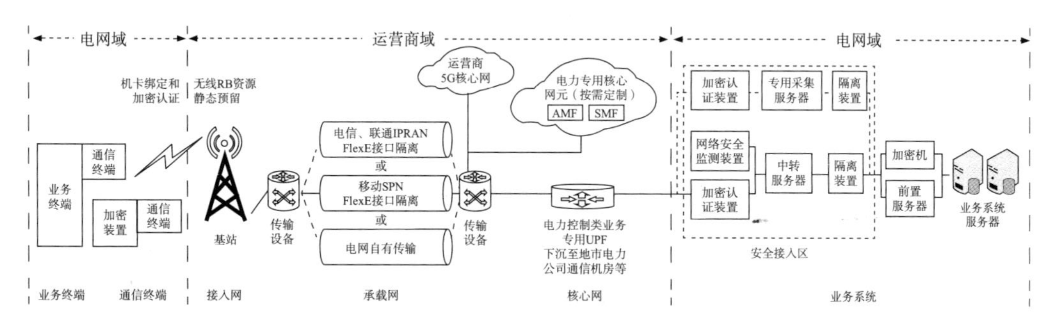

图 3-31　电力 5G 虚拟专网总体架构示意图

电力 5G 虚拟专网围绕电力业务通信需求，聚焦安全隔离、时延、带宽三个关键维度的指标，归纳了控制业务、宽带采集业务、窄带采集业务三种典型业务模式，提出了三种典型组网方案，采用 5G 硬切片承载控制类电力业务，采用 5G 软切片承载宽/窄带采集类电力业务，采用独立专网集中承载区域范围内的多种电力业务。通过构建电力 5G 虚拟专网，在满足传输通道安全可控要求的基础上，有效推进“终端海量接入、信息交互频繁、控制向末梢延伸”业务发展目标的实现。

2. 安全防护需求及难点

在安全防护需求方面，作为承载电力业务的通信通道，电力 5G 虚拟专网应满足《电力监控系统安全防护规定》等相关规定的要求，遵循“安全分区、网络专用、横向隔离、纵向认证”十六字方针。面向众多应用场景和业务需求，电力 5G 虚拟专网应满足不同应用的不同级别的安全要求，部署相应的安全保护机制，为不同的业务提供差异化的安全服务，有效保护电网公司的数据。

电力 5G 虚拟专网的安全防护难点如下。一是通信链路延长导致风险暴露面扩大。电力通信网与 5G 网络融合后，传输通道不再完全受电网公司管控，电网中的基础设施信息、能源消费数据等核心和敏感数据将暴露在 5G 网络中，网络风险暴露面扩大，攻击点增加，网络安全防护难度随之增大。二是网络结构复杂，隔离效果待验证。5G 提供了从接入网、承载网到核心网的全链路隔离机制，并依托切片技术提供了多种不同强度的隔离措施，但这些隔离措施的有效性仍有待验证。三是新技术的不确定性较强，防护体系尚未建立。5G 作为一种新型通信技术，采用软件定义网络、网络功能虚拟化、容器等多种新技术，而传统智能电网的安全防护体系采用硬隔离的方法实现对电网的保护，融合 5G 技术后的电网安全防护体系尚未形成。

3. 安全保护实践

（1）安全架构设计

5G 智能电网应用安全防护架构示意图如图 3-32 所示。

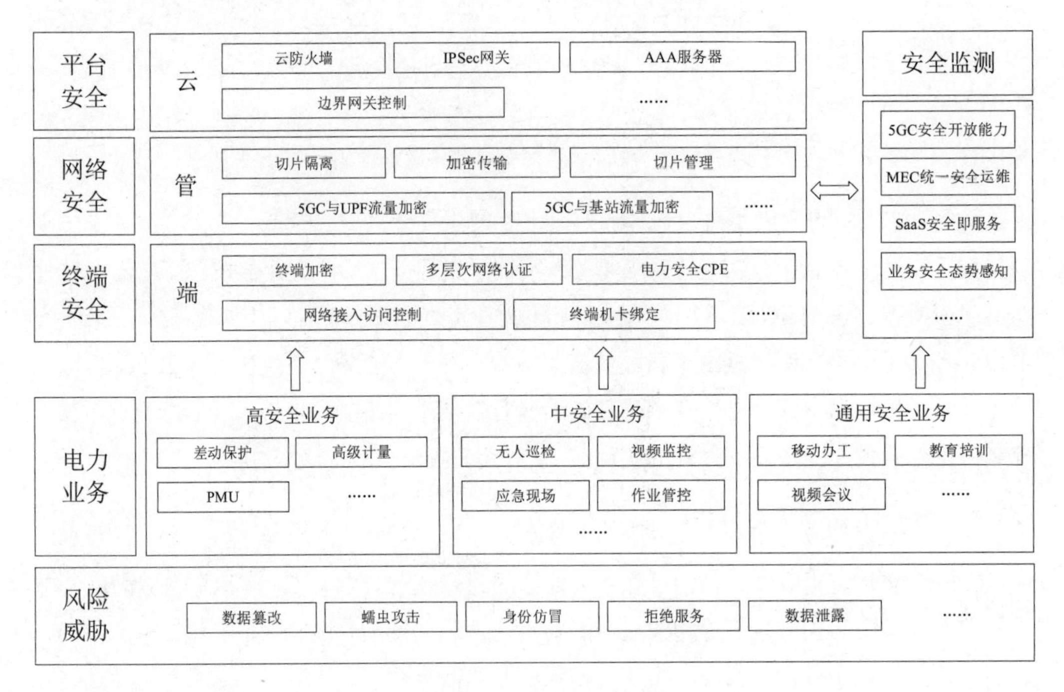

图 3-32 5G 智能电网应用安全防护架构示意图

按照“云”“管”“端”三个层级，构建电力 5G 虚拟专网安全防护架构，针对不同的电力 5G 业务面临的网络安全风险威胁，强化平台安全、网络安全、终端安全和安全监测四个方面的安全防护能力，明确各环节的安全防护措施（如在终端侧进行机卡绑定、二次认证，在网络侧采用加密传输、切片隔离，在平台侧部署防火墙、安全网关等），建设电力 5G 虚拟专网运营平台，实现电力终端、网络切片可管可控，提升电力 5G 虚拟专网的安全管理运营能力。

（2）分析识别措施

针对融合 5G 技术后的网络风险，构建 5G 风险分析识别机制，按照全程全网、纵向分层（包括管理面、控制面、用户面）、横向分域（包括业务通信终端、无线空口、基站、承载网、核心网、业务主站）的方式对电力 5G 虚拟专网面临的安全风险进行全面的分析，识别电力 5G 网络中的端到端链路安全风险，绘制电力 5G 安全防护布防图，使安全防护加固措施落地。

（3）安全防护措施

一是终端安全。通过机卡绑定措施，对终端 USIM 卡的 IMSI 和设备 IMEI 进行绑定认证；如果二者不匹配，则拒绝终端接入网络。通过企业级 AAA 服务器与 SMF 联动，实现 5G 二次认证、黑白名单；如果二次认证失败，则不允许终端访问。通过终端集成国密安全模块，使用基于国密算法的非对称加密技术进行终端加密，与中心侧 IPSec VPN 安全网关建立数据加密传输通道。

二是网络安全。针对三类电力业务的特点，灵活采用独立专网、混合专网、硬切片、软切片等方式构建电力 5G 虚拟专网，以满足不同地区对网络时延、带宽、稳定性、安全性的要求。在电力 5G 虚拟专网的接入网、传输网、核心网等环节采用不同的隔离手段实现灵活的横向隔离。在无线接入侧可采用 RB 资源预留、5QI 优先级调度，在传输网中可采用 FlexE 硬隔离、VPN 管道软隔离，在核心网中可采用 UPF、AMF、SMF 网元独享等，实现电力业务与其他用户业务的隔离，以及电力系统内部不同业务之间的隔离。

三是平台安全。在平台侧，针对不同的电力业务设置不同的安全服务区，在服务区之间部署防火墙等防护措施，防止跨应用攻击；部署二次认证 AAA 服务器，防止非法终端接入和恶意攻击入侵；设置相应的安全接入区，部署安全接入网关、纵向加密装置、正反向隔离设备等，实现对分布式光伏、地方电厂等电力 5G 业务的安全防护。

四是数据安全。针对电力 5G 虚拟专网敏感数据安全传输需求，设置电力专用加密认证装置，实现端到端的双向身份认证、数据加密和访问控制。从终端到基站再到 UPF，采用加密传输隧道，实现数据不出电力专网，确保数据传输安全。针对电力 5G 虚拟专网的信令面数据加密传输要求，在信令面非服务化接口（如 N3、N4 等）上启用 IPSec VPN 隧道，为信令面的数据传输提供加密和完整性保护能力。

五是态势感知。电网公司通过部署网络安全态势感知系统，集成用户侧安全设备内置的安全探针及运营商安全能力开放平台提供的网络安全能力，下发安全策略，上报安全设备信息，从而缩短端到端电力 5G 虚拟专网的威胁发现时间，提供事前预防、事中隔离、事后回溯等能力，提高安全事件响应速度，确保网络安全“规划、建设、运营”三同步。

六是安全运营。依托电力 5G 虚拟专网运营服务平台，实现“云—管—端”全环节可视化，配套部署下一代防火墙、综合日志审计、堡垒机、Web 应用防火墙、网页防篡改、入侵防护、病毒检测、云服务深度防御等系统，实现安全事件预防发现、响应处置及溯源分析。

（4）检测评估措施

针对电力 5G 网络典型业务场景面临的网络安全威胁，明确电力 5G 网络安全基线要求，依托电力行业 5G 网络安全检测平台开展 5G 协议模糊测试、漏洞挖掘、渗透测试等，实现对 5G 业务终端、接入网、承载网、核心网及 5G 应用等存在的安全问题的快速检测发现。

4. 保护效果

针对电力 5G 融合网络架构复杂、技术多样、安全防护要求高的特点，电网公司构建了涵盖终端安全、网络安全、平台安全、数据安全、态势感知、安全运营等维度的智能电网 5G 安全防护体系。

电力 5G 融合应用助力电网数字化转型，提升了智能电网的源网荷储协同互动水平，为推进能源绿色转型、实现“双碳”目标提供了有力保障。电力行业 5G 网络安全防护建设，对推进能源革命、稳定能源保供、加快建设能源强国具有重要意义。

3.6.2 电力物联网安全保护

1. 场景描述

物联网是一个基于互联网、传统电信网等的信息载体。物联网通过信息传感设备，按照约定的协议将任意物体与网络相连，物体通过信息传播媒介进行信息交换和通信，从而实现智能化识别、定位、跟踪、监管等功能。历经多年的发展，物联网的市场潜力获得了产业界的普遍认可，发展速度越来越快，技术和应用创新层出不穷，已广泛应用于智慧交通、智慧物流、智能安防、智慧医疗等领域。2020 年，物联网被明确定位为我国新型基础设施的重要组成部分，成为支撑数字经济发展的关键基础设施。

在电力行业，电网公司已初步构建了覆盖电力系统全环节的电力物联网，接入智能电表等各类终端上亿台（套），采集数据日增量达 TB 级，推动了电源侧、电网侧、客户侧、供应链的泛在互联，实现了对电网和用户状态的深度感知。同时，电力物联网通过汇聚各类资源参与系统调节，促进源网荷储协调互动，从而支撑区域能源自治，提高电网优化配置资源、安全保障和智能互动能力。

电力物联网在架构设计上借鉴了互联网的建设模式，按照“精准感知、边缘智能、统一物联、开放共享”的建设思路，分为云、管、边、端四层，如图 3-33 所示。

“云”是指部署在云端的输电、变电、配电、用电等业务应用及企业中台。“管”是指物联管理平台。“边”是指各类远程通信网络（主要包括电力光纤、无线专网、无线公网和互联网），以及部署在生产现场的具备边缘计算能力的智能设备（边缘物联代理，能实现一定区域内各类感知数据就地汇聚、处理和自治）。“端”是指部署在物联网感知层本地网络中的传感终端（主要包括电源侧、电网侧、用户侧、供应链等的终端装置）。

2. 安全防护需求及难点

在安全防护需求方面，由于电力物联网接入了大量的电网生产、企业运营、客户服务等异构终端，具有终端广泛连接、海量数据采集、毫秒级信息反馈控制等特点，所以其终端安全能力普遍较弱。电力物联网要全面防护各类物联终端引入的网络安全风险，尤其是涉及控制措施和敏感数据的业务安全风险。在边侧和端侧，保护本地通信安全和数据安全，安全地采集、存储和处理密钥信息等重要数据。在管侧，保护网络本身和在网络上传输的数据的安全，通过监控关键节点的网络流量、关联各类日志进行网络攻击分析和预警。在云侧，保护云环境和应用的安全，对云平台进行网络安全实时分析预警和审计，加强云上应用访问控制、隐私保护、代码安全防护。

电力物联网的安全防护难点如下。一是网络安全责任边界跨越电力专网边界。随着电力物联网的发展，在专网外部署的电网资产不断增加，而相关安全防护措施的落实受限于管理要求不明、技术支撑不足，有待进一步强化。二是末梢开放式连接冲击隔离体系。边侧和端侧设备可能处于“广泛连接”状态，而电网资产和用户资产对接时可能引入外部网络安全风险。三是多方数据交互安全越来越重要。电力物联网支撑“网荷”“网源”“网市”等多方交互，以促进电力数据大融合。一旦负荷侧需求电量等关键数据被篡改，就可能影响发电侧、负荷侧的调节计划，进而影响电网安全。同时，调控对象延伸到负荷侧，使用户数据隐私安全问题更加突出。

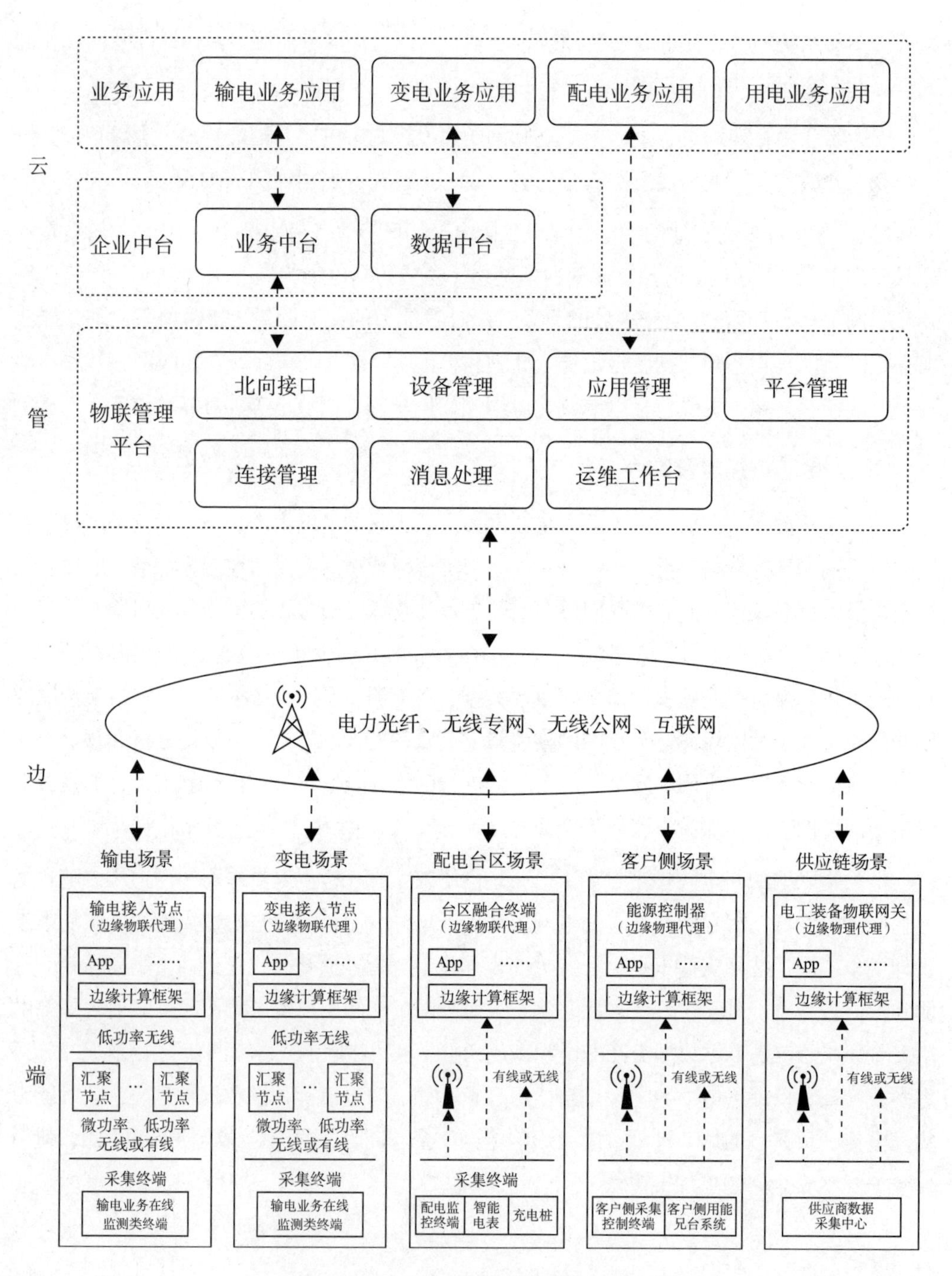

图 3-33 电力物联网总体架构示意图

3. 安全保护实践

电力物联网云、管、边、端总体安全防护架构（如图 3-34 所示），按照“保核心、控边端、保控制、防泄露、强认证、重监控”的原则，从终端防护、接入防护和平台防护三个方面，明确了各类电力物联终端的部署和安全接入要求，确保了网络分区安全和业务应用安全。

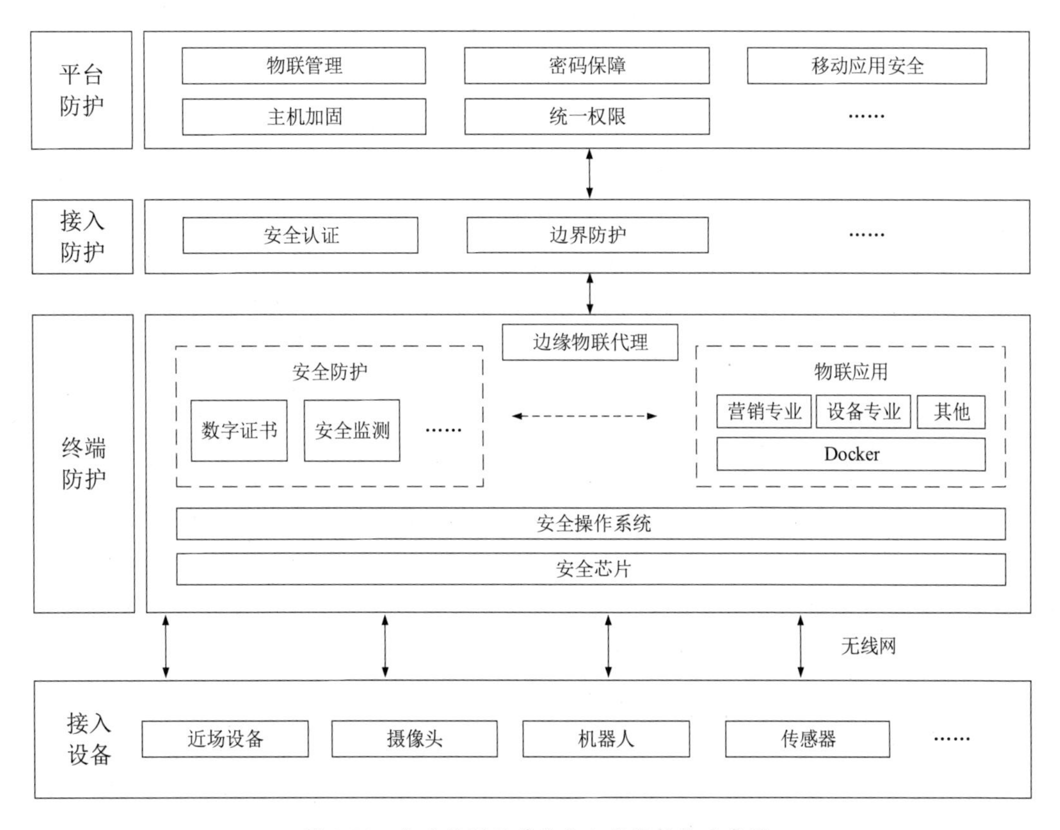

图 3-34　电力物联网总体安全防护架构示意图

（1）安全架构设计

构建电力物联网云、管、边、端总体安全防护架构，首先要从终端防护、接入防护和平台防护三个方面，明确各类电力物联终端的部署和安全接入要求。其次，要强化边端设备本体安全，严格控制物联网边端接入，避免攻击者通过边端接入入侵业务系统。最后，要加强网络安全认证和监测，引入轻量级密码认证与加密、安全监控及可信计算技术，确保重要业务的安全。

（2）安全防护措施

一是平台防护。云平台遵照国家网络安全等级保护要求实施防护，建设云平台安全管理中心，实现访问控制、多租户安全隔离、流量监测、身份认证、数据保护、镜像加固校验、安全审计、安全态势感知等功能。部署主机加固系统，制定标准安全策略，对物联管理平台的运行环境进行安全加固及策略配置，定期检查运行环境以发现安全漏洞。通过物联管理平台与网络安全风险管控系统的对接，实现对物联管理平台的有效安全监控。物联应用依托统一权限平台和移动应用安全管理系统，加强应用层访问控制并进行安全加固。

二是接入防护。边缘物联代理、传感终端遵循专网专用原则，避免因生产控制类业务和管理信息类业务共用 APN 专网或单一终端跨接两类业务导致不同类型业务之间的隔离体系被破坏。统一设置业务网络接入点，并通过租用运营商 APN 通道（无线公网）或电力 5G 虚拟专网实现安全接入。各类电力物联终端接入物联网，根据终端和网络通道的类型采取相应的安全防护措施，采用密码技术实现设备或终端安全接入时的身份认证和通信加解密保护。

三是终端防护。终端防护包括边缘物联代理和传感终端的防护。当传感器终端、边缘物联代理等设备互联时，应按需选用 WiFi、载波通信等通信通道，并加强相应通道层面的安全措施。采用基于身份认证和加密保护的技术实现边缘物联代理与传感终端之间控制指令和关键业务数据的安全保护，强化监测边端自身软硬件安全运行状态的能力。

四是数据安全防护。物联管理平台应对口令、隐私数据和重要业务数据等敏感信息的本地存储进行加密保护。物联管理平台与其他设施通信前，应通过安全接口对双方进行身份认证及访问控制，并留存应用访问审计日志；物联网管理平台与低安全级别的设施通信前，应通过隔离装置、数据脱敏等措施进一步加强数据安全防护。采用基于身份认证和加密保护的技术实现边缘物联代理与传感终端之间控制指令和关键业务数据的安全保护。

（3）检测评估措施

针对目前我国物联网安全标准体系不完善、安全标准的场景针对性不足等问题，电网公司制定了电力物联网全场景安全技术要求等一系列标准，以规范电力物联网各层级的体系结构、技术要求和安全要求，常态化开展电力物联网入网安全检测、物联网设备安全风险评估。针对物联设备数量大、协议种类多、安全升级不及时等情况，研制电力物联网终端安全检测装置，采用模糊测试、工控协议分析等技术，对物联设备本体安全漏洞、通信协议安全缺陷、安全配置等进行全面检测，在设备入网前为管理员提供专业、有效的安全检测和修补建议，在设备运行期间对漏洞进行预警、扫描、修复、审计，确保电力物联网设备本体安全。

（4）供应链安全

针对海量异构终端接入、数据多方交互引入等供应链安全风险，电网公司从安全准入、研发管理、应急响应三个方面建立供应链全过程管理体系，实现供应链安全可管可控，并自主研发电力物联安全芯片，以提高物联网核心技术自主可控能力。在软硬件采购招标过程中，增加软硬件产品入网检测，将软件开发企业作为供应链管理的重要组成部分，在安全准入的基础上对相关厂商的代码审计、渗透测试情况进行综合研判，努力构筑“安全可靠有韧性，动态平衡有活力”的电力物联网供应链。

4. 保护效果

通过电力物联网全场景防护体系建设，形成了灵活、精准、智能的安全服务和业务支撑能力，能有效防范物联网终端广泛接入和能源互联引入的网络安全风险；拓展了跨安全区域的数据交互支撑和安全保障能力，以确保与电网和数字系统运行有关的核心网络应用安全；通过云边协同，使安全能力下沉至可控网络的边缘，使监测感知能力逐步由核心网络向边端和业务侧延伸，以确保电力系统安全稳定运行。

电力物联网的发展赋予了电力系统在更大范围内进行电网侧积极消纳、友好互动的能力，以及新能源并网、能源优化配置能力，促进了新型电力系统建设，能够应对目前我国电网存在的能源结构不合理、能源利用效率低等问题，以及新能源大规模并网带来的挑战，为打造低碳、安全、高效的能源体系提供强有力的基础设施。

3.6.3　智慧城市物联网安全保护

1. 场景描述

智慧城市物联网是指通过感知设备，按照约定的协议连接物、人、系统和信息资源，对物理世界和网络世界的信息进行处理并做出反应的智能服务系统。物联设备在智慧城市、智慧医疗等场景中，物联网技术在行业应用中，都发挥了巨大的作用。随着视频监控和图像分析技术的发展，视频监控网络的规模越来越大，使用场景越来越丰富，已被广泛应用在社会治安、交通治理、生产安全等场景中。

某市大力推动物联专网（如图 3-35 所示）建设。该物联专网拥有百余个接入点、百余个智慧社区、千余个学校保安亭及街道综治办会议室的数据，一类、二三类点位和视频门禁数十万路，PC 终端千余台，对物联专网的安全保护意义重大。

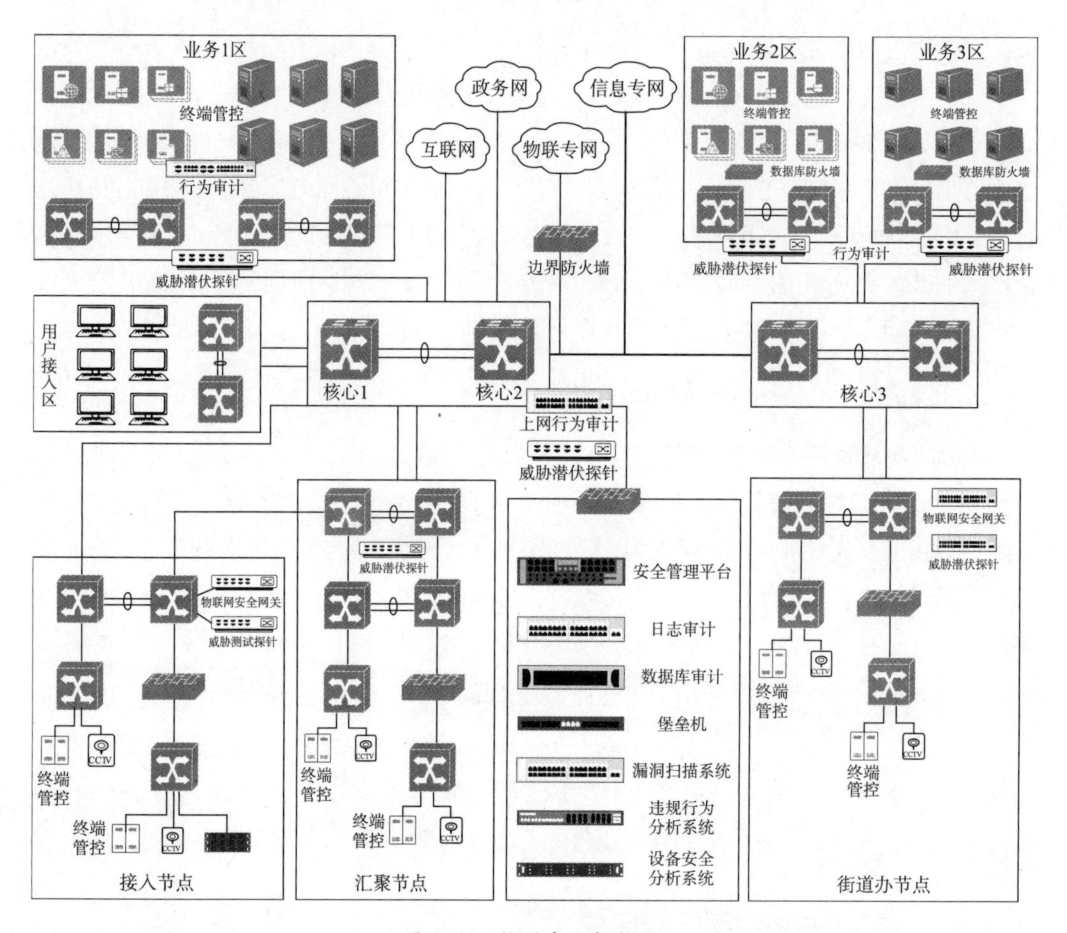

图 3-35 物联专网拓扑图

2. 安全保护需求及难点

物联设备具有数量多、类型杂、分布广等特性，因此对有效安全保护提出了很高的要求，其安全保护难点包括：物联设备仿冒接入、违规私接等行为影响中心端数据安全；设备普遍存在漏洞、弱口令等脆弱性问题，极易被非法利用并发起攻击；LoRa、ZigBee、NB-IoT 等物联网私有协议漏洞容易被劫持和篡改；物联设备双网卡、非法外联等行为造成边界破坏；物联设备被入侵后沦为受控“僵尸”，发起大规模 DDoS 攻击。

该市物联专网面临的主要安全问题与挑战如下。

- 资产不清晰：物联专网的终端数量达 26 万台，广泛分布在接入点、街道、小区、城中村、学校等场所，给日常管理工作带来了很大的困难。
- 存在安全隐患：物联设备、智能门禁、PC 等终端普遍存在安全漏洞、弱口令、违规外联等安全隐患。
- 边界管控弱：尽管物联专网与互联网、信息专网、政务网等网络的横向边界已经建立，但在物联专网内部并未建立纵向边界，且未对终端进行接入控制。
- 防护能力差：PC 终端、业务系统和虚拟主机并未进行有效的安全加固，面临病毒、木马和网络攻击等威胁，易导致安全问题全网扩散。
- 数据管控难：物联专网涉及大量人脸、车牌等敏感数据，可能存在内外部人员违规调取、查阅、导出等情况，数据安全保护存在一定难度。
- 安全体系不够健全：除各节点的二三类点位有防火墙进行安全保护外，没有有效的安全防护、监测和运营处置能力。

3. 安全保护实践

该市针对物联专网存在的安全问题，围绕前端设备、传输网络、监控平台、安全数据四大核心组件，设计了物联专网安全保护框架，增设安全管理区，部署日志审计、堡垒机、数据库审计等安全设备，并通过物联网安全管理平台，建立资产台账，实现终端资产统一管理，包括：入网统一审批；风险统一上报，通过工单流转及时修复、整改安全风险；安全事件统一处置，集中下发安全策略，全网安全设备联动；资产、风险、事件统一大屏展示，安全态势可知可视。

该市通过设计物联专网安全保护框架（如图 3-36 所示），构建了安全保护一体化管理平台，在网络安全等级保护相关要求的基础上，结合重要信息系统安全保护要求，实现以下目标。

- 增强安全接入：在各接入点、街道办部署物联网接入安全网关，与交换机联动进行准入认证，对物联设备、门禁、PC 等终端进行资产管理和准入控制。
- 安全风险识别：通过物联网漏洞扫描系统对全网的摄像头、门禁、PC、服务器等终端进行安全脆弱性检测，及时摸排安全风险。
- 缩减暴露面：在上联网络的核心节点部署防火墙，建立物联专网内部的纵向边界，控制网络访问权限，以缩减暴露面。

- 终端安全防护：通过终端防护软件、WAF、数据库防火墙等安全产品，对全网的PC终端、业务系统、数据库进行安全保护，提升安全防护能力。
- 数据安全监测：在核心节点部署行为审计系统，对业务访问流量进行审计，结合泄密分析系统进行泄密行为分析和追溯。
- 网络安全监测：在各接入点、街道办、业务区和核心节点部署潜伏威胁探针，进行全流量抓取和安全分析。

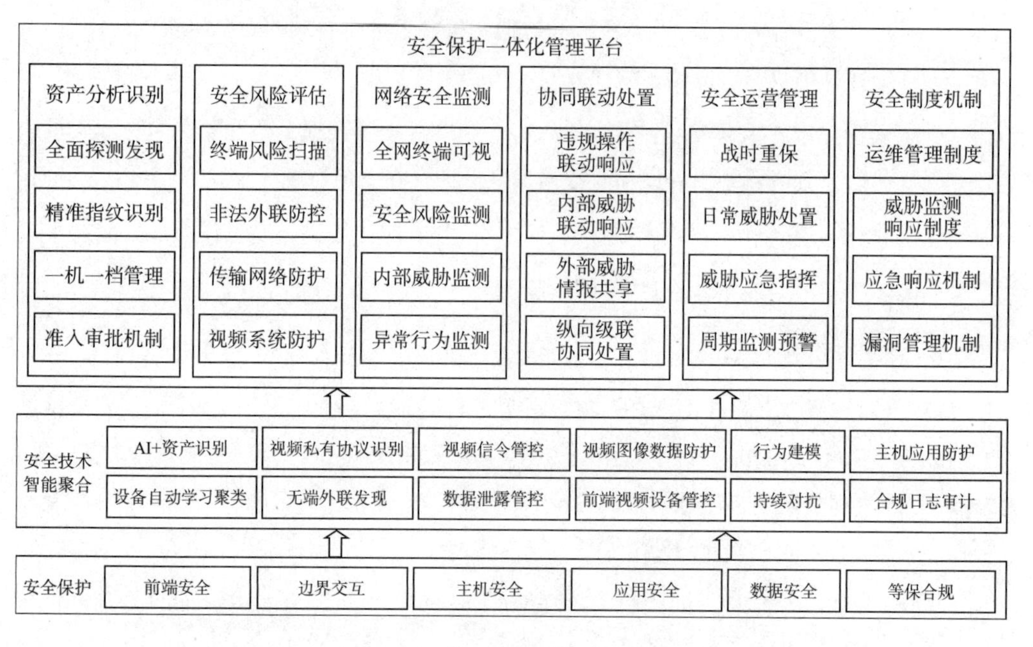

图 3-36 物联专网安全保护框架

4. 保护效果

该市基于物联专网安全保护实践，形成了物联设备发现、物联设备风险排查、物联设备安全防护、安全问题闭环处置等核心能力，实现了智慧城市、智慧医疗等物联场景的网络安全和数据安全保护。该实践可扩展到能源、交通、金融等物联专网和业务系统中，为确保物联设备的网络安全提供借鉴和参考。